GERHARD KOWALEWSKI · ZUR ANALYSIS DES ENDLICHEN UND DES UNENDLICHEN

ZUR ANALYSIS DES ENDLICHEN UND DES UNENDLICHEN

VORLESUNGEN AUS KURZSEMESTERN

von

DR. GERHARD KOWALEWSKI

vormals Professor der Mathematik
an der Deutschen Universität und
an der
Deutschen Technischen Hochschule
Prag

Mit 24 Abbildungen

MÜNCHEN 1950

VERLAG VON R. OLDENBOURG

VORBEMERKUNG

Gerhard Kowalewski hat die „Einführung in die Analysis des Endlichen und Unendlichen“ noch vollendet, das Erscheinen aber nicht mehr erlebt. So übergibt der Verlag den Studierenden und den Freunden der Mathematik das letzte Werk des bedeutenden Gelehrten als ein Vermächtnis, das noch einmal Zeugnis ablegt von seiner überlegenen Beherrschung des Stoffes. Wie in seinen Vorlesungen und wie in seinen früheren Veröffentlichungen beweist Kowalewski erneut seine hohe Kunst, verwickelte Probleme auf die letzte Klarheit und Einfachheit zurückzuführen und so neue Wege zu neuen Lösungen zu weisen. Über das Fachliche hinaus beseelt seine Darlegungen hohe Achtung vor der Leistung anderer und tiefe Ehrfurcht vor der Erhabenheit seiner Wissenschaft.

Der Verlag

Satz, Druck und Buchbinderarbeiten:
R. Oldenbourg, Graph. Betriebe G. m. b. H., München

VORWORT

Diese Vorlesungen, die aus meinen letzten Prager Semestern stammen, bieten im Vergleich zu anderen Darstellungen manches Neue. Ich weise z. B. auf die Behandlung der Gaußschen Integralapproximation hin, die mit einer Fehlerschätzung endigt. Besonderen Wert lege ich dabei auf die Einschließung des Integralwertes zwischen zwei Schranken.
Auch in meinen Vorlesungen an der Regensburger philos.-theol. Hochschule habe ich mich an die hier gewählte Behandlung der algebraischen Analysis und Infinitesimalrechnung gehalten und viel Anklang gefunden.

Gräfelfing bei München 1949

Gerhard Kowalewski

INHALTSVERZEICHNIS

ERSTES KAPITEL: Zur Analysis des Endlichen

ZWEITES KAPITEL: Erster Teil der Analysis des Unendlichen. Differentiation und Integration von Funktionen einer Veränderlichen

DRITTES KAPITEL: Zweiter Teil der Analyse des Unendlichen. Differentiation und Integration von Funktionen mehrerer Veränderlicher

ERSTES KAPITEL

Zur Analysis des Endlichen

§ 1. Interpolation

Das Newtonsche Interpolationsproblem besteht darin, ein Polynom $a_0 x^n + a_1 x^{n-1} + \cdots + a_n$ zu suchen, das an $n+1$ *verschiedenen* Stellen $x_0, x_1, \cdots, x_n$ vorgeschriebene Werte $y_0, y_1, \cdots, y_n$ annimmt. Es gibt für dieses Problem *nicht mehr als eine* Lösung. Wäre nämlich außer $a_0 x^n + a_1 x^{n-1} + \cdots + a_n$ noch eine zweite $b_0 x^n + b_1 x^{n-1} + \cdots + b_n$ vorhanden, so erhielte man aus beiden durch Subtraktion ein Polynom $C(x) = c_0 x^n + c_1 x^{n-1} + \cdots + c_n$, das an den Stellen $x_0, x_1, \cdots, x_n$ verschwindet, ohne daß alle Koeffizienten gleich Null sind. Da $C(x) = C(x) - C(x_0)$, ferner

$$\begin{aligned} C(x) - C(x_0) &= c_0 (x^n - x_0^n) + c_1 (x^{n-1} - x_0^{n-1}) + \cdots + c_{n-1}(x - x_0) = \\ &= (x - x_0) [c_0 (x^{n-1} + x^{n-2} x_0 + \cdots + x_0^{n-1}) + c_1 (x^{n-2} + \\ &\quad + x^{n-3} x_0 + \cdots + x_0^{n-2}) + \cdots + c_{n-1}], \end{aligned}$$

so hat man: $C(x) = (x - x_0) C_1(x)$ und

$$C_1(x) = c_0 x^{n-1} + (c_0 x_0 + c_1) x^{n-2} + \cdots + (c_0 x_0^{n-1} + c_1 x_0^{n-2} + \cdots + c_{n-1}).$$

Dieses Polynom $C_1(x)$ teilt mit $C(x)$ die Eigenschaft, daß seine Koeffizienten nicht alle verschwinden. Aus

$$c_0 = 0;\ c_0 x_0 + c_1 = 0;\ \cdots;\ c_0 x_0^{n-1} + c_1 x_0^{n-2} + \cdots + c_{n-1} = 0$$

würde nämlich folgen: $c_0 = c_1 = \cdots = c_{n-1} = 0$. Dann müßte aber auf Grund von $c_0 x_0^n + c_1 x_0^{n-1} + \cdots + c_{n-1} x_0 + c_n = 0$ auch $c_n = 0$ sein. Da nun $C_1(x)$ die n Nullstellen $x_1, \cdots, x_n$ von $C(x)$ übernimmt, so stehen wir vor demselben Sachverhalt wie bei $C(x)$, nur daß n um eine Einheit gesenkt ist. Setzt man also:

$$C_1(x) = (x - x_1)\ C_2(x),$$

so hat das Polynom $C_2(x) = c_0 x^{n-2} + \cdots$ die $n-1$ Nullstellen $x_2, \cdots, x_n$, ohne daß seine Koeffizienten alle gleich Null sind. Fährt man so fort, so gelangt man schließlich zu $C_n(x) = c_0$ und zu den sich widersprechenden Aussagen $C_n(x_n) = 0$ und $c_0 \neq 0$. Somit ist die oben gemachte Annahme, daß $C(x)$ nicht lauter verschwindende Koeffizienten hat, unzulässig. Es müssen vielmehr $c_0, c_1, \cdots, c_n$, d. h. die Differenzen $a_0 - b_0;\ a_1 - b_1;\ \cdots;\ a_n - b_n$, alle gleich Null sein. Daß es für das Newtonsche Interpolationsproblem stets eine Lösung gibt, läßt sich am einfachsten mit Hilfe der *Lagrangeschen Grundpolynome*:

$$L_0(x) = \frac{(x - x_1)(x - x_2)\cdots(x - x_n)}{(x_0 - x_1)(x_0 - x_2)\cdots(x_0 - x_n)};$$

$$L_1(x) = \frac{(x - x_0)(x - x_2)\cdots(x - x_n)}{(x_1 - x_0)(x_1 - x_2)\cdots(x_1 - x_n)};$$

. . . .

$$L_n(x) = \frac{(x - x_0)(x - x_1)\cdots(x - x_{n-1})}{(x_n - x_0)(x_n - x_1)\cdots(x_n - x_{n-1})},$$

feststellen, deren Bildungsgesetz keiner Erläuterung bedarf. Jedes dieser Grundpolynome verschwindet an allen Stellen $x_0, x_1, \cdots, x_n$ mit einer Ausnahme und hat an der Ausnahmestelle den Wert 1. So ist z. B.: $L_0(x_0) = 1$ und $L_0(x_1) = L_0(x_2) = \cdots = L_0(x_n) = 0$. Offenbar nimmt das Polynom

$$L(x) = y_0 L_0(x) + y_1 L_1(x) + \cdots + y_n L_n(x)$$

an den Stellen $x_0, x_1, \cdots, x_n$ die vorgeschriebenen Werte $y_0, y_1, \cdots, y_n$ an und ist wie die Grundpolynome von der Form $a_0 x^n + a_1 x^{n-1} + \cdots + a_n$, also n-ten oder niedrigeren Grades. Hiermit haben wir das Newtonsche Interpolationsproblem gelöst, und zwar nennt man obige Formel die *Lagrangesche Interpolationsformel.*

Newton hat eine andere Formel, die sich aus der Lagrangeschen auf folgende Weise herleiten läßt: Wir wollen $L(x)$, das $(n + 1)$-füßige Newtonschen-Polynom, etwas ausführlicher in der Form

$$L(x \mid x_0, x_1, \cdots, x_n)$$

schreiben und es mit dem n-füßigen Polynom

$$L(x \mid x_0, x_1, \cdots, x_{n-1})$$

vergleichen. Der Koeffizient von x^n in dem $(n + 1)$-füßigen Polynom lautet:

$$y_0/[(x_0 - x_1)(x_0 - x_2)\cdots(x_0 - x_n)] + \cdots + y_n/[(x_n - x_0)(x_n - x_1)\cdots(x_n - x_{n-1})] \quad (1)$$

und werde mit $\begin{bmatrix} y_0 \, y_1 \cdots y_n \\ x_0 \, x_1 \cdots x_n \end{bmatrix}$ bezeichnet. Bildet man:

$$L(x \mid x_0, x_1, \cdots, x_n) - \begin{bmatrix} y_0 \, y_1 \cdots y_n \\ x_0 \, x_1 \cdots x_n \end{bmatrix} (x - x_0) \cdots (x - x_{n-1}),$$

so fällt x^n heraus, und das neue Polynom ist wie $L(x \mid x_0, x_1, \cdots x_{n-1})$ von $(n - 1)$-tem oder niedrigerem Grade. Da beide Polynome an den Stellen $x_0, x_1, \cdots, x_{n-1}$ dieselben Werte $y_0, y_1, \cdots, y_{n-1}$ aufweisen, so stimmen sie vollkommen überein. Man hat also:

$$L(x \mid x_0, x_1, \cdots, x_n) - L(x \mid x_0, x_1, \cdots, x_{n-1}) = \begin{bmatrix} y_0 \, y_1 \cdots y_n \\ x_0 \, x_1 \cdots x_n \end{bmatrix} (x - x_0) \cdots (x - x_{n-1}).$$

Da offenbar $L(x \mid x_0) = y_0$, so folgt aus

$$L(x \mid x_0) = y_0,$$

$$L(x \mid x_0, x_1) - L(x \mid x_0) = \begin{bmatrix} y_0 \, y_1 \\ x_0 \, x_1 \end{bmatrix} (x - x_0),$$

$$L(x \mid x_0, x_1, x_2) - L(x \mid x_0, x_1) = \begin{bmatrix} y_0 \, y_1 \, y_2 \\ x_0 \, x_1 \, x_2 \end{bmatrix} (x - x_0)(x - x_1),$$

. . . .

durch Addition der $n+1$ ersten Gleichungen:

$$L(x \mid x_0, x_1, \cdots, x_n) = y_0 + \begin{bmatrix} y_0\, y_1 \\ x_0\, x_1 \end{bmatrix} (x - x_0) + \cdots + \begin{bmatrix} y_0\, y_1 \cdots y_n \\ x_0\, x_1 \cdots x_n \end{bmatrix} (x - x_0) \cdots (x - x_{n-1}) \quad \ldots (2)$$

Das ist die *Newtonsche Interpolationsformel.* Eine bequeme Berechnungsweise für die Größen $\begin{bmatrix} y_0\, y_1 \\ x_0\, x_1 \end{bmatrix}$, $\begin{bmatrix} y_0\, y_1\, y_2 \\ x_0\, x_1\, x_2 \end{bmatrix} \cdots$ werden wir sogleich kennenlernen. Aus (2) erhält man durch die Einsetzung $x = x_n$ die Beziehung:

$$y_n = y_0 + \begin{bmatrix} y_0\, y_1 \\ x_0\, x_1 \end{bmatrix} (x_n - x_0) + \cdots + \begin{bmatrix} y_0\, y_1 \cdots y_n \\ x_0\, x_1 \cdots x_n \end{bmatrix} (x_n - x_0) \cdots (x_n - x_{n-1}). \quad (3)$$

Hiernach ist:

$$\begin{aligned} y_1 &= y_0 + \begin{bmatrix} y_0\, y_1 \\ x_0\, x_1 \end{bmatrix} (x_1 - x_0), \\ y_2 &= y_0 + \begin{bmatrix} y_0\, y_1 \\ x_0\, x_1 \end{bmatrix} (x_2 - x_0) + \begin{bmatrix} y_0\, y_1\, y_2 \\ x_0\, x_1\, x_2 \end{bmatrix} (x_2 - x_0)(x_2 - x_1), \\ y_3 &= y_0 + \begin{bmatrix} y_0\, y_1 \\ x_0\, x_1 \end{bmatrix} (x_3 - x_0) + \begin{bmatrix} y_0\, y_1\, y_2 \\ x_0\, x_1\, x_2 \end{bmatrix} (x_3 - x_0)(x_3 - x_1) \\ &\quad + \begin{bmatrix} y_0\, y_1\, y_2\, y_3 \\ x_0\, x_1\, x_2\, x_3 \end{bmatrix} (x_3 - x_0)(x_3 - x_1)(x_3 - x_2), \text{ usw.} \end{aligned}$$

In jeder dieser Identitäten wollen wir den höchsten Index um 1 vermehren. Dadurch erhalten wir unter Einbeziehung von $y_1 = y_1$ folgende Aussagen:

$$\begin{aligned} & y_1 = y_1; \; y_2 = y_0 + \begin{bmatrix} y_0\, y_2 \\ x_0\, x_2 \end{bmatrix} (x_2 - x_0); \\ & y_3 = y_0 + \begin{bmatrix} y_0\, y_1 \\ x_0\, x_1 \end{bmatrix} (x_3 - x_0) + \begin{bmatrix} y_0\, y_1\, y_3 \\ x_0\, x_1\, x_3 \end{bmatrix} (x_3 - x_0)(x_3 - x_1), \text{ usw.} \end{aligned}$$

Nun ergibt sich aus beiden Gleichungsketten durch Subtraktion entsprechender Gleichungen:

$$\begin{aligned} \begin{bmatrix} y_0\, y_1 \\ x_0\, x_1 \end{bmatrix} &= (y_1 - y_0) / (x_1 - x_0); \\ \begin{bmatrix} y_0\, y_1\, y_2 \\ x_0\, x_1\, x_2 \end{bmatrix} &= \left(\begin{bmatrix} y_0\, y_2 \\ x_0\, x_2 \end{bmatrix} - \begin{bmatrix} y_0\, y_1 \\ x_0\, x_1 \end{bmatrix} \right) / (x_2 - x_1); \\ \begin{bmatrix} y_0\, y_1\, y_2\, y_3 \\ x_0\, x_1\, x_2\, x_3 \end{bmatrix} &= \left(\begin{bmatrix} y_0\, y_1\, y_3 \\ x_0\, x_1\, x_3 \end{bmatrix} - \begin{bmatrix} y_0\, y_1\, y_2 \\ x_0\, x_1\, x_2 \end{bmatrix} \right) / (x_3 - x_2), \text{ usw.} \end{aligned}$$

Auf Grund dieser Beziehungen werden die Größen $\begin{bmatrix} y_0\, y_1 \cdots y_n \\ x_0\, x_1 \cdots x_n \end{bmatrix}$ als *Differenzenquotienten* bezeichnet. Nach (1) bleibt ein solcher Differenzenquotient ungeändert, wenn man die Nummern 0, 1, $\cdots$, n irgendwie vertauscht. Daher gilt auch folgende Relation:

$$\begin{bmatrix} y_0\, y_1 \cdots y_{n-1}\, y_n \\ x_0\, x_1 \cdots x_{n-1}\, x_n \end{bmatrix} = \left(\begin{bmatrix} y_1\, y_2 \cdots y_n \\ x_1\, x_2 \cdots x_n \end{bmatrix} - \begin{bmatrix} y_0\, y_1 \cdots y_{n-1} \\ x_0\, x_1 \cdots x_{n-1} \end{bmatrix} \right) / (x_n - x_0).$$

Auf ihr beruht das Newtonsche Verfahren zur Berechnung der Differenzenquotienten. Man schreibt zuerst die x-Werte und die entsprechenden y-Werte auf und bildet die Differenzen

$x_n - x_{n-1}$, $y_n - y_{n-1}$ und deren Quotienten $\begin{bmatrix} y_{n-1} \, y_n \\ x_{n-1} \, x_n \end{bmatrix}$, darauf stellt man die Differenzen $x_n - x_{n-2}$ und $\begin{bmatrix} y_{n-1} \, y_n \\ x_{n-1} \, x_n \end{bmatrix} - \begin{bmatrix} y_{n-2} \, y_{n-1} \\ x_{n-2} \, x_{n-1} \end{bmatrix}$ her und ihre Quotienten $\begin{bmatrix} y_{n-2} \, y_{n-1} \, y_n \\ x_{n-2} \, x_{n-1} \, x_n \end{bmatrix}$ usw. Auf diese Weise entsteht folgendes Schema:

			x_0	y_0			
		$x_1 - x_0$	x_1	y_1	$y_1 - y_0$, $[y_0 \, y_1]$		
	$x_2 - x_0$	$x_2 - x_1$	x_2	y_2	$y_2 - y_1$, $[y_1 \, y_2]$	$[y_1 \, y_2] - [y_0 \, y_1]$, $[y_0 \, y_1 \, y_2]$	
$x_3 - x_0$	$x_3 - x_1$	$x_3 - x_2$	x_3	y_3	$y_3 - y_2$, $[y_2 \, y_3]$	$[y_2 \, y_3] - [y_1 \, y_2]$, $[y_1 \, y_2 \, y_3]$	$[y_1 \, y_2 \, y_3] - [y_0 \, y_1 \, y_2]$, $[y_0 \, y_1 \, y_2 \, y_3]$

Beim praktischen Rechnen empfiehlt sich die Benutzung von Papierstreifen. Um z. B. $[y_0 \, y_1 \, y_2]$, $[y_1 \, y_2 \, y_3]$, $\cdots$ zu gewinnen, schreibt man auf einen Streifen von oben nach unten die Differenzen $x_2 - x_0$, $x_3 - x_1$, $\cdots$ und hält diesen Streifen neben die Spalte $[y_1 \, y_2] - [y_0 \, y_1]$, $[y_2 \, y_3] - [y_1 \, y_2]$, $\cdots$ Dadurch wird die Quotientenbildung erleichtert. Um die Differenzen $x_n - x_{n-2}$ oder $x_n - x_{n-3}$ usw. bequem zu berechnen, muß man in der Spalte der x mittels eines querliegenden Papierstreifens von entsprechender Breite immer ein Glied x_{n-1} oder zwei Glieder x_{n-1}, x_{n-2} usw. verdecken. Ich verweise im übrigen auf das Buch von Arnold Kowalewski: Newton, Cotes, Gauß, Jacobi (Berlin, Leipzig, Veit & Co.). Betrachtet man x und y als rechtwinklige Koordinaten, so stellt die Gleichung $y = L(x \mid x_0, x_1, \cdots, x_n)$ eine Kurve dar, die durch die $n+1$ Punkte (x_0, y_0), (x_1, y_1), $\cdots$, (x_n, y_n) hindurchgeht und als *Newtonsche Parabel* bezeichnet wird. Im allgemeinen ist diese Parabel eine Kurve *n-ter Ordnung*, weil in ihrer Gleichung ein Glied mit x^n vorkommt, dessen Faktor $\begin{bmatrix} y_0 \, y_1 \cdots y_n \\ x_0 \, x_1 \cdots x_n \end{bmatrix}$ lautet. Im Falle $\begin{bmatrix} y_0 \, y_1 \cdots y_n \\ x_0 \, x_1 \cdots x_n \end{bmatrix} = 0$ tritt eine Ordnungserniedrigung ein. Der Punkt (x_n, y_n) liegt dann auf der durch (x_0, y_0), $\cdots$, (x_{n-1}, y_{n-1}) bestimmten Newtonschen Parabel, deren Gleichung sich daher auch in der Form: $\begin{bmatrix} y_0 \, y_1 \cdots y_{n-1} \, y \\ x_0 \, x_1 \cdots x_{n-1} \, x \end{bmatrix} = 0$ schreiben läßt. So ist z. B. $\begin{bmatrix} y_0 \, y_1 \, y \\ x_0 \, x_1 \, x \end{bmatrix} = 0$ die Gleichung der Geraden durch die Punkte (x_0, y_0), (x_1, y_1), also, was man leicht bestätigen kann, gleichbedeutend mit

$$y = y_0 + (x - x_0) \begin{bmatrix} y_0 \, y_1 \\ x_0 \, x_1 \end{bmatrix}.$$

§ 2. Dreiecksinhalt

Drei Punkte P_0, P_1, P_2 seien durch ihre Koordinaten gegeben. Wir richten die Numerierung so ein, daß $x_0 < x_1$ ist und x_2 zwischen x_0 und x_1 fällt. Der Punkt P_2 liegt entweder oberhalb oder unterhalb der Strecke $\overline{P_0 \, P_1}$ (vgl. Abb. 1). Durch diesen Punkt ziehen wir eine Parallele zur y-Achse, welche die Strecke $\overline{P_0 \, P_1}$ im Punkte P_2' trifft, dessen Ordinate mit y_2' bezeichnet werde. Ist d die Entfernung $\overline{P_2 \, P_2'}$, so hat das Dreieck $P_0 \, P_1 \, P_2$ den doppelten Inhalt $h_0 \, d + h_1 \, d$ oder $(h_0 + h_1) \, d$, also $(x_1 - x_0) \, d$, weil $h_0 + h_1 = x_1 - x_0$. In der linken Abb. 1 gilt $d = y_2 - y_2'$, in der rechten $d = y_2' - y_2$. Der doppelte Inhalt des Dreiecks $P_0 \, P_1 \, P_2$ ist also gleich

$$(y_2 - y_2') \; (x_1 - x_0)$$

oder $(y_2' - y_2)(x_1 - x_0)$, je nachdem der Punk P_2 sich oberhalb oder unterhalb der Strecke $\overline{P_0 P_1}$ befindet; man kann auch sagen: je nachdem der Umlauf 0 1 2 0 nach links oder nach rechts herumgeht. Rechnet man im ersten Falle den Dreiecksinhalt positiv, im zweiten negativ,

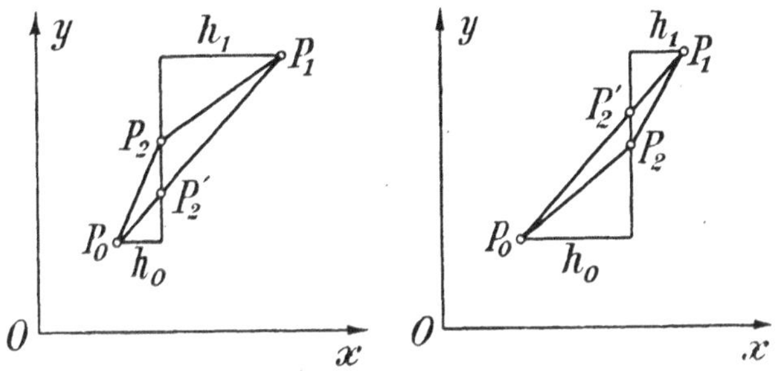

Abb. 1.

so kann man allgemein sagen, daß der doppelte Inhalt durch $(y_2 - y_2')(x_1 - x_0)$ angegeben wird. Nun ist:

$$y_2' = y_0 + (x_2 - x_0)\begin{bmatrix} y_0 \, y_1 \\ x_0 \, x_1 \end{bmatrix}.$$

weil die Punkte $P_0\,P_1\,P_2'$ in gerader Linie liegen. Ferner hat man nach der Formel (3):

$$y_2 = y_0 + (x_2 - x_0)\begin{bmatrix} y_0 \, y_1 \\ x_0 \, x_1 \end{bmatrix} + (x_2 - x_0)(x_2 - x_1)\begin{bmatrix} y_0 \, y_1 \, y_2 \\ x_0 \, x_1 \, x_2 \end{bmatrix},$$

Aus beiden Gleichungen folgt:

$$y_2 - y_2' = (x_2 - x_0)(x_2 - x_1)\begin{bmatrix} y_0 \, y_1 \, y_2 \\ x_0 \, x_1 \, x_2 \end{bmatrix}.$$

Für den doppelten Inhalt des Dreiecks $P_0\,P_1\,P_2$ ergibt sich also einschließlich des Vorzeichens der Ausdruck: $(x_1 - x_0)(x_2 - x_0)(x_2 - x_1)\begin{bmatrix} y_0 \, y_1 \, y_2 \\ x_0 \, x_1 \, x_2 \end{bmatrix}$.

Nach (1) ist aber:

$$\begin{bmatrix} y_0 \, y_1 \, y_2 \\ x_0 \, x_1 \, x_2 \end{bmatrix} = \frac{y_0}{(x_0 - x_1)(x_0 - x_2)} + \frac{y_1}{(x_1 - x_0)(x_1 - x_2)} + \frac{y_2}{(x_2 - x_0)(x_2 - x_1)},$$

also der doppelte Inhalt des Dreiecks $P_0\,P_1\,P_2$:

$$(x_2 - x_1)\,y_0 + (x_0 - x_2)\,y_1 + (x_1 - x_0)\,y_2. \tag{4}$$

Der dreifüßige Differenzenquotient $\begin{bmatrix} y_0 \, y_1 \, y_2 \\ x_0 \, x_1 \, x_2 \end{bmatrix}$ erscheint hier als Bruch, in dessen Zähler dieser doppelte Dreiecksinhalt steht, während im Nenner das sog. *Differenzenprodukt* der Größen x_0, x_1, x_2 auftritt, nämlich $(x_1 - x_0)(x_2 - x_0)(x_2 - x_1)$. Die Differenzen sind hier so gebildet, daß immer der Minuend den höheren Index hat. Man bezeichnet das Differenzenprodukt vielfach mit $[x_0\,x_1\,x_2]$. Durch Ausrechnen findet man:

$$[x_0\,x_1\,x_2] = (x_2 - x_1)\,x_0^2 + (x_0 - x_2)\,x_1^2 + (x_1 - x_0)\,x_2^2.$$

Hieraus entsteht der Zähler $\begin{bmatrix} y_0\, y_1\, y_2 \\ x_0\, x_1\, x_2 \end{bmatrix}$ offenbar dadurch, daß man x_0^2, x_1^2, x_2^2 durch y_0, y_1, y_2 ersetzt.

Das ausgerechnete Differenzenprodukt $[x_0,\, x_1\, x_2]$ besteht aus sechs Gliedern, deren jedes Potenzen zweier verschiedener x enthält. Fügt man das fehlende x mit dem Exponenten 0 hinzu, so entsteht folgender Ausdruck:

$$[x_0\, x_1\, x_2] = x_0^0\, x_1^1\, x_2^2 + x_1^0\, x_2^1\, x_0^2 + x_2^0\, x_0^1\, x_1^2 - x_0^0\, x_2^1\, x_1^2 - x_1^0 x_0^1 x_2^2 - x_2^0\, x_1^1\, x_0^2.$$

Dieser Ausdruck baut sich in besonderer Weise aus den Symbolen

$$x_0^0,\ x_1^0,\ x_2^0;\ x_0^1,\ x_1^1,\ x_2^1;\ x_0^2,\ x_1^2,\ x_2^2$$

auf und wird die *Determinante* derselben genannt. Man bezeichnet ihn mit

$$\begin{vmatrix} x_0^0 & x_1^0 & x_2^0 \\ x_0^1 & x_1^1 & x_2^1 \\ x_0^2 & x_1^2 & x_2^2 \end{vmatrix}$$

Aus dem sog. Hauptglied $x_0^0\, x_1^1\, x_2^2$ entstehen die übrigen dadurch, daß man die Indizes der x auf alle Arten permutiert und jedesmal das Zeichen $+$ oder $-$ vorsetzt, je nachdem eine *gerade* oder *ungerade* Permutation vorliegt. Ist α, β, γ irgendeine Anordnung der Nummern 0, 1, 2, so spricht man von einer geraden oder ungeraden Permutation, je nachdem das Differenzenprodukt $[\alpha\, \beta\, \gamma]$, d. h. $(\beta - \alpha)\, (\gamma - \alpha)\, (\gamma - \beta)$ einen positiven oder negativen Wert hat. Man kann hiernach schreiben:

$$\begin{vmatrix} x_0^0 & x_1^0 & x_2^0 \\ x_0^1 & x_1^1 & x_2^1 \\ x_0^2 & x_1^2 & x_2^2 \end{vmatrix} = \sum \frac{[0\ 1\ 2]}{[\alpha\, \beta\, \gamma]}\, x_\alpha^0\, x_\beta^1\, x_\gamma^2,$$

wobei über alle sechs Permutationen α, β, γ von 0, 1, 2 zu summieren ist. Mit dem Pluszeichen treten die Produkte auf, die wir in folgender Übersicht durch Striche, mit dem Minuszeichen die Produkte, die wir durch punktierte Linien angedeutet haben:

$$\begin{matrix} x_0^0 & x_1^0 & x_2^0 & x_0^0 & x_1^0 \\ x_0^1 & x_1^1 & x_2^1 & x_0^1 & x_1^1 \\ x_0^2 & x_1^2 & x_2^2 & x_0^2 & x_1^2 \end{matrix}$$

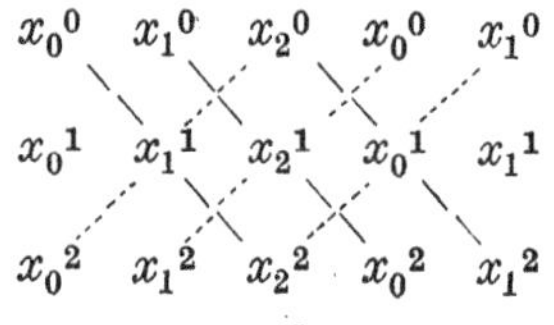

Hier sind die beiden ersten Spalten der Determinante rechts noch einmal angefügt. Will man irgendeine *dreireihige Determinante* $\begin{vmatrix} a\, b\, c \\ d\, e\, f \\ g\, h\, i \end{vmatrix}$ berechnen, so kann man nach dieser Regel verfahren. Man fügt also die beiden ersten Spalten hinten an und nimmt die drei Produkte nach rechts unten mit dem Pluszeichen, die drei Produkte nach links unten mit dem Minuszeichen.

Für den dreifüßigen Differenzenquotienten $\begin{bmatrix} y_0\, y_1\, y_2 \\ x_0\, x_1\, x_2 \end{bmatrix}$ hat sich hier folgende Darstellung als Determinantenquotient ergeben:

$$\begin{bmatrix} y_0\, y_1\, y_2 \\ x_0\, x_1\, x_2 \end{bmatrix} = \begin{vmatrix} 1 & 1 & 1 \\ x_0 & x_1 & x_2 \\ y_0 & y_1 & y_2 \end{vmatrix} : \begin{vmatrix} 1 & 1 & 1 \\ x_0 & x_1 & x_2 \\ x_0^2 & x_1^2 & x_2^2 \end{vmatrix}.$$

Der Zähler dieses Bruches ist der doppelte Inhalt des Dreiecks $P_0\, P_1\, P_2$, positiv oder negativ gerechnet, je nachdem die Numerierung der Ecken links oder rechts herumgeht. Fällt die Ecke 0 in den Anfangspunkt, so daß $x_0 = y_0 = 0$ ist, so lautet nach (4) der doppelte Dreiecksinhalt: $x_1\, y_2 - x_2\, y_1$. Dieser Ausdruck wird als *zweireihige Determinante* bezeichnet und durch $\begin{vmatrix} x_1 & x_2 \\ y_1 & y_2 \end{vmatrix}$ symbolisiert. Die Berechnung einer solchen Determinante vollzieht sich in der Weise, daß man längs der beiden Diagonalen, nach rechts unten und nach links unten, multipliziert und dem ersten Produkt $x_1\, y_2$ das Pluszeichen, dem zweiten Produkt $x_2\, y_1$ das Minuszeichen gibt.

§ 3. Sinus und Kosinus

Die rechtwinkligen Achsen werden gewöhnlich so gelegt, daß die positive x-Achse der Stellung des kleinen Uhrzeigers um 3 Uhr entspricht und die positive y-Achse der Stellung um 12 Uhr. Wir nennen die eine Stellung des kleinen Zeigers die *x-Stellung* und die andere die *y-Stellung*. Die Länge des Zeigers sei gleich 1. Wenn wir ihn nach *links herum* drehen, so soll diese Drehung eine *positive* heißen. *Negative* Drehungen gehen *nach rechts herum*. Eine Drehung wird gemessen durch den Weg, den die Zeigerspitze beschreibt, jedoch unter Beifügung eines Vorzeichens. Das Drehungsmaß ϑ ist die Weglänge der Zeigerspitze, positiv oder negativ genommen, je nachdem es sich um eine positive oder negative Drehung handelt. Man nennt ϑ auch den *Drehungswinkel* und spricht kurz von der „Drehung ϑ". Die Drehung $\pi/2$ führt von der x-Stellung des kleinen Zeigers zur y-Stellung, die Drehung π zur $(-x)$-Stellung, die Drehung $3\pi/2$ zur $(-y)$-Stellung. Ebenso kommen wir durch die Drehungen $-\pi/2$, $-\pi$, $-3\pi/2$ von der x-Stellung der Reihe nach zu den Stellungen $-y$, $-x$ und $+y$. Nimmt man von der x-Stellung ausgehend die Drehung ϑ vor, so wird die eine Koordinate der Zeigerspitze in der neuen Stellung bezeichnet mit $\cos\vartheta$ („Kosinus ϑ") und die andere mit $\sin\vartheta$ („Sinus ϑ"). Man kann diese Aussage als Definition des Konsinus und Sinus ansehen (Abb. 2). Verlängert oder verkürzt man den Zeiger im Verhältnis $1:r$, so erhält seine Spitze die Koordinaten $r\cos\vartheta$, $r\sin\vartheta$. Man nennt r und ϑ die *Polarkoordinaten* der neuen Zeigerspitze, r den *Radiusvektor*, ϑ den *Arcus* oder die *Amplitude*.

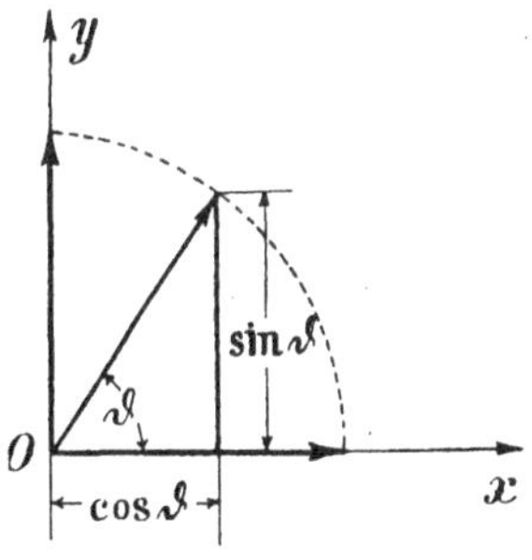

Abb. 2.

Sind P_1 und P_2 zwei Punkte, die vom Anfangspunkt die Entfernung 1 haben, so kann man ihre rechtwinkligen Koordinaten in die Form schreiben:

$$x_1 = \cos\vartheta_1,\quad y_1 = \sin\vartheta_1;$$
$$x_2 = \cos\vartheta_2,\quad y_2 = \sin\vartheta_2;$$

ϑ_1 und ϑ_2 bezeichnen die Amplituden der beiden Punkte. Wir wissen, daß der doppelte Inhalt des Dreiecks $O\,P_1\,P_2$ durch $x_1\,y_2 - x_2\,y_1$, also durch $(\cos\vartheta_1 \sin\vartheta_2 - \cos\vartheta_2 \sin\vartheta_1)$ angegeben wird. Wird nun die Drehung α um O ausgeführt, so erhalten alle Amplituden den Zuwachs α. Andererseits ist klar, daß der Dreiecksinhalt (einschließlich des Vorzeichens) derselbe bleibt. Mithin gilt folgende Beziehung:

$$\cos(\vartheta_1+\alpha)\sin(\vartheta_2+\alpha) - \cos(\vartheta_2+\alpha)\sin(\vartheta_1+\alpha) = \cos\vartheta_1\sin\vartheta_2 - \\ - \cos\vartheta_2\sin\vartheta_1.$$

Da die Drehung 0 den Zeiger in seiner x-Stellung beläßt, also die Koordinaten 1 und 0 der Zeigerspitze nicht ändert, so ist $\cos 0 = 1$, $\sin 0 = 0$. Setzt man nun in obiger Relation $\alpha = -\vartheta_1$, so ergibt sich unter Beachtung des eben Gesagten:

$$\sin(\vartheta_2 - \vartheta_1) = \cos\vartheta_1\sin\vartheta_2 - \cos\vartheta_2\sin\vartheta_1. \tag{5}$$

Nach dem Pythagoreischen Lehrsatz ist $(x_2 - x_1)^2 + (y_2 - y_1)^2$ das Entfernungsquadrat der Punkte P_1 und P_2. Ebenso sind $x_1^2 + y_1^2$ und $x_2^2 + y_2^2$ die Entfernungsquadrate dieser Punkte vom Anfangspunkt, in vorliegendem Falle beide gleich 1. Daher wird:

$$\overline{P_1P_2}^2 = 2\,(1 - x_1\,x_2 - y_1\,y_2).$$

Dies ist ebenso wie $x_1\,y_2 - x_2\,y_1$ eine Größe, die bei allen Drehungen um O ihren Wert behält, also eine *Drehungsinvariante*. Dasselbe gilt von $x_1\,x_2 + y_1\,y_2$ oder $\cos\vartheta_1\cos\vartheta_2 + \sin\vartheta_1$ sind ϑ_2, und es besteht daher die Relation:

$$\cos(\vartheta_1+\alpha)\cos(\vartheta_2+\alpha) + \sin(\vartheta_1+\alpha)\sin(\vartheta_2+\alpha) = \cos\vartheta_1\cos\vartheta_2 + \\ + \sin\vartheta_1\sin\vartheta_2,$$

woraus sich durch Einsetzen von $\alpha = -\vartheta_1$ ergibt:

$$\cos(\vartheta_2 - \vartheta_1) = \cos\vartheta_1\cos\vartheta_2 + \sin\vartheta_1\sin\vartheta_2. \tag{6}$$

Setzt man in (5) und (6) für ϑ_1, ϑ_2 die Werte ϑ, 0 ein, so findet man: $\sin(-\vartheta) = -\sin\vartheta$; $\cos(-\vartheta) = \cos\vartheta$, was sich auch aus der Definition des Kosinus und Sinus entnehmen ließe. Nun kann man in (5) und (6) noch ϑ_1 in $-\vartheta_1$ verwandeln und erhält dadurch:

$$\cos(\vartheta_1 + \vartheta_2) = \cos\vartheta_1\cos\vartheta_2 - \sin\vartheta_1\sin\vartheta_2;$$
$$\sin(\vartheta_1 + \vartheta_2) = \sin\vartheta_1\cos\vartheta_2 + \cos\vartheta_1\sin\vartheta_2.$$

Diese Gleichungen lassen sich in eine einzige zusammenziehen, wenn man das Symbol $i = \sqrt{-1}$ benutzt, das schon in der elementaren Algebra nicht zu entbehren ist. Mit Hilfe dieses i, das die Eigenschaft $i^2 = -1$ hat, kann man schreiben:

$$\cos(\vartheta_1 + \vartheta_2) + i\sin(\vartheta_1 + \vartheta_2) = (\cos\vartheta_1 + i\sin\vartheta_1)(\cos\vartheta_2 + i\sin\vartheta_2). \tag{7}$$

Beim Ausrechnen der rechten Seite ergibt sich nämlich als

Realteil: $\cos\vartheta_1\cos\vartheta_2 - \sin\vartheta_1\sin\vartheta_2$, und als

Imaginärteil: $i(\sin\vartheta_1\cos\vartheta_2 + \cos\vartheta_1\sin\vartheta_2)$.

Man nennt (7) die *Moivresche* Formel. Sie besagt, daß beim *Multiplizieren* mehrerer Ausdrücke von der Form $\cos\vartheta + i\sin\vartheta$ stets wieder ein solcher

Ausdruck herauskommt und die einzelnen ϑ sich *addieren*. Man nennt $x + i\,y$ *eine komplexe Zahl*. Der Punkt mit den rechtwinkligen Koordinaten x, y wird als *Bildpunkt* dieser Zahl benutzt; $x + i\,y$ heißt die *komplexe Koordinate* dieses Punktes. Sind r und ϑ seine Polarkoordinaten, so hat man: $x = r \cos \vartheta$, $y = r \sin \vartheta$, also: $x + i\,y = r(\cos \vartheta + i \sin \vartheta)$. Man nennt r *den absoluten* Betrag von $x + i\,y$ und braucht dafür das Symbol $|\,x + i\,y\,|$. Für ϑ ist die Benennung „*Arcus* (oder Amplitude) von $x + i\,y$" üblich, wofür man „arc $(x + i\,y)$" schreibt. Ein *Produkt* aus zwei solchen Zahlen entsteht durch *Multiplizieren* der absoluten Beträge und *Addieren* der Arcusse. Die Punkte x, y und $x, -y$, die spiegelbildlich zur x-Achse liegen, haben gleiche Radienvektoren und entgegengesetzt gleiche Amplituden. Daher gilt neben $x + i\,y = r(\cos \vartheta + i \sin \vartheta)$ die Gleichung: $x - i\,y = r(\cos \vartheta - i \sin \vartheta)$. Man nennt die komplexen Zahlen $x + i\,y$ und $x - i\,y$ *konjugiert*. Ihr Produkt ist, da ϑ und $-\vartheta$ die Summe 0 geben, gleich r^2. Man kann es auch durch Ausrechnen bestätigen, ohne den Moivreschen Satz. Es ergibt sich nämlich: $(x + i\,y)(x - i\,y) = x^2 + y^2$, also r^2.
Insbesondere ist: $(\cos \vartheta + i \sin \vartheta)(\cos \vartheta - i \sin \vartheta) = 1$, was soviel bedeutet wie: $\cos^2 \vartheta + \sin^2 \vartheta = 1$. Stützt man sich hierauf, so kann man schreiben:

$$r_2(\cos \vartheta_2 + i \sin \vartheta_2)/[r_1(\cos \vartheta_1 + i \sin \vartheta_1)] =$$
$$= (r_2/r_1)(\cos \vartheta_2 + i \sin \vartheta_2)(\cos \vartheta_1 - i \sin \vartheta_1) = (r_2/r_1)\,[\cos(\vartheta_2 - \vartheta_1) + i \sin(\vartheta_2 - \vartheta_1)].$$

Ein *Quotient* aus zwei komplexen Zahlen entsteht durch *Dividieren* der absoluten Beträge und durch *Subtrahieren* der Arcusse. Selbstverständlich darf r_1 nicht gleich 0 sein. In rechtwinkligen Koordinaten lautet die obige Division:

$$\frac{x_2 + i\,y_2}{x_1 + i\,y_1} = \frac{(x_2 + i\,y_2)(x_1 - i\,y_1)}{{x_1}^2 + {y_1}^2} = \frac{x_1 x_2 + y_1 y_2 + i(x_1 y_2 - x_2 y_1)}{{x_1}^2 + {y_1}^2}.$$

Im Zähler erscheinen wieder die beiden Ausdrücke $x_1 y_2 - x_2 y_1$ und $x_1 x_2 + y_1 y_2$, von denen unsere Betrachtung ausging.
Zur Moivreschen Formel sei noch bemerkt, daß m gleiche Faktoren $\cos \vartheta + i \sin \vartheta$ das Produkt $\cos m\,\vartheta + i \sin m\,\vartheta$ ergeben. Es ist also:
$\cos m\,\vartheta + i \sin m\,\vartheta = (\cos \vartheta + i \sin \vartheta)^m$. Insbesondere hat man:
$\cos 2\,\vartheta + i \sin 2\,\vartheta = (\cos \vartheta + i \sin \vartheta)^2 = \cos^2 \vartheta - \sin^2 \vartheta + 2\,i \cos \vartheta \sin \vartheta$,
also $\cos 2\,\vartheta = \cos^2 \vartheta - \sin^2 \vartheta$; $\sin 2\,\vartheta = 2 \cos \vartheta \sin \vartheta$.
Mit Rücksicht auf $\cos^2 \vartheta + \sin^2 \vartheta = 1$ folgt aus der ersten Gleichung:

$$1 + \cos 2\,\vartheta = 2 \cos^2 \vartheta; \qquad 1 - \cos 2\,\vartheta = 2 \sin^2 \vartheta.$$

Bezeichnet man die Seiten des Dreiecks $O\,P_1\,P_2$, also $\overline{OP_1}$, $\overline{OP_2}$, $\overline{P_1 P_2}$, mit a, b, c und den Winkel bei O mit γ, so gilt:

$$c^2 = (x_2 - x_1)^2 + (y_2 - y_1)^2 = a^2 + b^2 - 2\,a\,b \cos \gamma, \text{ weil}$$
$$\cos \gamma = \cos \vartheta_1 \cos \vartheta_2 + \sin \vartheta_1 \sin \vartheta_2. \text{ Man hat also}$$
$$\cos \gamma = (a^2 + b^2 - c^2)/(2\,a\,b).$$

Hieraus folgt:

$$1 + \cos \gamma = [(a + b)^2 - c^2]/(2\,a\,b) = (a + b + c)(a + b - c)/(2\,a\,b),$$
$$1 - \cos \gamma = [c^2 - (a - b)^2]/(2\,a\,b) = (c + a - b)(b + c - a)/(2\,a\,b)$$

oder, wenn man wie üblich $a + b + c = 2s$ setzt:

$$\cos(\gamma/2) = \sqrt{s(s-c)/(ab)}; \qquad \sin(\gamma/2) = \sqrt{(s-a)(s-b)/(ab)}.$$

Der doppelte Inhalt des Dreiecks $O\,P_1\,P_2$ ist, wie wir wissen, gleich $x_1 y_2 - x_2 y_1$. Setzt man: $x_1 = a \cos \vartheta_1$; $y_1 = a \sin \vartheta_1$; $x_2 = b \cos \vartheta_2$; $y_2 = b \sin \vartheta_2$ ein, so ergibt sich: $a\,b \sin(\vartheta_2 - \vartheta_1)$ oder $a\,b \sin \gamma$, wofür man auch

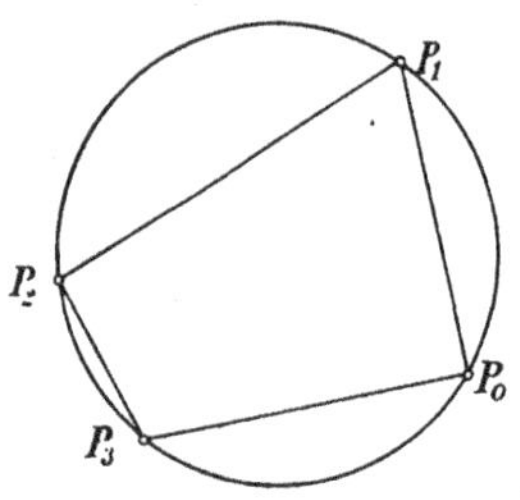

Abb. 3.

$2\,a\,b \cos(\gamma/2) \sin(\gamma/2)$ schreiben kann. Man findet unter Benützung der für $\cos(\gamma/2)$ und $\sin(\gamma/2)$ gewonnenen Ausdrücke, daß der Dreiecksinhalt gleich $\sqrt{s(s-a)(s-b)(s-c)}$ ist (Formel von *Heron*). Auf dem Einheitskreis (Kreis vom Radius 1 um den Anfangspunkt) seien vier Punkte P_0, P_1, P_2, P_3 mit den Amplituden 0, $2\,\vartheta_1$, $2\,\vartheta_2$, $2\,\vartheta_3$ markiert (vgl. Abb. 3).

Zwischen diesen Amplituden besteht die Relation $\sin \vartheta_1 \sin(\vartheta_3 - \vartheta_2) + \sin \vartheta_2 \sin(\vartheta_1 - \vartheta_3) + \sin \vartheta_3 \sin(\vartheta_2 - \vartheta_1) = 0$, deren Richtigkeit man mit Hilfe der Formel (5) leicht bestätigt. Man kann zu dieser Relation am bequemsten gelangen, wenn man mit $\cot \equiv \cos/\sin$ operiert („Kotangens identisch mit Kosinus durch Sinus") und von der Identität

$$(\cot \vartheta_2 - \cot \vartheta_3) + (\cot \vartheta_3 - \cot \vartheta_1) + (\cot \vartheta_1 - \cot \vartheta_2) = 0$$

ausgeht. Multipliziert man mit $\sin \vartheta_1 \sin \vartheta_2 \sin \vartheta_3$, so entsteht die behauptete Relation. Offenbar ist nun:

$\overline{P_0 P_1} = 2 \sin \vartheta_1$; $\overline{P_1 P_2} = 2 \sin(\vartheta_2 - \vartheta_1)$; $\overline{P_2 P_3} = 2 \sin(\vartheta_3 - \vartheta_2)$; $\overline{P_0 P_3} =$ $= 2 \sin \vartheta_3$, ferner:

$\overline{P_0 P_2} = 2 \sin \vartheta_2$; $\overline{P_1 P_3} = 2 \sin(\vartheta_3 - \vartheta_1)$, so daß jene Relation dasselbe bedeutet wie

$\overline{P_0 P_1} \cdot \overline{P_2 P_3} + \overline{P_1 P_2} \cdot \overline{P_0 P_3} = \overline{P_0 P_2} \cdot \overline{P_1 P_3}$. Diese Gleichung besagt aber, daß im Sehnenviereck die Produkte der Gegenseiten zusammen das Produkt der Diagonalen ergeben (Satz des *Ptolemäus*). Ist das Sehnenviereck ein Rechteck, so fällt der ptolemäische mit dem pythagoreischen Lehrsatz zusammen.

Wir kehren noch einmal zu den Formeln für $\cos(\vartheta_1 + \vartheta_2)$ und $\sin(\vartheta_1 + \vartheta_2)$ zurück. Setzen wir in ihnen $\vartheta_1 = \vartheta$ und $\vartheta_2 = \pi/2$, so wird, da die Koordinaten der Zeigerspitze in der y-Stellung 0 und 1 lauten, $\cos(\pi/2) = 0$ und $\sin(\pi/2) = 1$ sein, also:

$\cos(\vartheta + \pi/2) = -\sin \vartheta$ und $\sin(\vartheta + \pi/2) = \cos \vartheta$, woraus weiter folgt:
$\cos(\vartheta + \pi) = -\cos \vartheta$ und $\sin(\vartheta + \pi) = -\sin \vartheta$ sowie:
$\cos(\vartheta + 2\pi) = \cos \vartheta$ und $\sin(\vartheta + 2\pi) = \sin \vartheta$. Wenn man ϑ durch $-\vartheta$ ersetzt, so verwandeln sich die Ausgangsgleichungen in:

$$\cos(\pi/2 - \vartheta) = \sin \vartheta, \quad \sin(\pi/2 - \vartheta) = \cos \vartheta.$$

Der Winkel $\pi/2 - \vartheta$ heißt das *Komplement* von ϑ. Der Kosinus ist nach der zweiten Gleichung der Sinus des Komplements. Aus „complementi sinus" ist das Wort „cosinus" entstanden.

Durch Division von $\sin(\vartheta_1 + \vartheta_2)$ und $\cos(\vartheta_1 + \vartheta_2)$ findet man:

$$\tan(\vartheta_1 + \vartheta_2) = (\tan\vartheta_1 + \tan\vartheta_2) / (1 - \tan\vartheta_1 \tan\vartheta_2).$$

Dabei gilt: $\tan \equiv \sin/\cos$ („Tangens identisch mit Sinus durch Kosinus").

§ 4. Die $n+1$-reihige Determinante

Wenn $(n+1)^2$ Größen in quadratischer Anordnung vorliegen, so hat jede ihren Zeilen- und ihren Spaltenindex. Wir benutzen als Indizes die Zahlen $0, 1, \cdots, n$. Die Zeilenindizes setzen wir nach oben, die Spaltenindizes nach unten und hängen sie etwa an den Buchstaben x, so daß folgendes Bild entsteht:

$$\begin{Vmatrix} x_0^0 & x_1^0 & \cdots & x_n^0 \\ x_0^1 & x_1^1 & \cdots & x_n^1 \\ \cdot & \cdot & \cdot & \cdot \\ x_0^n & x_1^n & \cdots & x_n^n \end{Vmatrix}$$

Man nennt ein solches Verzeichnis eine *quadratische Matrix*, die $(n+1)^2$ Größen x_s^r ihre *Elemente*. Als *Determinante* dieser Matrix wird ein Ausdruck bezeichnet, der sich in besonderer Weise aus ihren Elementen aufbaut, und zwar so, daß er in das *Differenzenprodukt*:

$$\begin{aligned}[x_0\, x_1 \cdots x_n] = (x_1 - x_0)\,(x_2 - x_0) &\cdots (x_n - x_0) \\ (x_2 - x_1) &\cdots (x_n - x_1) \\ &\vdots \\ &(x_n - x_{n-1})\end{aligned}$$

übergeht, wenn man die oberen Indizes als Exponenten, also x_s^r als die r-te Potenz von x_s ansieht. Als Symbol für die Determinante dient die zwischen einfache Striche gesetzte Matrix. Das Differenzenprodukt $[x_0\, x_1 \cdots x_n]$ hat folgende grundlegende Eigenschaft: Das Auswechseln zweier der beteiligten Größen bedeutet Multiplizieren mit -1. Man nennt solche Ausdrücke *alternierend*. Werden z. B. die Indizes α und β ausgewechselt ($\alpha < \beta$), so zerfallen die übrigen Indizes in drei Klassen, die teilweise auch leer sein können. In die erste Klasse gehören alle Indizes ϱ, die kleiner als α sind, in die zweite Klasse alle Indizes σ zwischen α und β, in die dritte alle Indizes τ, die größer als β sind. Das Auswechseln von α und β übt nur auf solche Faktoren des Differenzenprodukts einen Einfluß aus, die mit α oder β oder mit beiden behaftet sind. Das sind die Faktoren vom Typus $x_\alpha - x_\varrho$; $x_\beta - x_\varrho$; $x_\sigma - x_\alpha$; $x_\beta - x_\sigma$; $x_\tau - x_\alpha$; $x_\tau - x_\beta$ und zuletzt der Faktor $x_\beta - x_\alpha$. Die Faktorenpaare $(x_\alpha - x_\varrho)\,(x_\beta - x_\varrho)$ ebenso $(x_\sigma - x_\alpha)\,(x_\beta - x_\sigma)$ und $(x_\tau - x_\alpha)\,(x_\tau - x_\beta)$ bleiben bei Auswechslung von α und β ungeändert; $x_\beta - x_\alpha$ geht in $x_\alpha - x_\beta$ über, erhält also den Faktor -1, wodurch das *ganze* Differenzenprodukt diesen Faktor -1 erhält. Damit ist der *alternierende Charakter* des Differenzenprodukts festgestellt.

Jedes einzelne x tritt in n Faktoren des Differenzenproduktes $[x_0\, x_1 \cdots x_n]$ auf. Daher wird das ausgerechnete Differenzenprodukt aus Gliedern von der Form

$C x_0^{r_0} x_1^{r_1} \cdots x_n^{r_n}$ bestehen, wobei die Exponenten der Reihe $0, 1, \cdots, n$ angehören. Ist in einem solchen Gliede $r_\alpha = r_\beta$, so bleibt es beim Auswechseln von x_α und x_β ungeändert. Daraus folgt wegen des alternierenden Charakters von $[x_0 x_1 \cdots x_n]$, daß dasselbe Glied $C x_0^{r_0} x_1^{r_1} \cdots x_n^{r_n}$ in $-[x_0 x_1 \cdots x_n]$ auftritt, daß also $[x_0 x_1 \cdots x_n]$ neben $C x_0^{r_0} x_1^{r_1} \cdots x_n^{r_n}$ auch das Glied $-C x_0^{r_0} x_1^{r_1} \cdots x_n^{r_n}$ enthält, das sich gegen jenes forthebt. Es bleiben demnach nur diejenigen Glieder stehen, deren Exponenten $r_0, r_1, \cdots, r_n$ lauter verschiedene Zahlen der Reihe $0, 1, \cdots, n$ sind, also diese Reihe erschöpfen. Ordnet man in jedem Gliede die Faktoren x^r nach steigenden Exponenten, so ergibt sich für $[x_0 x_1 \cdots x_n]$ ein Ausdruck von der Form

$$\Sigma\, C_{s_0 s_1 \cdots s_n} x_{s_0}^0 x_{s_1}^1 \cdots x_{s_n}^n .$$

Die Summation erstreckt sich über alle Permutationen $s_0, s_1, \cdots, s_n$ von $0, 1, \cdots, n$. Es müssen jetzt nur noch die Koeffizienten $C_{s_0 s_1 \cdots s_n}$ bestimmt werden. Hierzu führt folgende Überlegung: Der Quotient: $[x_0 x_1 \cdots x_n] / [0\, 1 \cdots u]$ bleibt ungeändert, wenn man zwei Nummern der Reihe $0, 1, \cdots, n$ auswechselt. Hierbei erhält nämlich jedes der beiden Differenzenprodukte den Faktor -1. Da man nun durch solche, in der *Kombinatorik* als Transpositionen bezeichnete Auswechselungen aus $0, 1, \cdots, n$ jede beliebige Permutation $s_0, s_1 \cdots s_n$ gewinnen kann, so gilt:

$$[x_{s_0} x_{s_1} \cdots x_{s_n}] : [s_0\, s_1 \cdots s_n] = [x_0\, x_1 \cdots x_n] : [0\, 1 \cdots n].$$

In
$$[x_{s_0} x_{s_1} \cdots x_{s_n}] = \begin{array}{l}(x_{s_1} - x_{s_0})(x_{s_2} - x_{s_0}) \cdots (x_{s_n} - x_{s_0}) \\ \qquad\qquad (x_{s_2} - x_{s_1}) \cdots (x_{s_n} - x_{s_1}) \\ \qquad\qquad\qquad\qquad \vdots \\ \qquad\qquad\qquad\quad (x_{s_n} - x_{s_{n-1}})\end{array}$$

hat aber $x_{s_0}^0 x_{s_1}^1 \cdots x_{s_n}^n$ den Faktor 1. Daher folgt aus obiger Gleichung: $C_{s_0 s_1 \cdots s_n} = [0\, 1 \cdots n] / [s_0\, s_1 \cdots s_n]$. Somit gilt für das Differenzenprodukt folgende Darstellung:

$$[x_0\, x_1 \cdots x_n] = \sum \frac{[0\, 1 \cdots n]}{[s_0\, s_1 \cdots s_n]} x_{s_0}^0 x_{s_1}^1 \cdots x_{s_n}^n .$$

Nach der oben gegebenen Definition einer Determinante ist also:

$$\begin{vmatrix} x_0^0\, x_1^0 \cdots x_n^0 \\ x_0^1\, x_1^1 \cdots x_n^1 \\ \cdots\cdots\cdots \\ x_0^n\, x_1^n \cdots x_n^n \end{vmatrix} = \sum \frac{[0\, 1 \cdots n]}{[s_0\, s_1 \cdots s_n]} x_{s_0}^0 x_{s_1}^1 \cdots x_{s_n}^n .$$

Hier bedeutet x_s^r nicht mehr die r-te Potenz von x_s, sondern das in der r-ten Zeile und s-ten Spalte befindliche Element einer quadratischen Matrix. Jedem der $(n+1)!$ Determinantenglieder liegt eine bestimmte *Paarung* der Zeilen und der Spalten zugrunde. Ist die Zeile 0 mit der Spalte s_0, die Zeile 1 mit der Spalte s_1 gepaart, $\cdots$, die Zeile n mit der Spalte s_n, so kann man diese Paarung durch das Symbol $\begin{pmatrix} 0\, 1 \cdots n \\ s_0\, s_1 \cdots s_n \end{pmatrix}$ bezeichnen. In der oberen Reihe stehen die Zeilenindizes, in den unteren die zugehörigen Spaltenindizes. Dem Hauptglied $x_0^0\, x_1^1 \cdots x_n^n$ der Determinante, das mit den Elementen der

Hauptdiagonale gebildet ist, entspricht die *Hauptpaarung* $\begin{pmatrix}0\,1\cdots n\\0\,1\cdots n\end{pmatrix}$. Da es bei einer Paarung nur auf die Zuordnungen ankommt, die bei ihr verwirklicht sind, so kann man die Kolonnen des Symbols $\begin{pmatrix}0\,1\cdots n\\s_0\,s_1\cdots s_n\end{pmatrix}$ beliebig vertauschen und es dadurch in $\begin{pmatrix}\varrho_0\,\varrho_1\cdots\varrho_n\\\sigma_0\,\sigma_1\cdots\sigma_n\end{pmatrix}$ verwandeln. Wir wissen, daß: $[\varrho_0\,\varrho_1\cdots\varrho_n]:[\sigma_0\,\sigma_1\cdots\sigma_n]=[0\,1\cdots n]:[s_0\,s_1\cdots s_n]$. Daher kann man die hier betrachtete Determinante auch in der Form schreiben:

$$\sum\frac{[\varrho_0\,\varrho_1\cdots\varrho_n]}{[0\,1\cdots n]}\cdot\frac{[\sigma_0\,\sigma_1\cdots\sigma_n]}{[0\,1\cdots n]}\,x_{\sigma_0}^{\varrho_0}\,x_{\sigma_1}^{\varrho_1}\cdots x_{\sigma_n}^{\varrho_n}.$$

Die Summation erstreckt sich über alle Paarungen der Zeilen mit den Spalten. Statt des Quotienten $[\varrho_0\,\varrho_1\cdots\varrho_n]:[\sigma_0\,\sigma_1\cdots\sigma_n]$ haben wir das ihm gleichwertige Produkt $\frac{[\varrho_0\,\varrho_1\cdots\varrho_n]}{[0\,1\cdots n]}\cdot\frac{[\sigma_0\,\sigma_1\cdots\sigma_n]}{[0\,1\cdots n]}$ eingesetzt. Läßt man bei der Summation $\varrho_0,\varrho_1,\cdots,\varrho_n$ und $\sigma_0,\sigma_1,\cdots,\sigma_n$ unabhängig voneinander alle Permutationen von $0, 1, \cdots n$ durchlaufen, so muß noch der Faktor $1/(n+1)!$ hinzugefügt werden, weil jede Paarung $(n+1)!$-mal auftritt. Läßt man der Summation volle Freiheit, so wird demnach:

$$\begin{vmatrix}x_0{}^0\,x_1{}^0\cdots x_n{}^0\\x_0{}^1\,x_1{}^1\cdots x_n{}^1\\\cdots\cdots\\x_0{}^n\,x_1{}^n\cdots x_n{}^n\end{vmatrix}=\frac{1}{(n+1)!}\sum\frac{[\varrho_0\,\varrho_1\cdots\varrho_n]}{[0\,1\cdots n]}\,\frac{[\sigma_0\,\sigma_1\cdots\sigma_n]}{[0\,1\cdots n]}\,x_{\sigma_0}^{\varrho_0}\,x_{\sigma_1}^{\varrho_1}\cdots x_{\sigma_n}^{\varrho_n}.$$

Es kann vorkommen, daß die Zeilenindizes und Spaltenindizes irgendwelche andern Werte haben. Ist dann $x_{\sigma_0^*}^{\varrho_0^*}\,x_{\sigma_1^*}^{\varrho_1^*}\cdots x_{\sigma_n^*}^{\varrho_n^*}$ das Hauptglied der Determinante, so wird diese durch:

$$\frac{1}{(n+1)!}\sum\frac{[\varrho_0\,\varrho_1\cdots\varrho_n]}{[\varrho_0^*\,\varrho_1^*\cdots\varrho_n^*]}\,\frac{[\sigma_0\,\sigma_1\cdots\sigma_n]}{[\sigma_1^*\,\sigma_0^*\cdots\sigma_n^*]}\,x_{\sigma_0}^{\varrho_0}\,x_{\sigma_1}^{\varrho_1}\cdots x_{\sigma_n}^{\varrho_n}$$

ausgedrückt, wobei $\varrho_0,\varrho_1,\cdots,\varrho_n$ alle Permutationen von $\varrho_0{}^*,\varrho_1{}^*,\cdots,\varrho_n{}^*$ durchläuft und $\sigma_0,\sigma_1,\cdots,\sigma_n$ alle Permutationen von $\sigma_0{}^*,\sigma_1{}^*,\cdots\sigma_n{}^*$.

§ 5. Haupteigenschaften der Determinanten

Die am Schluß von § 4 gegebene Erklärung der $(n+1)$-reihigen Determinanten läßt unmittelbar eine wichtige Eigenschaft dieser Gebilde erkennen, nämlich die Übereinstimmung der beiden Determinanten

$$\begin{vmatrix}x_0{}^0\,x_1{}^0\cdots x_n{}^0\\x_0{}^1\,x_1{}^1\cdots x_n{}^1\\\cdots\cdots\\x_0{}^n\,x_1{}^n\cdots x_n{}^n\end{vmatrix}\quad\text{und}\quad\begin{vmatrix}x_0{}^0\,x_0{}^1\cdots x_0{}^n\\x_1{}^0\,x_1{}^1\cdots x_1{}^n\\\cdots\cdots\\x_n{}^0\,x_n{}^1\cdots x_n{}^n\end{vmatrix}.$$

Sie gehen dadurch ineinander über, daß x_σ^ϱ und x_ϱ^σ ihre Plätze wechseln, daß also die Zeilen als Spalten geschrieben werden, oder auch dadurch, daß die Matrix der x_σ^ϱ um die *Hauptdiagonale*, auf der die *Hauptelemente* $x_0{}^0$, $x_1{}^1,\cdots,x_n{}^n$ stehen, herumgeklappt wird. Hierbei bleibt also, so wird behauptet, die Determinante ungeändert. Man nennt diese Feststellung den *Umklappungssatz*. Wird in dem Ausdruck

$$\frac{1}{(n+1)!}\sum\frac{[\varrho_0\,\varrho_1\cdots\varrho_n]}{[0\,1\cdots n]}\,\frac{[\sigma_0\,\sigma_1\cdots\sigma_n]}{[0\,1\cdots n]}\,x_{\sigma_0}^{\varrho_0}\,x_{\sigma_1}^{\varrho_1}\cdots x_{\sigma_n}^{\varrho_n} \tag{8}$$

jedes x_σ^ϱ durch x_ϱ^σ ersetzt, so ergibt sich, wenn man noch die Faktoren $[\varrho_0\,\varrho_1\cdots\varrho_n]\,/\,[0\,1\cdots n]$ und $[\sigma_0\,\sigma_1\cdots\sigma_n]\,/\,[0\,1\cdots n]$ vertauscht:

$$\frac{1}{(n+1)!}\sum\frac{[\sigma_0\,\sigma_1\cdots\sigma_n]}{[0\,1\cdots n]}\,\frac{[\varrho_0\,\varrho_1\cdots\varrho_n]}{[0\,1\cdots n]}\,x_{\varrho_0}^{\sigma_0}\,x_{\varrho_1}^{\sigma_1}\cdots x_{\varrho_n}^{\sigma_n}. \tag{9}$$

Da $\varrho_0, \varrho_1, \cdots, \varrho_n$ und $\sigma_0, \sigma_1, \cdots, \sigma_n$ unabhängig voneinander alle Permutationen von $0, 1, \cdots, n$ durchlaufen, so besteht zwischen (8) und (9) kein Unterschied. Damit ist der Umklappungssatz bewiesen. Auf Grund dieses Satzes übertragen sich alle Zeileneigenschaften der Determinanten ohne weiteres auf die Spalten.

Es sei $0', 1', \cdots, n'$ eine Permutation von $0, 1, \cdots, n$, die aus $0, 1, \cdots, n$ durch eine Transposition, etwa durch Auswechselung von α und β hervorgeht. Dann ist:

$$\begin{vmatrix} x_0^{0'} & x_1^{0'} & \cdots & x_n^{0'} \\ x_0^{1'} & x_1^{1'} & \cdots & x_n^{1'} \\ \cdot & \cdot & \cdot & \cdot \\ x_0^{n'} & x_1^{n'} & \cdots & x_n^{n'} \end{vmatrix} = -\begin{vmatrix} x_0^{0} & x_1^{0} & \cdots & x_n^{0} \\ x_0^{1} & x_1^{1} & \cdots & x_n^{1} \\ \cdot & \cdot & \cdot & \cdot \\ x_n^{0} & x_1^{n} & \cdots & x_n^{n} \end{vmatrix},$$

d. h. die Determinante erhält bei Vertauschung zweier Zeilen den Faktor -1. Man nennt diese Feststellung den *Vertauschungssatz*. Durch Auswechselung der Zeilen α und β verwandelt sich der Ausdruck (8) in

$$\frac{1}{(n+1)!}\sum\frac{[\varrho_0\,\varrho_1\cdots\varrho_n]}{[0\,1\cdots n]}\,\frac{[\sigma_0\,\sigma_1\cdots\sigma_n]}{[0\,1\cdots n]}\,x_{\sigma_0}^{\varrho_0'}\,x_{\sigma_1}^{\varrho_1'}\cdots x_{\sigma_n}^{\varrho_n'}.$$

Da das Differenzenprodukt eine alternierende Größe ist, so sind $[\varrho_0\,\varrho_1\cdots\varrho_n]$ und $[\varrho_0'\,\varrho_1'\cdots\varrho_n']$ entgegengesetzt gleich. Daher stimmt der obige Ausdruck überein mit

$$-\frac{1}{(n+1)!}\sum\frac{[\varrho_0'\,\varrho_1'\cdots\varrho_n']}{[0\,1\cdots n]}\,\frac{[\sigma_0\,\sigma_1\cdots\sigma_n]}{[0\,1\cdots n]}\,x_{\sigma_0}^{\varrho_0'}\,x_{\sigma_1}^{\varrho_1'}\cdots x_{\sigma_n}^{\varrho_n'}.$$

Bedenkt man, daß $\varrho_0', \varrho_1', \cdots, \varrho_n'$ ebenso wie $\varrho_0, \varrho_1, \cdots, \varrho_n$ alle Permutationen von $0, 1, \cdots, n$ durchläuft, so ist hiermit der Vertauschungssatz bewiesen. Ein wichtiger Spezialfall dieses Satzes ist folgender: D sei eine Determinante mit zwei übereinstimmenden Zeilen. Vertauscht man die beiden Zeilen, so liegt immer noch die Determinante D vor. Andererseits wissen wir aus dem Vertauschungssatz, daß sich D in $-D$ verwandelt hat. Daher muß $D = -D$, d. h. $D = 0$ sein. *Eine Determinante mit zwei übereinstimmenden Zeilen ist also gleich Null.* Schreibt man die Determinante der $(n+1)^2$-Größen x_s^r in der Form

$$\sum\frac{[0\,1\cdots n]}{[s_0\,s_1\cdots s_n]}\,x_{s_0}^{0}\,x_{s_1}^{1}\cdots x_{s_n}^{n},$$

wobei sich die Summation über alle Permutationen $s_0, s_1, \cdots, s_n$ von $0, 1, \cdots, n$ erstreckt, so erkennt man, daß jedes der $(n+1)!$ Determinantenglieder ein positiv oder negativ genommenes Produkt von der Form $x^0_{s_0} x^1_{s_1} \cdots x^n_{s_n}$ ist. Seine $n+1$ Faktoren haben verschiedene Zeilenindizes, aber auch verschiedene Spaltenindizes, so daß jede Zeile einen und nur einen Faktor zu jenem Produkt beiträgt, ebenso jede Spalte. Bezeichnet man nun die Elemente der r-ten Zeile kurz mit $z_0, z_1, \cdots, z_n$ und faßt alle Determinantenglieder, die dieser Zeile denselben Faktor entnehmen, zusammen, so wird sich die Determinante in der Form $A_0 z_0 + A_1 z_1 + \cdots + A_n z_n$ ausdrücken, wobei die Koeffizienten A nichts aus der r-ten Zeile enthalten, sondern sich aus den Elementen der anderen Zeilen aufbauen. Die Determinante ist, so sagt man, in den Elementen der r-ten Zeile *linear* und *homogen,* ist eine lineare Form dieser Elemente. Man nennt diese Feststellung den *Homogenitätssatz.*

$A_0 z_0 + A_1 z_1 + \cdots + A_n z_n$ heißt die *Entwicklung* der Determinante nach der r-ten Zeile. Aus ihr ergibt sich sofort der sog. *Faktorensatz,* wonach die Determinante mit dem Faktor k multipliziert wird, wenn man sämtliche Elemente einer Zeile mit diesem Faktor versieht. Man kann auch umgekehrt sagen, daß ein in allen Elementen einer Zeile auftretender Faktor vor die Determinante gezogen werden darf. Als wichtiger Spezialfall ist hervorzuheben, daß eine Determinante mit einer *Nullenzeile* den Wert Null hat. Eine andere Folgerung des Homogenitätssatzes bezieht sich auf solche Determinanten, die eine Zeile von Binomen enthalten, also etwa in der r-ten Zeile die Binome

$$z_0 = u_0 + v_0;\quad z_1 = u_1 + v_1;\quad \cdots;\quad z_n = u_n + v_n.$$

Die Determinante $A_0 z_0 + A_1 z_1 + \cdots + A_n z_n$ zerfällt hier in:

$(A_0 u_0 + A_1 u_1 + \cdots + A_n u_n) + (A_0 v_0 + A_1 v_1 + \cdots + A_n v_n)$, d. h., es ist:

$$\begin{vmatrix} \cdot & \cdot & \cdot \\ u_0 + v_0, & \cdots, & u_n + v_n \\ \cdot & \cdot & \cdot \end{vmatrix} = \begin{vmatrix} \cdot & \cdot & \cdot \\ u_0, & \cdots, & u_n \\ \cdot & \cdot & \cdot \end{vmatrix} + \begin{vmatrix} \cdot & \cdot & \cdot \\ v_0, & \cdots, & v_n \\ \cdot & \cdot & \cdot \end{vmatrix}.$$

Man kann umgekehrt auch sagen, daß sich die Summe mehrerer Determinanten, die nur in ihren r-ten Zeilen voneinander abweichen, als Determinante schreiben läßt, deren r-te Zeile sich aus den r-ten Zeilen der Summanden additiv aufbaut, während die übrigen Zeilen unverändert übernommen werden. Diese Feststellung nennt man den *Vereinigungssatz* oder *Zerlegungssatz,* je nachdem man die obige Gleichung von rechts nach links oder von links nach rechts liest.

Ein besonders nützliches Werkzeug beim Rechnen mit Determinanten ist der *Umformungssatz.* Er besagt, *daß eine Determinante ihren Wert behält, wenn man zu den Elementen eine Zeile die mit k multiplizierten Elemente einer anderen Zeile addiert.* $z_0, z_1, \cdots, z_n$ und $z_0', z_1', \cdots, z_n'$ seien die beiden beteiligten Zeilen. Dann ist nach dem Zerlegungssatz:

$$\begin{vmatrix} \cdot & \cdot & \cdot \\ z_0 + k z_0', & \cdots, & z_n + k z_n' \\ \cdot & \cdot & \cdot \end{vmatrix} = \begin{vmatrix} \cdot & \cdot & \cdot \\ z_0, & \cdots, & z_n \\ \cdot & \cdot & \cdot \end{vmatrix} + \begin{vmatrix} \cdot & \cdot & \cdot \\ k z_0', & \cdots, & k z_n' \\ \cdot & \cdot & \cdot \end{vmatrix}.$$

Der zweite Summand lautet nach Absonderung des Faktors k:

$$\begin{vmatrix} \cdot\;\cdot\;\cdot\;\cdot\;\cdot\;\cdot \\ z_0', \cdots, z_n' \\ \cdot\;\cdot\;\cdot\;\cdot\;\cdot\;\cdot \end{vmatrix}$$

. Da hier die Zeile $z_0', \cdots, z_n'$ zweimal auftritt, so ist diese Determinante gleich Null. Man hat also, wie der Umformungsatz behauptet:

$$\begin{vmatrix} \cdot\;\cdot\;\cdot\;\cdot\;\cdot\;\cdot\;\cdot\;\cdot\;\cdot\;\cdot\;\cdot\;\cdot\;\cdot\;\cdot \\ z_0 + k\,z_0', \cdots, z_n + k\,z_n' \\ \cdot\;\cdot\;\cdot\;\cdot\;\cdot\;\cdot\;\cdot\;\cdot\;\cdot\;\cdot\;\cdot\;\cdot\;\cdot\;\cdot \end{vmatrix} = \begin{vmatrix} \cdot\;\cdot\;\cdot\;\cdot\;\cdot \\ z_0, \cdots, z_n \\ \cdot\;\cdot\;\cdot\;\cdot\;\cdot \end{vmatrix}$$

§ 6. Unterdeterminanten und Komplemente

Wenn man eine Determinante nach der r-ten Zeile $z_0, z_1, \cdots, z_n$ entwickelt, so ergibt sich, wie wir wissen, ein Ausdruck von der Form $A_0\,z_0 + A_1\,z_1 + \cdots + A_n\,z_n$. Man nennt A_s das *Komplement* von z_s. Kennzeichnen wir die Elemente der Determinante wie früher mit unteren und oberen Indizes, so ist $z_s = x_s^r$ und $A_s\,z_s$ die Summe aller mit x_s^r behafteten Determinantenglieder. Wenn man in $0, 1, \cdots, n$ das Glied r streicht, so bleibe die Reihe $r_1, r_2, \cdots, r_n$ stehen, ebenso entstehe $s_1, s_2, \cdots, s_n$ durch Streichung von s. Ferner seien $\varrho_1, \varrho_2, \cdots, \varrho_n$ und $\sigma_1, \sigma_2, \cdots, \sigma_n$ beliebige Permutationen von $r_1, r_2, \cdots, r_n$ und $s_1, s_2, \cdots, s_n$. Wir wissen, daß jedem Determinantenglied eine Paarung der Zeilen mit den Spalten entspricht. Will man die mit x_s^r behafteten Determinantenglieder erfassen, so kommen nur die Paarungen $\begin{pmatrix} r\;\varrho_1 \cdots \varrho_n \\ s\;\sigma_1 \cdots \sigma_n \end{pmatrix}$ in Frage. Läßt man $\varrho_1, \cdots, \varrho_n$ alle Permutationen von $r_1, \cdots r_n$ und $\sigma_1, \cdots, \sigma_n$ alle Permutationen von $s_1, \cdots, s_n$ durchlaufen, so kommt jede der erwähnten Paarungen in $n!$ Exemplaren vor, weil das Paarungssymbol bei beliebiger Vertauschung der n letzten Spalten seine Bedeutung bewahrt. Die mit x_s^r behafteten Determinantenglieder geben also nach Abstoßung dieses Faktors folgende Summe, die wir mit X_s^r bezeichnen wollen:

$\frac{1}{n!}\sum \frac{[r\,\varrho_1 \cdots \varrho_n]}{[0\,1 \cdots n]}\,\frac{[s\,\sigma_1 \cdots \sigma_n]}{[0\,1 \cdots n]}\,x_{\sigma_1}^{\varrho_1} \cdots x_{\sigma_n}^{\varrho_n}$, wofür man auch schreiben kann

$\frac{\varepsilon}{n!}\sum \frac{[r\,\varrho_1 \cdots \varrho_n]}{[r\,r_1 \cdots r_n]}\,\frac{[s\,\sigma_1 \cdots s_n]}{[s\,s_1 \cdots s_n]}\,x_{\sigma_1}^{\varrho_1} \cdots x_{\sigma_n}^{\varrho_n}$, wobei wir

$\varepsilon = \frac{[r\,r_1 \cdots r_n]}{[0\,1 \cdots n]}\,\frac{[s\,s_1 \cdots s_n]}{[0\,1 \cdots n]}$ gesetzt haben. Man braucht nur an die Bedeutung der Differenzenprodukte zu denken, um sofort zu erkennen, daß $\frac{[r\,\varrho_1 \cdots \varrho_n]}{[r\,r_1 \cdots r_n]} = \frac{[\varrho_1 \cdots \varrho_n]}{[r_1 \cdots r_n]}$ und $\frac{[s\,\sigma_1 \cdots \sigma_n]}{[s\,s_1 \cdots s_n]} = \frac{[\sigma_1 \cdots \sigma_n]}{[s_1 \cdots s_n]}$. Diese Gleichungen kommen dadurch zustande, daß das Produkt

$(\varrho_1 - r) \cdots (\varrho_n - r)$ mit $(r_1 - r) \cdots (r_n - r)$ und

$(\sigma_1 - s) \cdots (\sigma_n - s)$ mit $(s_1 - s) \cdots (s_n - s)$ übereinstimmt. Bis auf das Vorzeichen ε fällt also das Komplement von x_s^r mit

$\frac{1}{n!}\sum \frac{[\varrho_1 \cdots \varrho_n]}{[r_1 \cdots r_n]}\,\frac{[\sigma_1 \cdots \sigma_n]}{[s_1 \cdots s_n]}\,x_{\sigma_1}^{\varrho_1} \cdots x_{\sigma_n}^{\varrho_n}$ zusammen, d. h. mit der Determinante

$$\begin{vmatrix} x_{s_1}^{r_1} \cdots x_{s_n}^{r_1} \\ \cdot\;\cdot\;\cdot\;\cdot\;\cdot\;\cdot \\ x_{s_1}^{r_n} \cdots x_{s_n}^{r_n} \end{vmatrix},$$

die aus der ursprünglichen durch Unterdrückung der r-ten Zeile und s-ten Spalte entsteht. Man nennt sie die zu x_s^r gehörige *Unterdeterminante.* Fügt man noch den Zeichenfaktor ε hinzu, so entsteht das *Komplement* von x_s^r. Über ε läßt sich folgendes sagen: In $[r\, r_1 \cdots r_n]$ sind negative Faktoren nur in der Gruppe $(r_1 - r) \cdots (r_n - r)$ anzutreffen, und zwar gibt es r solche Faktoren. So groß ist nämlich in der Reihe $0, 1, \cdots, n$ die Anzahl der Glieder, die kleiner als r sind. Man entnimmt hieraus:
$[r\, r_1 \cdots r_n]/[0\,1 \cdots n] = (-1)^r$; $[s\, s_1 \cdots s_n]/[0\,1 \cdots n] = (-1)^s$, also $\varepsilon = (-1)^{r+s}$. Demnach unterscheiden sich Komplement und Unterdeterminante von x_s^r um den Faktor $(-1)^{r+s}$. Man pflegt das Komplement von x_s^r mit X_s^r zu bezeichnen. Die Entwicklung der Determinante nach der r-ten Zeile lautet dann:

$$x_0^r X_0^r + x_1^r X_1^r + \cdots + x_n^r X_n^r.$$

Ersetzt man die r-te Zeile durch eine der andern Zeilen, etwa durch die r'-te, so entsteht eine verschwindende Determinante, weil zwei Zeilen übereinstimmen. Da die großen Faktoren nichts aus der r-ten Zeile enthalten, kommt man hierdurch auf die Gleichung $x_0^{r'} X_0^r + x_1^{r'} X_1^r + \cdots + x_n^{r'} X_n^r = 0$. $(r' \gtrless r)$. Man nennt die linke Seite das *Produkt* aus $x_0^{r'}, x_1^{r'}, \cdots, x_n^{r'}$ und $X_0^r, X_1^r, \cdots, X_n^r$ und kann auf Grund obiger Feststellung sagen, daß zwei ungleichnamige Zeilen der Matrizen

$$\left\| \begin{matrix} x_0^0, \cdots, x_n^0 \\ \cdots\cdots\cdots \\ x_0^n, \cdots, x_n^n \end{matrix} \right\| \quad \text{und} \quad \left\| \begin{matrix} X_0^0, \cdots, X_n^0 \\ \cdots\cdots\cdots \\ X_0^n, \cdots, X_n^n \end{matrix} \right\|$$

das Produkt Null geben, während das Produkt gleichnamiger Zeilen die Determinante der linken Matrix darstellt. Dieselbe Aussage gilt für die Spalten beider Matrizen.

§ 7. Cramersche Regel

Es liege ein System von $n+1$ linearen Gleichungen mit $n+1$ Unbekannten vor:

$$\begin{aligned} a_0^0 x_0 + a_1^0 x_1 + \cdots + a_n^0 x_n &= b^0, \\ a_0^1 x_0 + a_1^1 x_1 + \cdots + a_n^1 x_n &= b^1, \\ \cdots\cdots\cdots\cdots\cdots\cdots\cdots\cdots \\ a_0^n x_0 + a_1^n x_1 + \cdots + a_n^n x_n &= b^n. \end{aligned}$$

Wir nehmen an, daß die Determinante des Gleichungssystems, d. h. die

Determinante $$A = \begin{vmatrix} a_0^0\, a_1^0 \cdots a_n^0 \\ a_0^1\, a_1^1 \cdots a_n^1 \\ \cdots\cdots\cdots \\ a_0^n\, a_1^n \cdots a_n^n \end{vmatrix}$$ von Null verschieden ist.

Multipliziert man die Gleichungen der Reihe nach mit $A_s^0, A_s^1, \cdots, A_s^n$, den Komplementen von $a_s^0, a_s^1, \cdots, a_s^n$, so ergibt sich mit Rücksicht auf

$$\begin{aligned} a_s^0 A_s^0 + a_s^1 A_s^1 + \cdots + a_s^n A_s^n &= A, \\ a_{s'}^0 A_s^0 + a_{s'}^1 A_s^1 + \cdots + a_{s'}^n A_s^n &= 0; \quad (s' \gtrless s) \end{aligned}$$

durch Addition: $A\, x_s = b^0 A_s^0 + b^1 A_s^1 + \cdots + b^n A_s^n$. Die rechte Seite entsteht aus A dadurch, daß man in dieser Determinante die s-te Spalte $a_s^0, a_s^1, \cdots, a_s^n$ durch $b^0, b^1, \cdots, b^n$ ersetzt. Dabei verwandelt sich nämlich $a_s^0 A_s^0 + a_s^1 A_s^1 + \cdots + a_s^n A_s^n$ in $b^0 A_s^0 + b^1 A_s^1 + \cdots + b^n A_s^n$. Es gilt also:

$$x_0 = \begin{vmatrix} b^0\, a_1^0 \cdots a_n^0 \\ b^1\, a_1^1 \cdots a_n^1 \\ \cdots\cdots\cdots \\ b^n\, a_1^n \cdots a_n^n \end{vmatrix} : \begin{vmatrix} a_0^0\, a_1^0 \cdots a_n^0 \\ a_0^1\, a_1^1 \cdots a_n^1 \\ \cdots\cdots\cdots \\ a_0^n\, a_1^n \cdots a_n^n \end{vmatrix};$$

$$x_1 = \begin{vmatrix} a_0^0\, b^0 \cdots a_n^0 \\ a_0^1\, b^1 \cdots a_n^1 \\ \cdots\cdots\cdots \\ a_0^n\, b^n \cdots a_n^n \end{vmatrix} : \begin{vmatrix} a_0^0\, a_1^0 \cdots a_n^0 \\ a_0^1\, a_1^1 \cdots a_n^1 \\ \cdots\cdots\cdots \\ a_0^n\, a_1^n \cdots a_n^n \end{vmatrix};$$

$$x_n = \begin{vmatrix} a_0^0\, a_1^0 \cdots b^0 \\ a_0^1\, a_1^1 \cdots b^1 \\ \cdots\cdots\cdots \\ a_0^n\, a_1^n \cdots b^n \end{vmatrix} : \begin{vmatrix} a_0^0\, a_1^0 \cdots a_n^0 \\ a_0^1\, a_1^1 \cdots a_n^1 \\ \cdots\cdots\cdots \\ a_0^n\, a_1^n \cdots a_n^n \end{vmatrix}.$$

Die Unbekannten erscheinen hier als Brüche mit dem gemeinsamen Nenner A. Die Zähler entstehen aus A dadurch, daß man eine Spalte durch $b^0, b^1, \cdots, b^n$ ersetzt. Faßt man a_s^r und b^r als symbolische Potenzen auf, so kann man schreiben (vgl. § 4):

$$x_0 = \frac{[b\, a_1 \cdots a_n]}{[a_0\, a_1 \cdots a_n]}\,;\quad x_1 = \frac{[a_0\, b \cdots a_n]}{[a_0\, a_1 \cdots a_n]}\,;\quad \cdots;\quad x_n = \frac{[a_0\, a_1 \cdots b]}{[a_0\, a_1 \cdots a_n]}.$$

Dieses Ergebnis läßt sich in sehr einfacher Weise direkt herleiten: $P(u) = k_0 + k_1 u + \cdots + k_n u^n$ sei ein beliebiges Polynom n-ten Grades. Dann läßt sich das betrachtete Gleichungssystem durch eine einzige Gleichung: $P(b) = x_0 P(a_0) + x_1 P(a_1) + \cdots + x_n P(a_n)$ ersetzen. Läßt man $P(u)$ mit den Lagrangeschen Grundpolynomen

$$L_0(u) = \frac{(u - a_1)(u - a_2) \cdots (u - a_n)}{(a_0 - a_1)(a_0 - a_2) \cdots (a_0 - a_n)},$$

$$L_1(u) = \frac{(u - a_0)(u - a_2) \cdots (u - a_n)}{(a_1 - a_0)(a_1 - a_0) \cdots (a_1 - a_n)},$$

$$\cdots\cdots\cdots\cdots\cdots\cdots$$

$$L_n(u) = \frac{(u - a_0)(u - a_1) \cdots (u - a_{n-1})}{(a_n - a_0)(a_n - a_1) \cdots (a_n - a_{n-1})}$$

zusammenfallen, so ergibt sich:

$$x_0 = L_0(b);\quad x_1 = L_1(b);\quad \cdots;\quad x_n = L_n(b).$$

Man kann diese Brüche so erweitern, daß Zähler und Nenner Differenzenprodukte werden. Multipliziert man z. B. in

$L_0(b) = \dfrac{(b - a_1)(b - a_2) \cdots (b - a_n)}{(a_0 - a_1)(a_0 - a_2) \cdots (a_0 - a_n)}$ Zähler und Nenner mit

$[a_1 a_2 \cdots a_n]$, so ergibt sich: $[b\, a_1 \cdots a_1] / [a_0\, a_1 \cdots a_n]$. Ähnlich ist es bei $L_1(b), \cdots, L_n(b)$. Daß nun die hier gewonnenen Ausdrücke $x_0, x_1, \cdots, x_n$ wirklich die Gleichung

$$P(b) = x_0\, P(a_0) + \cdots + x_n\, P(a_n)$$

erfüllen, wie man auch $P(u) = k_0 + k_1\, u + \cdots + k_n\, u^n$ wählen mag, beruht darauf, daß sich jedes solche Polynom aus $L_0(u), \cdots, L_n(u)$ in der Form $P(u) = L_0(u)\, P(a_0) + \cdots + L_n(u)\, P(a_n)$ aufbaut. Es folgt übrigens auch aus

$$x_s = (1/A)\,(b^0\, A_s{}^0 + b^1\, A_s{}^1 + \cdots + b^n\, A_s{}^n)$$

auf Grund der für Komplemente geltenden Relationen:

$$\sum_s a_s{}^r\, x_s = (1/A)\,(b_0 \sum_s a_s{}^r\, A_s{}^0 + b^1 \sum_s a_s{}^r\, A_s{}^1 + \cdots + b^n \sum_s a_s{}^r\, A_s{}^n) = b^r.$$

Die für $x_0, x_1, \cdots, x_n$ gewonnene Darstellung durch Determinantenquotienten bildet den Inhalt der *Cramerschen Regel.* Sind $b^0, b^1, \cdots, b^n$ alle gleich Null, so findet man: $x_0 = 0$; $x_1 = 0$; $\cdots$, $x_n = 0$. Daher gilt: $n + 1$ lineare homogene Gleichungen mit $n + 1$ Unbekannten und nicht verschwindender Determinante haben nur die aus lauter Nullen bestehende triviale Lösung.

§ 8. Determinantensatz von Laplace

D sei die $(n + 1)$-reihige Determinante

$$\begin{vmatrix} x_0{}^0 \cdots x_n{}^0 \\ \cdots\cdots \\ x_0{}^n \cdots x_n{}^n \end{vmatrix}.$$

Sind $r_1, \cdots, r_p$ und $s_1, \cdots s_p$ Teilreihen aus $0, 1, \cdots, n$, so nennt man

$$\begin{vmatrix} x_{s_1}^{r_1} \cdots x_{s_p}^{r_1} \\ \cdots\cdots \\ x_{s_1}^{r_p} \cdots x_{s_p}^{r_p} \end{vmatrix}$$

eine Unterdeterminante von D und gebraucht dafür das Symbol $D_{s_1 \cdots s_p}^{r_1 \cdots r_p}$. Zu jeder Unterdeterminante gibt es eine komplementäre. Man erhält sie aus D durch Streichung der Zeilen $r_1, \cdots, r_p$ und der Spalten $s_1, \cdots, s_p$. Sind $\varrho_1, \cdots, \varrho_q$ die von $r_1, \cdots, r_p$ verschiedenen Glieder der Reihe $0, 1, \cdots, n$, ebenso $\sigma_1, \cdots, \sigma_q$ die von $s_1, \cdots, s_p$ verschiedenen, so lautet die zu $D_{s_1 \cdots s_p}^{r_1 \cdots r_p}$ komplementäre Unterdeterminante $D_{\sigma_1 \cdots \sigma_q}^{\varrho_1 \cdots \varrho_q}$ oder ausführlich geschrieben:

$$\begin{vmatrix} x_{\sigma_1}^{\varrho_1} \cdots x_{\sigma_q}^{\varrho_1} \\ \cdots\cdots \\ x_{\sigma_1}^{\varrho_q} \cdots x_{\sigma_q}^{\varrho_q} \end{vmatrix}.$$

Gibt man dem Produkt $D_{s_1 \cdots s_p}^{r_1 \cdots r_p} \cdot D_{\sigma_1 \cdots \sigma_q}^{\varrho_1 \cdots \varrho_q}$ ein passendes Zeichen, so gehören seine $p!\, q!$ Bestandteile zu den Gliedern der Determinante D. Wir können schreiben:

$$D^{r_1 \cdots r_p}_{s_1 \cdots s_p} = \sum \frac{[s_1' \cdots s_p']}{[s_1 \cdots s_p]} x^{r_1}_{s_1'} \cdots x^{r_p}_{s_p'} \text{ und}$$

$$D^{\varrho_1 \cdots \varrho_q}_{\sigma_1 \cdots \sigma_q} = \sum \frac{[\sigma_1' \cdots \sigma_q']}{[\sigma_1 \cdots \sigma_q]} x^{\varrho_1}_{\sigma_1'} \cdots x^{\varrho_1}_{\sigma_1'},$$

wobei $s_1', \cdots, s_p'$ alle Permutationen von $s_1, \cdots, s_p$ und $\sigma_1', \cdots, \sigma_q'$ alle Permutationen von $\sigma_1, \cdots, \sigma_q$ durchläuft. Das Produkt beider Summen baut sich auf aus $p!\, q!$ Bestandteilen von der Form:

$$\frac{[s_1' \cdots s_p'] [\sigma_1' \cdots \sigma_q']}{[s_1 \cdots s_p] [\sigma_1 \cdots \sigma_q]} x^{r_1}_{s_1'} \cdots x^{r_p}_{s_1'} x^{\varrho_1}_{\sigma_1'} \cdots x^{\varrho_p}_{\sigma_q'}.$$

Offenbar unterscheiden sich $[s_1' \cdots s_p'] [\sigma_1' \cdots \sigma_q']$ und $[s_1 \cdots s_p] [\sigma_1 \cdots \sigma_q]$ von $[s_1' \cdots s_p' \sigma_1' \cdots \sigma_q']$ und $[s_1 \cdots s_p \sigma_1 \cdots \sigma_q]$ um denselben Faktor, so daß man obigem Ausdruck die Form

$$\frac{[s_1' \cdots s_p' \sigma_1' \cdots \sigma_q']}{[s_1 \cdots s_p \ \sigma_1 \cdots \sigma_q]} x^{r_1}_{s_1'} \cdots x^{r_p}_{s_p'} x^{\varrho_1}_{\sigma_1'} \cdots x^{\varrho_q}_{\sigma_q'} \tag{10}$$

geben kann. Läßt man $s_1', \cdots, s_p'$ alle Permutationen von $s_1, \cdots, s_p$ und $\sigma_1', \cdots, \sigma_q'$ alle Permutationen von $\sigma_1, \cdots, \sigma_q$ durchlaufen, so erhält man $p!\, q!$ verschiedene Permutationen $s_1', \cdots, s_p', \sigma_1', \cdots, \sigma_q'$ von $s_1, \cdots, s_p, \sigma_1, \cdots, \sigma_q$ oder von $0, 1, \cdots, n$. Ihnen entsprechen ebensoviele Glieder der Determinante D, die folgende Gestalt haben:

$$\frac{[r_1 \cdots r_p \ \varrho_1 \cdots \varrho_q]}{[0 \cdots n]} \frac{[s_1' \cdots s_p' \ \sigma_1' \cdots \sigma_q']}{[0 \cdots n]} x^{r_1}_{s_1} \cdots x^{r_p}_{s_p'} x^{\varrho_1}_{\sigma_1'} \cdots x^{\varrho_q}_{\sigma_q'}. \tag{11}$$

Offenbar entsteht der Ausdruck (11) aus (10) durch Beigabe des Faktors $\varepsilon = \frac{[r_1 \cdots r_p \ \varrho_1 \cdots \varrho_q]}{[0 \cdots n]} \cdot \frac{[s_1 \cdots s_p \, \sigma_1 \cdots \sigma_q]}{[0 \cdots n]}$, so daß also $\varepsilon D^{r_1 \cdots r_p}_{s_1 \cdots s_p} D^{\varrho_1 \cdots \varrho_q}_{\sigma_1 \cdots \sigma_q}$ einen Bestandteil von D darstellt. Um ε zu bestimmen, bedenke man, daß im Differenzenprodukt $[r_1 \cdots r_p \, \varrho_1 \cdots \varrho_q]$ nur unter den Faktoren $\varrho - r$ negative auftreten können. Es gibt aber hinter r_1 genau r_1 kleinere Zahlen, hinter r_2, da r_1 vorangeht, $r_2 - 1, \cdots$, hinter r_p, da $r_1, \cdots, r_{p-1}$ nicht mehr in Frage kommen, $r_p - (p-1)$. Die Gesamtzahl der negativen Faktoren im Differenzenprodukt $[r_1 \cdots r_p \, \varrho_1 \cdots \varrho_q]$ beträgt somit:

$$r_1 + \cdots + r_p + 1 + 2 \cdots + p - 1, \text{ in } [s_1 \cdots s_p \, \sigma_1 \cdots \sigma_q] \text{ ebenso:}$$
$$s_1 + \cdots + s_p + 1 + 2 + \cdots + p - 1.$$

Hieraus folgt: $\varepsilon = (-1)^{r_1 + \cdots + r_p + s_1 + \cdots + s_p}$. Dies stimmt mit dem Ergebnis des § 6 zusammen, wo der Fall $p = 1$ in Betracht kam. Man nennt $\varepsilon D^{\varrho_1 \cdots \varrho_q}_{\sigma_1 \cdots \sigma_q}$ das *Komplement* von $D^{r_1 \cdots r_p}_{s_1 \cdots s_p}$. Hält man $r_1, \cdots r_p$ fest und läßt $s_1, \cdots, s_p$ innerhalb $0, 1, \cdots, n$ variieren, so ergeben sich $\binom{n+1}{p}$ Unterdeterminanten $D^{r_1 \cdots r_p}_{s_1 \cdots s_p}$. Wird jede mit ihrem Komplement multipliziert, so entstehen $\binom{n+1}{p}$-Gliedergruppen von D. Jede solche Gruppe umfaßt $p!\, q!$ Determinantenglieder und je zwei Gliedergruppen haben keinerlei gemeinsamen Bestandteil. Da nun $\binom{n+1}{p} = \frac{(n+1)!}{p!\, q!}$ (mit Rücksicht auf $p + q = n + 1$), so werden die $(n+1)!$ Glieder von D hierdurch erschöpft. Es ist:

$$D = \sum_{s_1, \cdots, s_p} (-1)^{r_1 + \cdots + r_p + s_1 + \cdots + s_p} D^{r_1 \cdots r_p}_{s_1 \cdots s_p} D^{\varrho_1 \cdots \varrho_q}_{\sigma_1 \cdots \sigma_q}.$$

Jede den Zeilen $r_1, \cdots, r_p$ entnommene p-reihige Determinante erscheint hier multipliziert mit ihrem Komplement, d. h. mit der komplementären Unterdeterminante unter Beigabe des Faktors $(-1)^{r_1 + \cdots + r_p + s_1 + \cdots + s_p}$. Man nennt dies die Entwicklung von D nach den p Zeilen $r_1, \cdots, r_p$. Hierin liegt der Laplacesche Determinantensatz. Ebenso läßt sich D nach den Spalten $s_1, \cdots, s_p$ entwickeln in der Form:

$$D = \sum_{r_1, \cdots, r_p} (-1)^{r_1 + \cdots + r_p + s_1 + \cdots + s_p} D^{r_1 \cdots r_p}_{s_1 \cdots s_p} D^{\varrho_1 \cdots \varrho_q}_{\sigma_1 \cdots \sigma_q}.$$

Der Laplacesche Determinantensatz läßt sich in naheliegender Weise verallgemeinern. Man greife aus $0, 1, \cdots, n$ z. B. drei Teilreihen heraus $r_1, \cdots, r_\alpha$; $\varrho_1, \cdots, \varrho_\beta$; $\mathfrak{r}_1, \cdots, \mathfrak{r}_\gamma$, die zusammen aus $n+1$ verschiedenen Gliedern bestehen, und tue dies noch auf eine zweite Art: $s_1, \cdots, s_\alpha$; $\sigma_1, \cdots, \sigma_\beta$; $\mathfrak{s}_1, \cdots, \mathfrak{s}_\gamma$. Das Produkt der drei Unterdeterminanten

$$D^{r_1 \cdots r_\alpha}_{s_1 \cdots s_\alpha}, \; D^{\varrho_1 \cdots \varrho_\beta}_{\sigma_1 \cdots \sigma_\beta}, \; D^{\mathfrak{r}_1 \cdots \mathfrak{r}_\gamma}_{\mathfrak{s}_1 \cdots \mathfrak{s}_\gamma}$$

besteht aus $\alpha!\,\beta!\,\gamma!$ Gliedern von der Form:

$$\frac{[s_1' \cdots s_\alpha']}{[s_1 \cdots s_\alpha]} \frac{[\sigma_1' \cdots \sigma_\beta']}{[\sigma_1 \cdots \sigma_\beta]} \frac{[\mathfrak{s}_1' \cdots \mathfrak{s}_\gamma']}{[\mathfrak{s}_1 \cdots \mathfrak{s}_\gamma]} x^{r_1}_{s_1'} \cdots x^{r_\alpha}_{s_\alpha'} x^{\varrho_1}_{\sigma_1'} \cdots x^{\varrho_\beta}_{\sigma_\beta'} x^{\mathfrak{r}_1}_{\mathfrak{s}_1'} \cdots x^{\mathfrak{r}_\gamma}_{\mathfrak{s}_\gamma'}.$$

Ihnen entsprechen ebensoviele Glieder von D. An die Stelle des obigen Zeichenfaktors, der übrigens mit

$$\frac{[s_1' \cdots s_\alpha' \; \sigma_1' \cdots \sigma_\beta' \; \mathfrak{s}_1' \cdots \mathfrak{s}_\gamma']}{[s_1 \cdots s_\alpha \; \sigma_1 \cdots \sigma_\beta \; \mathfrak{s}_1 \cdots \mathfrak{s}_\gamma]}$$

gleichbedeutend ist, tritt hier jedoch der folgende:

$$\frac{[r_1 \cdots r_\alpha \; \varrho_1 \cdots \varrho_\beta \; \mathfrak{r}_1 \cdots \mathfrak{r}_\gamma]}{[0 \cdots n]} \frac{[s_1' \cdots \sigma_\alpha' \; \sigma_1' \cdots \sigma_\beta' \; \mathfrak{s}_1' \cdots \mathfrak{s}_\gamma']}{[0 \cdots n]}.$$

Er entsteht aus jenem durch Multiplikation mit

$$\varepsilon = \frac{[r_1 \cdots r_\alpha \; \varrho_1 \cdots \varrho_\beta \; \mathfrak{r}_1 \cdots \mathfrak{r}_\gamma]}{[0 \cdots n]} \frac{[s_1 \cdots s_\alpha \; \sigma_1 \cdots \sigma_\beta \; \mathfrak{s}_1 \cdots \mathfrak{s}_\gamma]}{[0 \cdots n]}.$$

Da $[0 \cdots n]^2 = [s_1 \cdots s_\alpha \, \sigma_1 \cdots \sigma_\beta \, \mathfrak{s}_1 \cdots \mathfrak{s}_\gamma]^2$, so kann man auch schreiben:

$$\varepsilon = \frac{[r_1 \cdots r_\alpha \; \varrho_1 \cdots \varrho_\beta \; \mathfrak{r}_1 \cdots \mathfrak{r}_\gamma]}{[s_1 \cdots s_\alpha \; \sigma_1 \cdots \sigma_\beta \; \mathfrak{s}_1 \cdots \mathfrak{s}_\gamma]}.$$

Das ausgerechnete Produkt

$$\frac{[r_1 \cdots r_\alpha \; \varrho_1 \cdots \varrho_\beta \; \mathfrak{r}_1 \cdots \mathfrak{r}_\gamma]}{[s_1 \cdots s_\alpha \; \sigma_1 \cdots \sigma_\beta \; \mathfrak{s}_1 \cdots \mathfrak{s}_\gamma]} D^{r_1 \cdots r_\alpha}_{s_1 \cdots s_\alpha} D^{\varrho_1 \cdots \varrho_\beta}_{\sigma_1 \cdots \sigma_\beta} D^{\mathfrak{r}_1 \cdots \mathfrak{r}_\gamma}_{\mathfrak{s}_1 \cdots \mathfrak{s}_\gamma} \tag{12}$$

liefert offenbar $\alpha!\,\beta!\,\gamma!$ Glieder der Determinante D. Läßt man nun unter Festhalten der Zeilenindizes variieren, so ergeben sich $\binom{n+1}{\alpha}$ Unterdeterminanten $D^{r_1 \cdots r_\alpha}_{s_1 \cdots s_\alpha}$ in den Zeilen $r_1, \cdots, r_\alpha$. Zu jeder von ihnen lassen sich in den Zeilen $\varrho_1, \cdots, \varrho_\beta$ im ganzen $\binom{n+1-\alpha}{\beta}$ spaltenfremde Unterdeterminanten $D^{\varrho_1 \cdots \varrho_\beta}_{\sigma_1 \cdots \sigma_\beta}$ bilden. $D^{\mathfrak{r}_1 \cdots \mathfrak{r}_\gamma}_{\mathfrak{s}_1 \cdots \mathfrak{s}_\gamma}$ ist dann immer eindeutig bestimmt. Insgesamt gewinnen wir auf diese Weise $\binom{n+1}{\alpha}\binom{n+1-\alpha}{\beta} = \frac{(n+1)!}{\alpha!\,\beta!\,\gamma!}$ Produkte von der Form (12), deren jedes $\alpha!\,\beta!\,\gamma!$ Determinantenglieder liefert, wobei sich kein solches Glied wiederholt. Wir gewinnen somit alle $(n+1)!$-Glieder von D und können schreiben:

$$D = \sum_{s,\,\sigma,\,\mathfrak{s}} \frac{[r_1 \cdots r_\alpha\ \varrho_1 \cdots \varrho_\beta\ \mathfrak{r}_1 \cdots \mathfrak{r}_\gamma]}{[s_1 \cdots s_\alpha\ \sigma_1 \cdots \sigma_\beta\ \mathfrak{s}_1 \cdots \mathfrak{s}_\gamma]}\, D^{r_1 \cdots r_\alpha}_{s_1 \cdots s_\alpha}\, D^{\varrho_1 \cdots \varrho_\beta}_{\sigma_1 \cdots \sigma_\beta}\, D^{\mathfrak{r}_1 \cdots \mathfrak{r}_\gamma}_{\mathfrak{s}_1 \cdots \mathfrak{s}_\gamma}.$$

Geht man so weit, daß die Zahlen $\alpha, \beta, \gamma, \cdots$ alle gleich 1 sind, so kommt man auf lauter einreihige Unterdeterminanten, die nichts anderes als die Elemente von D sind und findet dann die früher gegebene Definitionsformel der Determinanten. Je zwei zeilen- und spaltenfremde Unterdeterminanten $D^{r_1 \cdots r_\alpha}_{s_1 \cdots s_\alpha}$ und $D^{\varrho_1 \cdots \varrho_\beta}_{\sigma_1 \cdots \sigma_\beta}$ haben eine komplementäre Unterdeterminante $D^{\mathfrak{r}_1 \cdots \mathfrak{r}_\gamma}_{\mathfrak{s}_1 \cdots \mathfrak{s}_\gamma}$ und ein Komplement, das sich von ihr um den Faktor ε unterscheidet. Ebenso gibt es zu mehr als zwei zeilen- und spaltenfremden Unterdeterminanten eine komplementäre Unterdeterminante und ein Komplement.

§ 9. Produkt zweier Determinanten

Der Einfachheit halber erläutern wir diese wichtige Operation an den dreireihigen Determinanten. Nach dem Laplaceschen Determinantensatz kann man das Produkt von $\begin{vmatrix} a_1 & a_2 & a_3 \\ b_1 & b_2 & b_3 \\ c_1 & c_2 & c_3 \end{vmatrix}$ und $\begin{vmatrix} A_1 & A_2 & A_3 \\ B_1 & B_2 & B_3 \\ C_1 & C_2 & C_3 \end{vmatrix}$ als sechsreihige Determinante schreiben, und zwar auf unendlich viele Weisen, nämlich in der Form:

$$\begin{vmatrix} a & b & c & \cdot & \cdot & \cdot \\ a & b & c & \cdot & \cdot & \cdot \\ a & b & c & \cdot & \cdot & \cdot \\ 0 & 0 & 0 & A_1 & A_2 & A_3 \\ 0 & 0 & 0 & B_1 & B_2 & B_3 \\ 0 & 0 & 0 & C_1 & C_2 & C_3 \end{vmatrix}.$$

Die durch Punkte bezeichneten Plätze darf man ganz nach Belieben ausfüllen. Wir wollen aus Zweckmäßigkeitsgründen folgende Besetzung wählen:

$$\begin{vmatrix} a_1 & b_1 & c_1 & -1 & 0 & 0 \\ a_2 & b_2 & c_2 & 0 & -1 & 0 \\ a_3 & b_3 & c_3 & 0 & 0 & -1 \\ 0 & 0 & 0 & A_1 & A_2 & A_3 \\ 0 & 0 & 0 & B_1 & B_2 & B_3 \\ 0 & 0 & 0 & C_1 & C_2 & C_3 \end{vmatrix}.$$

Nun lassen wir den Umformungssatz in Wirkung treten, und zwar wollen wir zur ersten Spalte die drei letzten Spalten zuzüglich der Faktoren a_1, a_2, a_3 addieren, zur zweiten Spalte wiederum jene letzten, versehen mit den Faktoren b_1, b_2, b_3 und schließlich zur dritten die mit c_1, c_2, c_3 multiplizierten letzten Spalten. Dadurch ergibt sich, wenn man die Bezeichnungen $(a\,A) = \Sigma\, a_\gamma\, A_\nu$; $(a\,B) = \Sigma\, a_\nu\, B_\nu$; $\cdots$ einführt:

$$\begin{vmatrix} 0 & 0 & 0 & -1 & 0 & 0 \\ 0 & 0 & 0 & 0 & -1 & 0 \\ 0 & 0 & 0 & 0 & 0 & -1 \\ (a\,A) & (b\,A) & (c\,A) & A_1 & A_2 & A_3 \\ (a\,B) & (b\,B) & (c\,B) & B_1 & B_2 & B_3 \\ (a\,C) & (b\,C) & (c\,C) & C_1 & C_2 & C_3 \end{vmatrix}.$$

Entwickelt man diese Determinante, nach den drei ersten Zeilen, so gibt es in ihnen nur eine von Null verschiedene dreireihige Determinante. Sie hat die Spaltenindizes 4, 5, 6 und den Wert: $\begin{vmatrix} -1 & 0 & 0 \\ 0 & -1 & 0 \\ 0 & 0 & -1 \end{vmatrix} = -1$. Die Determinante $\begin{vmatrix} (a\,A) & (b\,A) & (c\,A) \\ (a\,B) & (b\,B) & (c\,B) \\ (a\,C) & (b\,C) & (c\,C) \end{vmatrix}$ ist die komplementäre Unterdeterminante. Um sie in das Komplement zu verwandeln, muß noch der Zeichenfaktor $(-1)^{1+2+3+4+5+6} = -1$ hinzugefügt werden. Man findet somit als Produkt der beiden dreireihigen Determinanten:

$$\begin{vmatrix} a_1 & a_2 & a_3 \\ b_1 & b_2 & b_3 \\ c_1 & c_2 & c_3 \end{vmatrix} \quad \text{und} \quad \begin{vmatrix} A_1 & A_2 & A_3 \\ B_1 & B_2 & B_3 \\ C_1 & C_2 & C_3 \end{vmatrix}$$

die dreireihige Determinante $\begin{vmatrix} (a\,A) & (a\,B) & (a\,C) \\ (b\,A) & (b\,B) & (b\,C) \\ (c\,A) & (c\,B) & (c\,C) \end{vmatrix}$, deren Elemente die Produkte aus den Zeilen der ersten und denen der zweiten Determinante sind. Solche Zeilenprodukte begegneten uns schon in § 6. Mittels des Umklappungssatzes kann man dem Determinantenprodukt noch andere Formen geben, indem man Spalten mit Spalten oder Zeilen mit Spalten oder Spalten mit Zeilen multipliziert.

§ 10. Matrizensatz von Lagrange

Aus zwei rechteckigen Matrizen:

$$\left\| \begin{matrix} a_1^1 & a_2^1 & \cdots & a_n^1 \\ a_1^2 & a_2^2 & \cdots & a_n^2 \\ \cdot & \cdot & \cdot & \cdot \\ a_1^p & a_2^p & \cdots & a_n^p \end{matrix} \right\| \quad \text{und} \quad \left\| \begin{matrix} b_1^1 & b_2^1 & \cdots & b_n^1 \\ b_1^2 & b_2^2 & \cdots & b_n^2 \\ \cdot & \cdot & \cdot & \cdot \\ b_1^p & b_2^p & \cdots & b_n^p \end{matrix} \right\|$$

kann man durch Multiplikation von Zeilen mit Zeilen folgende Determinante bilden:

$$\begin{vmatrix} (a^1\,b^1) & (a^1\,b^2) & \cdots & (a^1\,b^p) \\ (a^2\,b^1) & (a^2\,b^2) & \cdots & (a^2\,b^p) \\ \cdot & \cdot & \cdot & \cdot \\ (a^p\,b^1) & (a^p\,b^2) & \cdots & (a^p\,b^p) \end{vmatrix} \tag{13}$$

Man nennt sie das Produkt der beiden Matrizen. Wir erinnern daran, daß $(a^r\,b^s) = a_1^r\,b_1^s + a_2^r\,b_2^s + \cdots + a_n^r\,b_n^s$. Die oberen Indizes haben nicht die

Bedeutung von Exponenten, sondern dienen nur zur Markierung der Zeilen. Für das Produkt zweier rechteckiger Matrizen läßt sich noch ein anderer Ausdruck herleiten, wenn wir $p \leqq n$ annehmen. Nach dem Zerlegungssatz, der hier mehrfach anzuwenden ist, weil in jeder Spalte der Produktdeterminante n-gliedrige Summen stehen, zerfällt diese Determinante zunächst in n^p-Summanden von der Form:

$$\begin{vmatrix} a^1_{r_1} b^1_{r_1}, & a^1_{r_2} b^2_{r_2}, & \cdots, & a^1_{r_p} b^p_{r_p} \\ a^2_{r_1} b^1_{r_1}, & a^2_{r_2} b^2_{r_2}, & \cdots, & a^2_{r_p} b^p_{r_p} \\ \cdot & \cdot & \cdot & \cdot \\ a^p_{r_1} b^1_{r_1}, & a^p_{r_2} b^2_{r_2}, & \cdots, & a^p_{r_p} b^p_{r_p} \end{vmatrix},$$

die in

$$\begin{vmatrix} a^1_{r_1} & a^1_{r_2} & \cdots & a^1_{r_p} \\ a^2_{r_1} & a^2_{r_2} & \cdots & a^2_{r_p} \\ \cdot & \cdot & \cdot & \cdot \\ a^p_{r_1} & a^p_{r_2} & \cdots & a^p_{r_p} \end{vmatrix} b^1_{r_1} b^2_{r_2} \cdots b^p_{r_p}$$

auf Grund des Faktorensatzes sofort übergehen. Sobald nun unter den Indizes $r_1, r_2, \cdots, r_p$, die der Reihe $1, 2, \cdots, n$ angehören, zwei gleiche vorkommen, ist der Determinantenfaktor gleich Null. Wir können also die Bedingung einführen, daß $r_1, r_2, \cdots, r_p$ lauter verschiedene Zahlen aus der Reihe $1, 2, \cdots, n$ sein sollen.

Nach dem Vertauschungssatz und nach der bekannten Grundeigenschaft des Differenzenprodukts behält nun der Quotient

$$\begin{vmatrix} a^1_{r_1} & a^1_{r_2} & \cdots & a^1_{r_p} \\ a^2_{r_1} & a^2_{r_2} & \cdots & a^2_{r_p} \\ \cdot & \cdot & \cdot & \cdot \\ a^p_{r_1} & a^p_{r_2} & \cdots & a^p_{r_p} \end{vmatrix} : [r_1 \, r_2 \cdots r_p]$$

bei jeder Transposition, die man in der Reihe $r_1, r_2, \cdots, r_p$ ausgeführt, seinen Wert, da sowohl die Determinante als auch das Differenzenprodukt den Faktor -1 annimmt. Sind also $R_1, R_2, \cdots, R_p$ die Zahlen $r_1, r_2, \cdots, r_p$ in aufsteigender Ordnung, so kann man mittels solcher Transpositionen von der einen zur andern Reihenfolge übergehen und hat daher:

$$\begin{vmatrix} a^1_{r_1} & a^1_{r_2} & \cdots & a^1_{r_p} \\ a^2_{r_1} & a^2_{r_2} & \cdots & a^2_{r_p} \\ \cdot & \cdot & \cdot & \cdot \\ a^p_{r_1} & a^p_{r_2} & \cdots & a^p_{r_p} \end{vmatrix} = \frac{[r_1 \, r_2 \cdots r_p]}{[R_1 \, R_2 \cdots R_p]} \begin{vmatrix} a^1_{R_1} & a^1_{R_2} & \cdots & a^1_{R_p} \\ a^2_{R_1} & a^2_{R_2} & \cdots & a^2_{R_p} \\ \cdot & \cdot & \cdot & \cdot \\ a^p_{R_1} & a^p_{R_2} & \cdots & a^p_{R_p} \end{vmatrix}.$$

Die Produktdeterminante (13) setzt sich somit aus $\binom{n}{p}$ Bestandteilen zusammen, deren jeder folgende Gestalt zeigt:

$$\begin{vmatrix} a^1_{R_1} a^1_{R_2} \cdots a^1_{R_p} \\ a^2_{R_1} a^2_{R_2} \cdots a^2_{R_p} \\ \cdots\cdots \\ a^p_{R_1} a^p_{R_2} \cdots a^p_{R_p} \end{vmatrix} \sum \frac{[r_1 r_2 \cdots r_p]}{[R_1 R_2 \cdots R_p]} b^1_{r_1} b^2_{r_2} \cdots b^p_{r_p}.$$

Hier muß $r_1, r_2, \cdots, r_p$ alle Permutationen von $R_1, R_2, \cdots, R_p$ durchlaufen. Der Summenfaktor ist daher nichts anderes als die Determinante

$$\begin{vmatrix} b^1_{R_1} b^1_{R_2} \cdots b^1_{R_p} \\ b^2_{R_1} b^2_{R_2} \cdots b^2_{R_p} \\ \cdots\cdots \\ b^p_{R_1} b^p_{R_2} \cdots b^p_{R_p} \end{vmatrix},$$

und es gilt für die Produktdeterminante rechteckiger Matrizen folgende Darstellung:

$$\begin{vmatrix} (a^1 b^1)\,(a^1 b^2) \cdots (a^1 b^p) \\ (a^2 b^1)\,(a^2 b^2) \cdots (a^2 b^p) \\ \cdots\cdots\cdots \\ (a^p b^1)\,(a^p b^2) \cdots (a^p b^p) \end{vmatrix} = \sum \begin{vmatrix} a^1_{R_1} a^1_{R_2} \cdots a^1_{R_p} \\ a^2_{R_1} a^2_{R_2} \cdots a^2_{R_p} \\ \cdots\cdots \\ a^p_{R_1} a^p_{R_2} \cdots a^p_{R_p} \end{vmatrix} \cdot \begin{vmatrix} b^1_{R_1} b^1_{R_2} \cdots b^1_{R_p} \\ b^2_{R_1} b^2_{R_2} \cdots b^2_{R_p} \\ \cdots\cdots \\ b^p_{R_1} b^p_{R_2} \cdots b^p_{R_p} \end{vmatrix}.$$

Rechts ist jede p-reihige Determinante der a-Matrix mit der entsprechenden der b-Matrix multipliziert. Man nennt die hierin enthaltene Feststellung den *Matrizensatz von Lagrange.* Er enthält als Spezialfall ($p = n$) den Multiplikationssatz der Determinanten. Ist $p > n$, so kann man die beiden Matrizen durch Anfügen von $(p - n)$ Nullzeilen auf quadratische Gestalt bringen. Hierdurch wird an der Determinante der Zeilenprodukte $(a\,b)$ nichts geändert. Andererseits ist diese Determinante gleich dem Produkt aus den p-reihigen Determinanten der erweiterten Matrizen, die wegen der Nullspalten verschwinden. Man ersieht hieraus, daß die Determinante der Zeilenprodukte $(a\,b)$ im Falle $p > n$ gleich Null ist.

Unter der ursprünglichen Annahme $p \leqq n$ wäre noch eine wichtige Anwendung des Lagrangeschen Satzes hervorzuheben. Er liefert ein einfaches Mittel, um zu erkennen, ob in einer Matrix

$$\begin{Vmatrix} a_1{}^1\; a_2{}^1 \cdots a_n{}^1 \\ a_1{}^2\; a_2{}^2 \cdots a_n{}^2 \\ \cdots\cdots \\ a_1{}^p\; a_2{}^p \cdots a_n{}^p \end{Vmatrix}$$

alle p-reihigen Determinanten verschwinden. Man braucht diese $\binom{n}{p}$ Determinanten nicht alle auszurechnen, sondern nur eine einzige p-reihige Determinante:

$$\begin{vmatrix} (a^1 a^1)\,(a^1 a^2) \cdots (a^1 a^p) \\ (a^2 a^1)\,(a^2 a^2) \cdots (a^2 a^p) \\ \cdots\cdots\cdots \\ (a^p a^1)\,(a^p a^2) \cdots (a^p a^p) \end{vmatrix}. \tag{14}$$

Sie ist nämlich nach dem Lagrangeschen Theorem gleich der Quadratsumme

$$\sum \begin{vmatrix} a^1_{R_1} a^1_{R_2} \cdots a^1_{R_p} \\ a^2_{R_1} a^2_{R_2} \cdots a^2_{R_p} \\ \cdots\cdots \\ a^p_{R_1} a^p_{R_2} \cdots a^p_{R_p} \end{vmatrix}^2 .$$

Solange man im Gebiet der reellen Größen bleibt, verschwindet eine solche Summe dann und nur dann, wenn sämtliche Summanden gleich Null sind. Im komplexen Gebiet tritt an die Stelle von (14) das Produkt der beiden konjugiert-komplexen Matrizen

$$\begin{Vmatrix} a_1{}^1\, a_2{}^1 \cdots a_n{}^1 \\ a_1{}^2\, a_2{}^2 \cdots a_n{}^2 \\ \cdots\cdots \\ a_1{}^p\, a_2{}^p \cdots a_n{}^p \end{Vmatrix} \text{ und } \begin{Vmatrix} \bar{a}_1{}^1\, \bar{a}_2{}^1 \cdots \bar{a}_n{}^1 \\ \bar{a}_1{}^2\, \bar{a}_2{}^2 \cdots \bar{a}_n{}^2 \\ \cdots\cdots \\ \bar{a}_1{}^p\, \bar{a}_2{}^p \cdots \bar{a}_n{}^p \end{Vmatrix} .$$

Die Überstreichung deutet den Übergang zur konjugierten Größe an, also: $z = x + i\,y$ und $\bar{z} = x - i\,y$; (x und y reell).

§ 11. Rang einer Matrix

Eine Matrix

$$\begin{Vmatrix} a_1{}^1\, a_2{}^1 \cdots a_n{}^1 \\ a_1{}^2\, a_2{}^2 \cdots a_n{}^2 \\ \cdots\cdots \\ a_1{}^p\, a_2{}^p \cdots a_n{}^p \end{Vmatrix}$$

hat den *Rang* k, wenn darin wenigstens *eine* k-reihige von Null verschiedene Determinante vorkommt, während die $(k+1)$-reihigen Determinanten *sämtlich* verschwinden. Im Gebiet der reellen Größen ist folgender Weg zur Bestimmung des Ranges vorhanden: Man bilde mittels der Zeilenprodukte die Determinante

$$\begin{vmatrix} (a^1\, a^1) + \lambda,\ (a^1\, a^2),\ \cdots,\ (a^1\, a^p) \\ (a^2\, a^1),\ (a^2\, a^2) + \lambda,\ \cdots,\ (a^2\, a^p) \\ \cdots\cdots\cdots \\ (a^p\, a^1),\ (a^p\, a^2),\ \cdots,\ (a^p\, a^p) + \lambda \end{vmatrix} . \qquad (15)$$

Sie ist ein Polynom in λ, das nach absteigenden geordnet so aussieht: $\lambda^p + \lambda^{p-1} S_1 + \lambda^{p-2} S_2 + \cdots$. Bricht es mit der $(p-k)$-ten Potenz von λ ab, so ist k der Rang der betrachteten Matrix. Dies beruht darauf, daß S_q, der Koeffizient von λ^{p-q}, gleich der Quadratsumme aller q-reihigen Determinanten ist, die in der betrachteten Matrix stecken. Jede Zeile der Determinante (15) besteht aus Binomen, z. B. die erste Zeile aus den Binomen $(a^1\, a^1) + \lambda$; $(a^1\, a^2) + 0$; $\cdots$; $(a^1\, a^p) + 0$. Hier bietet sich also Gelegenheit zu mehrfacher Anwendung des Zerlegungssatzes. Jeder Summand ist eine Determinante, deren Zeilen sich teils aus den ersten teils aus den zweiten Bestandteilen jener Binome aufbauen. Die Determinante (14) ist der einzige

Summand, der nur die ersten Bestandteile verwendet. Der einzige Summand, der nur die zweiten Bestandteile benutzt, hat in der Hauptdiagonale lauter λ und sonst durchweg Nullen, ist also gleich λ^n. Sind in den Zeilen $r_1, \cdots r_q$ die zweiten, in den übrigen Zeilen die ersten Bestandteile bevorzugt, so erhält man nach dem Laplaceschen Satz, angewandt auf jene Zeilen $\lambda^q D_{p-q}$. Dabei ist D_{p-q} die Unterdeterminante, die aus (14) durch Streichung der Zeilen und Spalten $r_1, \cdots, r_q$ entsteht. Diese Unterdeterminante ist aber nach dem Lagrangeschen Matrizensatz gleich der Quadratsumme aller $(p-q)$-reihigen Determinanten, die sich aus der gegebenen Matrix nach Streichung der Zeilen $r_1, \cdots, r_q$ bilden lassen. Hiermit ist die über (15) gemachte Behauptung vollkommen bewiesen. Im komplexen Gebiet muß man in der Determinante (15) statt $(a^r a^s)$ einsetzen $(a^r \bar{a}^s)$, wobei $\bar{a}^s$ die zu a^s konjungierte komplexe Zahl bezeichnet.

§ 12. Systeme linearer homogener Gleichungen

Ein Ausdruck $a_1 x_1 + a_2 x_2 + \cdots + a_n x_n$ wird, wie schon im § 5 erwähnt wurde, als *lineare Form* oder *Linearform* bezeichnet. Setzt man p solche Formen gleich Null, so entsteht ein p-gliedriges System linearer homogener Gleichungen:

$$\begin{aligned} a_1^1 x_1 + a_2^1 x_2 + \cdots + a_n^1 x_n &= 0; \\ a_1^2 x_1 + a_2^2 x_2 + \cdots + a_n^2 x_n &= 0; \\ \cdots\cdots\cdots\cdots&\cdots\cdots \\ a_1^p x_1 + a_2^p x_2 + \cdots + a_n^p x_n &= 0. \end{aligned}$$

Wir wollen uns mit den *Lösungen* dieses Systems beschäftigen, d. h. mit solchen Wertsystemen $x_1, x_2, \cdots, x_n$, die obigen Gleichungen genügen. Die Matrix des Gleichungssystems, d. h. die Matrix der Koeffizienten a_s^r habe den Rang k. Ist $k = n$, so wissen wir bereits aus § 7, daß außer der trivialen Lösung mit lauter Nullen keine andere vorhanden ist. Die triviale Lösung $0, 0, \cdots, 0$ wird nicht als eigentliche Lösung betrachtet. Nehmen wir nunmehr an, daß $k < n$ ist. Dann gibt es in der Matrix eine von Null verschiedene k-reihige Determinante A, während alle $(k+1)$-reihigen Determinanten verschwinden. Durch Umordnung der Gleichungen läßt sich immer erreichen, daß jene Determinante A in den k ersten Zeilen steht. Wir können nun $n - k = l$ Zeilen neuer Größen b derart wählen, daß die Determinante

$$D = \begin{vmatrix} a_1^1 \cdots a_n^1 \\ a_1^k \cdots a_n^k \\ b_1^1 \cdots b_1^1 \\ \cdots\cdots \\ b_1^l \cdots b_n^l \end{vmatrix} \tag{16}$$

von Null verschieden ist. Denkt man sich diese Determinante nach den k ersten Zeilen entwickelt, so wird A ein Komplement haben, das bis aufs Zeichen eine l-reihige Determinante aus den b-Zeilen ist. Füllt man die Hauptdiagonale dieser b-Determinante mit Einsen aus und setzt alle sonstigen b gleich Null, so reduziert sich die Laplacesche Entwicklung der Determinante

(16) auf $\pm A$. Das Ziel, dieser Determinante einen von Null verschiedenen Wert zu beschaffen, ist also erreicht. Auch die aus den Komplementen der a und b in (16) aufgebauten Determinante

$$\varDelta = \begin{vmatrix} A_1^1 \cdots A_n^1 \\ \cdot\ \cdot\ \cdot\ \cdot\ \cdot\ \cdot\ \cdot \\ A_1^k \cdots A_n^k \\ B_1^1 \cdots B_n^1 \\ \cdot\ \cdot\ \cdot\ \cdot\ \cdot\ \cdot\ \cdot \\ B_1^l \cdots B_n^l \end{vmatrix} \tag{17}$$

hat einen von Null verschiedenen Wert. Bildet man nämlich mittels Zeichenmultiplikation das Produkt $D\varDelta$ und erinnert sich an die für Komplemente geltenden Relationen, so ergibt sich:

$$D\varDelta = \begin{vmatrix} D & 0 & \cdots & 0 \\ 0 & D & \cdots & 0 \\ \cdot & \cdot & \cdot & \cdot \\ 0 & 0 & \cdots & D \end{vmatrix} = D^n,$$

also $\varDelta = D^{n-1}$. Die Determinante der Komplemente ist also die $(n-1)$-te Potenz der ursprünglichen n-reihigen Determinante.

Die Determinante $\varDelta$ ist der Schlüssel zur Auflösung des vorliegenden Gleichungssystems. Gerade, weil $\varDelta$ nicht verschwindet, können wir jedes Wertsystem $x_1, \cdots, x_n$ aus den Zeilen von $\varDelta$ linear aufbauen, d. h. es lassen sich $\alpha^1, \cdots, \alpha^k, \beta^1, \cdots, \beta^l$ stets so wählen, daß folgende Aussagen gelten: $x_s = \alpha^1 A_s^1 + \cdots + \alpha^k A_s^k + \beta^1 B_s^1 + \cdots + \beta^l B_s^l$; $(s = 1, \cdots, n)$. Es liegt hier eben der Fall vor, in dem man die Unbekannten α, β nach der Cramerschen Regel berechnen kann. Wir brauchen das nur zu wissen, nicht wirklich auszuführen. Jetzt wollen wir fordern, daß $x_1, \cdots, x_n$ das vorliegende Gleichungssystem erfüllen, zunächst die k ersten Gleichungen. Da wird nun nach den für Komplemente geltenden Relationen:

$$\Sigma a_s^1 x_s = \alpha^1 D;\ \Sigma a_s^2 x_s = \alpha^2 D;\ \cdots;\ \Sigma a_s^k x_s = \alpha^k D.$$

Diese Summen sind dann und nur dann alle gleich Null, wenn $\alpha^1, \alpha^2, \cdots, \alpha^k$ sämtlich verschwinden. Es fragt sich jetzt noch, ob die Werte $x_s = \beta^1 B_s^1 + \cdots + \beta^l B_s^l$; $(s = 1, \cdots, n)$ auch die übrigen Gleichungen des Systems erfüllen.

Für $q = k + 1, \cdots, p$ findet man: $\Sigma a_s^q x_s = \beta^1 \Sigma a_s^q B_s^1 + \cdots + \beta^l \Sigma a_s^q B_s^l$. Nun entsteht z. B. $\Sigma a_s^q B_s^1$ aus $D = \Sigma b_s^1 B_s^1$ dadurch, daß man die Zeile $b_1^1, \cdots, b_n^1$ durch $a_s^q, \cdots, a_n^q$ ersetzt. Die so gewonnene Determinante enthält die $k + 1$-Zeilen:

$$\begin{Vmatrix} a_1^1 \cdots a_n^1 \\ \cdot\ \cdot\ \cdot\ \cdot\ \cdot\ \cdot \\ a_1^k \cdots a_n^k \\ a_1^q \cdots a_n^q \end{Vmatrix},$$

deren $(k + 1)$-reihige Determinanten laut Voraussetzung sämtlich verschwinden. Entwickelt man besagte Determinante nach diesen $k + 1$ Zeilen, so kommt also Null heraus. Ähnlich ist es bei $\Sigma\, a_s^q\, B_s^2, \cdots, \Sigma\, a_s^q\, B_s^l$. Die Lösungen des vorliegenden Gleichungssystems sind also identisch mit den linearen Verbindungen aus

$$\left\| \begin{matrix} B_1^1, \cdots, B_n^1 \\ \cdot\;\cdot\;\cdot\;\cdot\;\cdot\;\cdot\;\cdot \\ B_1^l, \cdots, B_n^l \end{matrix} \right\| . \tag{18}$$

Die triviale Lösung $0, 0, \cdots, 0$ bleibt ausgeschlossen, wenn wir den Faktoren $\beta^1, \cdots, \beta^l$ die Bedingung auferlegen, daß sie nicht alle verschwinden dürfen. In der Matrix (18) können nämlich nicht alle l-reihigen Determinanten verschwinden, weil sonst Δ nach den B-Zeilen entwickelt gleich Null wäre. Daher sind unter den Gleichungen $\beta^1\, B_s^1 + \cdots + \beta^l\, B_s^l = 0$; $(s = 1, \cdots, n)$ sicher l mit nicht verschwindender Determinante vorhanden, aus denen sich dann $\beta^1 = \cdots = \beta^l = 0$ ergibt.

Man sieht also, daß die triviale Lösung $0, 0, \cdots, 0$ nur mit Hilfe von lauter Nullen aus (18) aufgebaut werden kann. Schließt man aus, daß die Verknüpfungsfaktoren β alle verschwinden, so ist damit die aus lauter Nullen bestehende triviale Lösung ausgeschaltet.

Da es uns freisteht, ein einzelnes β gleich 1, die andern gleich Null zu setzen, so stellen die l Zeilen (18) Lösungen des vorliegenden Gleichungssystems dar. Aus diesen l oder $n - k$ Grundlösungen bauen sich alle Lösungen des Systems auf, und jede lineare Verknüpfung der Grundlösungen liefert eine Lösung. Zwischen den beiden Matrizen

$$\left\| \begin{matrix} a_1^1 \cdots a_n^1 \\ \cdot\;\cdot\;\cdot\;\cdot\;\cdot\;\cdot \\ a_1^k \cdots a_n^k \end{matrix} \right\| \quad \text{und} \quad \left\| \begin{matrix} B_1^1 \cdots B_n^1 \\ \cdot\;\cdot\;\cdot\;\cdot\;\cdot\;\cdot\;\cdot \\ B_1^l \cdots B_n^l \end{matrix} \right\|$$

besteht eine wechselseitige Beziehung. Macht man die eine zur Koeffizientenmatrix linearer homogener Gleichungen, so sind die Lösungen dieser Gleichungen die linearen Verbindungen aus den Zeilen der anderen Matrix. Es fehlt zur vollen Sicherung der Aussage noch folgende Betrachtung: Jedes Wertsystem $X_1, \cdots, X_n$ läßt sich aus den Zeilen der Determinante D linear aufbauen:

$$X_s = \lambda^1\, a_s^1 + \cdots + \lambda^k\, a_s^k + \mu^1\, b_s^1 + \cdots + \mu^l\, b_s^l;\ (s = 1, \cdots, n).$$

Nach den für Komplemente geltenden Relationen wird nun:

$$\Sigma\, B_s^1\, X_s = \mu^1\, D;\ \Sigma\, B_s^2\, X_s = \mu^2\, D;\ \cdots;\ \Sigma\, B_s^l\, X_s = \mu^l\, D.$$

Diese Summen sind dann und nur dann alle gleich Null, wenn $\mu^1, \mu^2, \cdots, \mu^l$ sämtlich verschwinden. Die Lösungen der Gleichungen $\Sigma\, B_s^1 X_s = 0, \cdots;$ $\Sigma\, B_s^l\, X_s = 0$ sind also identisch mit den linearen Verbindungen aus den Zeilen der ersten Matrix. Insbesondere ist: $a_1^q, \cdots, a_n^q$; $(q = k + 1, \cdots, p)$ eine solche Verbindung. Hat man also in einer Matrix vom Range k unter den Zeilen k solche gefunden, die eine nicht verschwindende k-reihige Determinante beherbergen, so sind die andern Zeilen der Matrix lineare Verbindungen aus ihnen. Man kann diesen Tatbestand auch so wiedergeben:

Ist die Matrix eines linearen Formensystems vom Range k, so gibt es in dem System k Formen, aus den sich alle andern linear aufbauen lassen.

§ 13. Korrelative Matrizen

Wir betrachten eine k-reihige Matrix vom Range k und eine l-reihige vom Range l, also:

$$\left\| \begin{matrix} x_1^1 \, x_2^1 \cdots x_n^1 \\ x_1^2 \, x_2^2 \cdots x_n^2 \\ \cdot \; \cdot \; \cdot \; \cdot \; \cdot \; \cdot \; \cdot \; \cdot \\ x_1^k \, x_2^k \cdots x_n^k \end{matrix} \right\| \quad \text{und} \quad \left\| \begin{matrix} u_1^1 \, u_2^1 \cdots u_n^1 \\ u_1^2 \, u_2^2 \cdots u_n^2 \\ \cdot \; \cdot \; \cdot \; \cdot \; \cdot \; \cdot \; \cdot \; \cdot \\ u_1^l \, u_2^l \cdots u_n^l \end{matrix} \right\|$$

und nehmen an, daß $k + l = n$. Zwei solche Matrizen heißen *korrelativ*, wenn die Zeilenprodukte $(x\,u)$ sämtlich verschwinden. Es kommen auch die Benennungen „*korrespondierende*“ oder „*inzidente*“ Matrizen vor, oder man sagt, daß die Matrizen „*in Involution liegen*“. Diese wichtige Beziehung zwischen zwei Matrizen lernten wir in § 12 kennen. Vor allem wurde dort gezeigt, daß es zu einer k-reihigen Matrix vom Range k im Fall $k < n$ stets korrelative Matrizen gibt. Je zwei dieser Matrizen hängen in der Weise zusammen, daß die Zeilen der einen sich aus den Zeilen der anderen linear aufbauen. Die korrelative Matrix ist, so sagt man, *bis auf eine lineare Transformation der Zeilen* durch die gegebene Matrix bestimmt. Korrelative Matrizen kommen in der analytischen Geometrie sehr häufig vor. Man denke sich im Raume (vgl. Abb. 4) zwei vom Anfangspunkt O ausgehende Strecken $\overline{OP_1}$, $\overline{OP_2}$, deren Endpunkte die rechtwinkligen Koordinaten x_1, y_1, z_1 und x_2, y_2, z_2 haben. Dann ist, wenn wir die Längen von $\overline{OP_1}$, $\overline{OP_2}$, $\overline{P_1 P_2}$ mit r_1, r_2, d und den Winkel $P_1 O P_2$ mit ϑ bezeichnen:

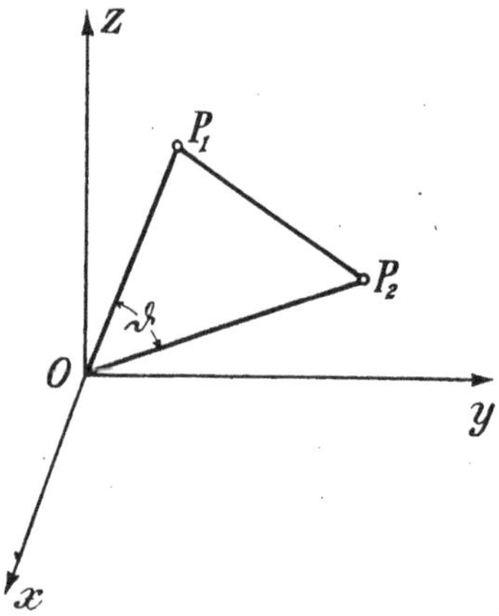

Abb. 4.

$$d^2 = (x_2 - x_1)^2 + (y_2 - y_1)^2 + (z_2 - z_1)^2;$$
$$r_1^2 = x_1^2 + y_1^2 + z_1^2;$$
$$r_2^2 = x_2^2 + y_2^2 + z_2^2,$$

also:

$$d^2 = r_1^2 + r_2^2 - 2\, r_1 r_2 \cos \vartheta.$$

Hieraus folgt:

$$r_1 r_2 \cos \vartheta = x_1 x_2 + y_1 y_2 + z_1 z_2.$$

Man nennt diesen Ausdruck (Produkt aus den Längen und dem Kosinus des eingeschlossenen Winkels) das *innere Produkt* der Strecken oder *Vektoren* $\overline{OP_1}$, $\overline{OP_2}$ und schreibt dafür: $\overline{OP_1} \cdot \overline{OP_2}$. Wir sehen hier, wie einfach sich dieses Produkt durch die Koordinaten x_1, y_1, z_1 und x_2, y_2, z_2 ausdrückt, die man auch die Koordinaten der beiden Vektoren nennt. Man muß die gleichnamigen Koordinaten miteinander multiplizieren und aus diesen Produkten die Summe bilden.

Stehen $\overline{OP_1}$ und $\overline{OP_2}$ aufeinander senkrecht, so ist $\cos\vartheta = 0$, also:

$$x_1 x_2 + y_1 y_2 + z_1 z_2 = 0.$$

Das ist die *Orthogonalitätsbedingung* für zwei Vektoren. Liegen nun zwei korrelative Matrizen vor, eine zweireihige $\left\| \begin{matrix} x_1 \, y_1 \, z_1 \\ x_2 \, y_2 \, z_2 \end{matrix} \right\|$ und eine einreihige $x_3 \, y_3 \, z_3$, so bestehen die Relationen:

$$x_1 x_3 + y_1 y_3 + z_1 z_3 = 0;$$
$$x_2 x_3 + y_2 y_3 + z_2 z_3 = 0.$$

Sie besagen, daß der Vektor x_3, y_3, z_3 auf den Vektoren x_1, y_1, z_1 und x_2, y_2, z_2 senkrecht steht.

Eine Ebene wird analytisch durch eine lineare Gleichung gekennzeichnet. Man denke sich in einem Punkt P_1 der Ebene ein Lot $\overline{P_1P_2}$ errichtet. Sind x_1, y_1, z_1 und x_2, y_2, z_2 die Koordinaten von P_1 und P_2, so hat der Vektor $\overline{P_1P_2}$ die Koordinaten $x_2 - x_1;\ y_2 - y_1;\ z_2 - z_1$. Das sind nämlich die Koordinaten, die P_2 erhält, wenn man das Achsentripel durch Parallelverschiebung nach P_1 bringt. Nun sei P ein beliebiger Punkt der Ebene. Daß er der Ebene angehört, wird durch die Orthogonalität der Vektoren $\overline{P_1P_2}$ und $\overline{P_1P}$ angezeigt (vgl. Abb. 5), also durch das Verschwinden ihres inneren-Frodnktes, d. h. durch die Gleichung

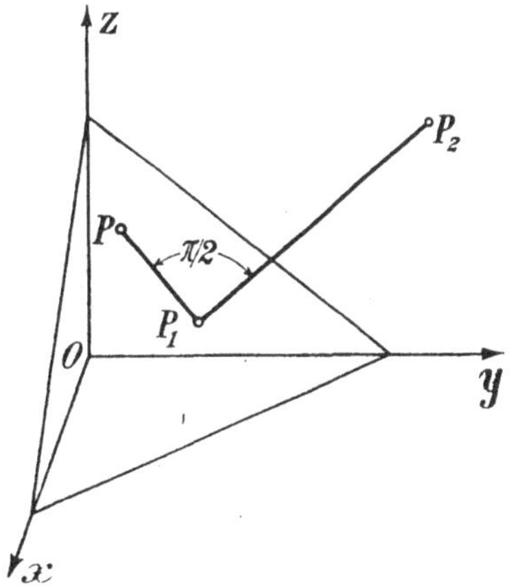

Abb. 5.

$$(x_2 - x_1)(x - x_1) + (y_2 - y_1)(y - y_1) + (z_2 - z_1)(z - z_1) = 0. \quad (19)$$

Sie ist von der Form $Ax + By + Cz + D = 0$. Umgekehrt stellt jede solche Gleichung eine Ebene dar, solange A, B, C nicht alle drei verschwinden. In diesem Fall kann man nämlich x_1, y_1, z_1 so wählen, daß $Ax_1 + By_1 + Cz_1 + D = 0$. Ist z. B. $A \neq 0$ und setzt man etwa $x_1 = -D/A;\ y_1 = 0;\ z_1 = 0$, so wird die Aussage $Ax + By + Cz + D = 0$ gleichbedeutend mit:

$$A(x - x_1) + B(y - y_1) + C(z - z_1) = 0 \quad (20)$$

oder, wenn man noch $x_2 = A + x_1;\ y_2 = B + y_1;\ z_2 = C + z_1$ einführt, gleichbedeutend mit Gleichung (19), von der wir wissen, daß sie eine Ebene kennzeichnet.

Wenn x, y, z ein beliebiger Punkt P ist, so stellt die linke Seite der Gleichung (19) das innere Produkt aus $\overline{P_1P_2}$ und $\overline{P_1P}$ dar. Fällt man von P das Lot

$\overline{PQ}$ auf die Gerade $\overline{P_1P_2}$ (vgl. Abb. 6) und sind X, Y, Z die Koordinaten von Q, so zerlegt sich jenes innere Produkt in die Summanden

$$(x_2 - x_1)(X - x_1) + (y_2 - y_1)(Y - y_1) + (z_2 - z_1)(Z - z_1) \text{ und}$$
$$(x_2 - x_1)(x - X) + (y_2 - y_1)(y - Y) + (z_2 - z_1)(z - Z),$$

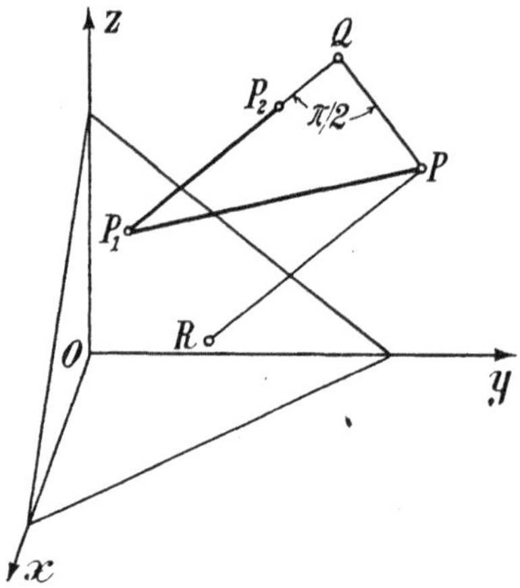

Abb. 6.

d. h. in $\overline{P_1P_2} \cdot \overline{P_1Q} + \overline{P_1P_2} \cdot \overline{QP}$. Der zweite Bestandteil ist null, weil $\overline{QP}$ auf $\overline{P_1P_2}$ senkrecht steht. Also wird: $\overline{P_1P_2} \cdot \overline{P_1P} = \overline{P_1P_2} \cdot \overline{P_1Q}$. Hat $\overline{P_1P_2}$ die Länge 1 und $\overline{P_1Q}$ die Länge d, so ist: $\overline{P_1P_2} \cdot \overline{QP} = d$ oder $-d$, je nachdem $\overline{P_1Q}$ mit $\overline{P_1P_2}$ gleich oder entgegengesetzt gerichtet ist. Daher gibt die linke Seite von (20) im Falle $A^2 + B^2 + C^2 = 1$ den *Abstand* des Punktes x, y, z von der betrachteten Ebene, und zwar positiv oder negativ, je nachdem Q auf derselben Seite der Ebene liegt, wie $\overline{P_1P_2}$ oder auf der anderen Seite. P_1 ist ein Punkt der Ebene und $\overline{P_1P_2}$ der Vektor mit den Koordinaten A, B, C.

Man arbeitet in der analytischen Geometrie gern mit *homogenen Koordinaten* und versteht unter den homogenen Koordinaten des Punktes x, y, z vier Größen x_1, x_2, x_3, x_4, die nicht alle verschwinden und zu $x, y, z, 1$ proportional sind. Der Übergang zu diesen homogenen Koordinaten wird dadurch vollzogen, daß man setzt:

$$x = x_1/x_4; \quad y = x_2/x_4; \quad z = x_3/x_4.$$

Neben den gewöhnlichen Punkten werden, um bei der Formulierung der Lehrsätze lästige Ausnahmen zu vermeiden, noch die unendlich fernen Punkte oder *Fernpunkte*, wie ich sie kurz nenne, eingeführt. Die homogenen Koordinaten eines Fernpunktes lauten: $x_1, x_2, x_3, 0$. Ein Vektor $\overline{OP}$, dessen Koordinaten proportional zu x_1, x_2, x_3 sind, weist nach jenem Fernpunkt hin. Dieser ist nichts anderes als der Fernpunkt der Geraden $\overline{OP}$. Hat man die Gleichung einer Ebene auf die Form

$$A x_1 + B x_2 + C x_3 + D x_4 = 0$$

gebracht, so betrachtet man als Punkte derselben nicht nur die gewöhnlichen Punkte, die mit ihren Koordinaten jener Gleichung genügen, sondern auch die Fernpunkte. Sie bilden die *Ferngerade* der betrachteten Ebene. Die für alle Fernpunkte geltende Aussage $x_4 = 0$ hat dieselbe Form wie die Gleichung einer Ebene. Daher nennt man den Inbegriff aller Fernpunkte die *Fernebene*. Man schreibt die Gleichung einer Ebene gewöhnlich in der Form: $u_1 x_1 + u_2 x_2 + u_3 x_3 + u_4 x_4 = 0$ und nennt die nur bis auf einen Faktor festliegenden Koeffizienten der x die homogenen *Koordinaten* der Ebene. Hat man nun zwei korrelative Matrizen:

$$x_1^1\ x_2^1\ x_3^1\ x_4^1 \text{ und } \left\| \begin{matrix} u_1^1 & u_2^1 & u_3^1 & u_4^1 \\ u_1^2 & u_2^2 & u_3^2 & u_4^2 \\ u_1^3 & u_2^3 & u_3^3 & u_4^3 \end{matrix} \right\|,$$

so liegt, geometrisch gesprochen, ein Punkt vor und drei durch ihn gehende Ebenen; $(u\,x) = 0$ bedeutet nämlich die *vereinigte Lage* des Punktes x und der Geraden u. Sind:

$$\left\| \begin{matrix} x_1^1 & x_2^1 & x_3^1 & x_4^1 \\ x_1^2 & x_2^2 & x_3^2 & x_4^2 \\ x_1^3 & x_2^3 & x_3^3 & x_4^3 \end{matrix} \right\| \text{ und } u_1^1\ u_2^1\ u_3^1\ u_4^1$$

korrelative Matrizen, so hat man es mit drei Punkten und der hindurchgehenden Ebene zu tun. Sind endlich:

$$\left\| \begin{matrix} x_1^1 & x_2^1 & x_3^1 & x_4^1 \\ x_1^2 & x_2^2 & x_3^2 & x_4^2 \end{matrix} \right\| \text{ und } \left\| \begin{matrix} u_1^1 & u_2^1 & u_3^1 & u_4^1 \\ u_1^2 & u_2^2 & u_3^2 & u_4^2 \end{matrix} \right\|$$

korrelativ, so handelt es sich um zwei Punkte auf einer Geraden und um zwei Ebenen durch diese Gerade. Es gibt noch viele andere geometrische Beziehungen, die mit korrelativen Matrizen zusammenhängen. Wir wollen nurnoch einen solchen Fall hervorheben: Man kann ein Punktepaar auf einer Geraden durch eine quadratische Gleichung $a_0 x_1^2 + 2 a_1 x_1 x_2 + a_2 x_2^2 = 0$ kennzeichnen, wobei die Wurzeln x_1/x_2 die Abszissen der beiden Punkte sind. Wann bestimmen nun zwei solche Gleichungen $a_0 x_1^2 + 2 a_1 x_1 x_2 + a_2 x_2^2 = 0$ und $b_0 x_1^2 + 2 b_1 x_1 x_2 + b_2 x_2 = 0$ harmonische Punktepaare P, P' und Q, Q'? Kennzeichnend für die harmonische Lage sind entgegengesetzt gleiche Teilungsverhältnisse von Q, Q' in bezug auf die Strecke $\overline{PP'}$, also: $\overline{PQ}/\overline{QP'} + \overline{PQ'}/\overline{Q'P'} = 0$.
Sind $\mathfrak{x}, \mathfrak{x}'$ die Abszissen von P, P' und $\mathfrak{y}, \mathfrak{y}'$ die von Q, Q', so hat man:

$$(\mathfrak{y} - \mathfrak{x}) / (\mathfrak{x}' - \mathfrak{y}) + (\mathfrak{y}' - \mathfrak{x}) / (\mathfrak{x}' - \mathfrak{y}') = 0 \text{ oder:}$$

$$(\mathfrak{x} + \mathfrak{x}')(\mathfrak{y} + \mathfrak{y}') - 2\,\mathfrak{x}\,\mathfrak{x}' - 2\,\mathfrak{y}\,\mathfrak{y}' = 0.$$

Setzt man hier ein: $\mathfrak{x} + \mathfrak{x}' = -2\,a_1/a_0$; $\mathfrak{y} + \mathfrak{y}' = -2\,b_1/b_0$;

$$\mathfrak{x}\,\mathfrak{x}' = a_2/a_0; \qquad \mathfrak{y}\,\mathfrak{y}' = b_2/b_0,$$

so ergibt sich nach Beseitigung der Nenner:

$$a_0 b_2 - 2\,a_1 b_1 + a_2 b_0 = 0. \tag{21}$$

Ist nun $a_2, -2\,a_1, a_0$ die zu $\left\| \begin{matrix} b_0 & b_1 & b_2 \\ c_0 & c_1 & c_2 \end{matrix} \right\|$ korrelative Matrix, so liegt das Punktpaar $a_0 x_1^2 + 2 a_1 x_1 x_2 + a_2 x_2^2 = 0$ harmonisch sowohl zu $b_0 x_1^2 + 2 b_1 x_1 x_2 + b_2 x_2^2 = 0$ als auch zu $c_0 x_0^2 + 2 c_1 x_1 x_2 + c_2 x_2^2 = 0$. Wir gewinnen hier auf analytischem Wege die Einsicht, daß es zu zwei Punktepaaren ein gemeinsames harmonisches gibt. Dieses ist offenbar auch zu allen Punktepaaren, die durch die Gleichungen

$$\lambda\,(b_0 x_1^2 + 2\,b_1 x_1 x_2 + b_2 x_2^2) + \mu\,(c_0 x_1^2 + 2\,c_1 x_1 x_2 + c_2 x_2^2) = 0$$

dargestellt werden, harmonisch. Dabei sind λ und μ beliebige Koeffizienten-

Wir wollen noch ein kleines Nebenergebnis einernten: $\mathfrak{x}_1, \mathfrak{x}_2$ und $\mathfrak{x}_1', \mathfrak{x}_2'$ seien die homogenen Koordinaten der durch $b_0 x_1^2 + 2 b_1 x_1 x_2 + b_2 x_2^2 = 0$ bestimmten Punkte. Dann bedeutet diese Gleichung dasselbe wie $(x_1 \mathfrak{x}_2 - x_2 \mathfrak{x}_1)(x_1 \mathfrak{x}_2' - x_2 \mathfrak{x}_1') = 0$, so daß man setzen kann: $b_0 = \mathfrak{x}_2 \mathfrak{x}_2'$; $2 b_1 = -(\mathfrak{x}_1 \mathfrak{x}_2' + \mathfrak{x}_2 \mathfrak{x}_1')$; $b_2 = \mathfrak{x}_1 \mathfrak{x}_1'$. Sollen nun die beiden Punkte $\mathfrak{x}_1, \mathfrak{x}_2$ und $\mathfrak{x}_1' \mathfrak{x}_2'$ zu dem Punktepaar $a_0 x_1^2 + 2 a_1 x_1 x_2 + a_2 x_2^2 = 0$ harmonisch sein, so muß die Gleichung (21) erfüllt werden, die nach Einsetzen der Ausdrücke für b_0, b_1, b_2 lautet: $a_0 \mathfrak{x}_1 \mathfrak{x}_1' + a_1 (\mathfrak{x}_1 \mathfrak{x}_2' + \mathfrak{x}_2 \mathfrak{x}_1') + a_2 \mathfrak{x}_2 \mathfrak{x}_2' = 0$. Links steht die *Polare* der quadratischen Form $a_0 x_1^2 + 2 a_1 x_1 x_2 + a_2 x_2^2$. Durch Nullsetzen der Polare findet man also die Beziehung zwischen harmonisch konjugierten Punkten, harmonisch in bezug auf die Wurzelpunkte der Form, die zu sich selbst konjugiert sind. Aus obiger Beziehung läßt sich, da die homogenen Koordinaten nur bis auf einen Faktor festliegen, folgendes entnehmen: $\mathfrak{x}_1' = a_1 \mathfrak{x}_1 + a_2 \mathfrak{x}_2$; $\mathfrak{x}_2' = -(a_0 \mathfrak{x}_1 + a_1 \mathfrak{x}_2)$. Diese Gleichungen drücken den Übergang vom Punkt $\mathfrak{x}$ zu seinem harmonischen Partner $\mathfrak{x}'$ aus. Man bezeichnet diese *lineare Transformation* als *Spiegelung* an dem Punktepaar $a_0 x_1^2 + 2 a_1 x_1 x_2 + a_2 x_2^2 = 0$. Rückt ein Wurzelpunkt der Gleichung ins Unendliche ($a_0 = 0$), die andere in den Anfangspunkt ($a_2 = 0$), so haben wir es mit der Transformation $\mathfrak{x}_1' = a_1 \mathfrak{x}_1$; $\mathfrak{x}_2' = -a_1 \mathfrak{x}_2$ oder inhomogen mit $\mathfrak{x}' = -\mathfrak{x}$ zu tun. Das ist eine gewöhnliche Spiegelung am Anfangspunkt.

Wir kehren nun zum Ausgangspunkt zurück und bringen die beiden korrelativen Matrizen durch Anfügung passender Zeilen auf den Rang n. Die so erweiterten Matrizen mögen lauten:

$$\left\| \begin{matrix} x_1^1 \cdots x_n^1 \\ \cdot\ \cdot\ \cdot\ \cdot\ \cdot\ \cdot \\ x_1^k \cdots x_n^k \\ \mathfrak{x}_1^1 \cdots \mathfrak{x}_n^1 \\ \cdot\ \cdot\ \cdot\ \cdot\ \cdot\ \cdot \\ \mathfrak{x}_1^l \cdots \mathfrak{x}_n^l \end{matrix} \right\| \quad \text{und} \quad \left\| \begin{matrix} \mathfrak{u}_1^1 \cdots \mathfrak{u}_n^1 \\ \cdot\ \cdot\ \cdot\ \cdot\ \cdot\ \cdot \\ \mathfrak{u}_1^k \cdots \mathfrak{u}_n^k \\ u_1^1 \cdots u_n^1 \\ \cdot\ \cdot\ \cdot\ \cdot\ \cdot\ \cdot \\ u_1^l \cdots u_n^l \end{matrix} \right\| .$$

Multipliziert man ihre Determinanten, die X und U heißen mögen, so lautet die Produktdeterminante:

$$\begin{vmatrix} (x^1 \mathfrak{u}^1) \cdots (x^1 \mathfrak{u}^k) & 0 \ \cdot\ \cdot\ \cdot\ \cdot \ 0 \\ \cdot\ \cdot\ \cdot\ \cdot\ \cdot\ \cdot\ \cdot\ \cdot\ \cdot & \cdot\ \cdot\ \cdot\ \cdot\ \cdot\ \cdot\ \cdot\ \cdot \\ (x^k \mathfrak{u}^1) \cdots (x^k \mathfrak{u}^k) & 0 \ \cdot\ \cdot\ \cdot\ \cdot \ 0 \\ (\mathfrak{x}^1 \mathfrak{u}^1) \cdots (\mathfrak{x}^1 \mathfrak{u}^k) & (\mathfrak{x}^1 u^1) \cdots (\mathfrak{x}^1 u^l) \\ \cdot\ \cdot\ \cdot\ \cdot\ \cdot\ \cdot\ \cdot\ \cdot\ \cdot & \cdot\ \cdot\ \cdot\ \cdot\ \cdot\ \cdot\ \cdot\ \cdot \\ (\mathfrak{x}^l \mathfrak{u}^1) \cdots (\mathfrak{x}^l \mathfrak{u}^k) & (\mathfrak{x}^l u^1) \cdots (\mathfrak{x}^l u^l) \end{vmatrix} .$$

Sie reduziert sich nach dem Laplaceschen Satz auf:

$$\begin{vmatrix} (x^1 \mathfrak{u}^1) \cdots (x^1 \mathfrak{u}^k) \\ \cdot\ \cdot\ \cdot\ \cdot\ \cdot\ \cdot\ \cdot\ \cdot\ \cdot \\ (x^k \mathfrak{u}^1) \cdots (x^k \mathfrak{u}^k) \end{vmatrix} \cdot \begin{vmatrix} (\mathfrak{x}^1 u^1) \cdots (\mathfrak{x}^1 u^l) \\ \cdot\ \cdot\ \cdot\ \cdot\ \cdot\ \cdot\ \cdot\ \cdot\ \cdot \\ (\mathfrak{x}^l u^1) \cdots (\mathfrak{x}^l u^l) \end{vmatrix} .$$

Da X und U von Null verschieden sind, darf keiner dieser beiden Faktoren verschwinden. Wenn man irgendeine lineare Verbindung aus den Zeilen x und $\mathfrak{x}$ bildet, die wir symbolisch durch

$$a^1 x^1 + \cdots + a^k x^k + \mathfrak{a}^1 \mathfrak{x}^1 + \cdots + \mathfrak{a}^l \mathfrak{x}^l$$

ausdrücken, so gibt diese Verbindung, die übrigens durch geeignete Wahl der Faktoren a, $\mathfrak{a}$ jedem Wertsystem angepaßt werden kann, folgende Produkte mit den Zeilen u:

$$\mathfrak{a}^1 (\mathfrak{x}^1 u^1) + \cdots + \mathfrak{a}^l (\mathfrak{x}^l u^1), \ \cdots, \ \mathfrak{a}^1 (\mathfrak{x}^1 u^l) + \cdots + \mathfrak{a}^l (\mathfrak{x}^l u^l).$$

Da die Determinante $(\mathfrak{x}\, u)$ ungleich Null ist, werden diese Produkte dann und nur dann alle verschwinden, wenn sich $\mathfrak{a}^1, \cdots, \mathfrak{a}^l$ sämtlich auf Null reduzieren. Die linearen Verbindungen der x-Zeilen, und nur sie, geben also mit allen u-Zeilen verschwindende Produkte. In dieser Aussage, die nur eine frühere Feststellung bestätigt, darf man x und u vertauschen.

Es liegt uns daran, eine wichtige Beziehung zwischen den Determinanten der beiden korrelativen Matrizen festzustellen, die in den Anwendungen häufig vorkommt. In der x-Matrix ist $\binom{n}{k}$ die Anzahl der k-reihigen Determinanten und in der u-Matrix ist $\binom{n}{l}$ die Anzahl der l-reihigen. Da $k + l = n$, so sind beide Zahlen gleich. Man kann auch sofort eine einfache Zuordnung zwischen beiden Determinantenreihen herstellen. Der x-Determinante, die in den Spalten $s_1, \cdots, s_k$ steht, läßt man die u-Determinante entsprechen, die in den Spalten $\sigma_1, \cdots, \sigma_l$ untergebracht ist. Dabei sind $\sigma_1, \cdots, \sigma_l$ die Zahlen, die übrig bleiben, wenn man in $1, \cdots, n$ die Glieder $s_1, \cdots, s_k$ streicht. Nennt man nun:

$$\begin{vmatrix} u^1_{\sigma_1} \cdots u^1_{\sigma_l} \\ \cdots\cdots \\ u^l_{\sigma_1} \cdots u^l_{\sigma_l} \end{vmatrix} (-1)^{s_1 + \cdots + s_k} \text{ das \textit{Korrelat} von } \begin{vmatrix} x^1_{s_1} \cdots x^1_{s_k} \\ \cdots\cdots \\ x^k_{s_1} \cdots x^k_{s_k} \end{vmatrix},$$

so zeigt sich, daß die x-Determinanten zu ihren Korrelaten proportional sind. Um dies zu beweisen, führen wir die auch sonst sehr nützlichen Größen ε_s^r ein, die im Falle ungleicher r, s den Wert 0, im Falle gleicher r, s den Wert 1 haben, und bilden die Determinante

$$\begin{vmatrix} \varepsilon^{s_1}_1 \cdots \varepsilon^{s_1}_n \\ \cdots\cdots \\ \varepsilon^{s_k}_1 \cdots \varepsilon^{s_k}_n \\ u_1{}^1 \cdots u_n{}^1 \\ \cdots\cdots \\ u_1{}^l \cdots u_n{}^l \end{vmatrix}. \text{ Sie ist der Determinante } \begin{vmatrix} u^1_{\sigma_1} \cdots u^1_{\sigma_l} \\ \cdots\cdots \\ u^l_{\sigma_1} \cdots u^l_{\sigma_l} \end{vmatrix} \text{ nach dem Laplaceschen Satz}$$

bis auf den Faktor $(-1)^{1 + \cdots + k + s_1 + \cdots + s_k}$ gleich. Multipliziert man mit X, so ergibt sich:

$$\begin{vmatrix} x^1_{s_1} \cdots x^1_{s_k}, 0 \cdots 0 \\ \cdots\cdots\cdots\cdots \\ x^k_{s_1} \cdots x^k_{s_k}, 0 \cdots 0 \\ \mathfrak{x}^1_{s_1} \cdots \mathfrak{x}^1_{s_k} (\mathfrak{x}^1 u^1) \cdots (\mathfrak{x}^1 u^l) \\ \cdots\cdots\cdots\cdots \\ \mathfrak{x}^l_{s_1} \cdots \mathfrak{x}^l_{s_k} (\mathfrak{x}^l u^1) \cdots (\mathfrak{x}^l u^l) \end{vmatrix} = \begin{vmatrix} x^1_{s_1} \cdots x^1_{s_k} \\ \cdots\cdots \\ x^k_{s_1} \cdots x^k_{s_k} \end{vmatrix} \cdot \begin{vmatrix} (\mathfrak{x}^1 u^1) \cdots (\mathfrak{x}^1 u^l) \\ \cdots\cdots \\ (\mathfrak{x}^l u^1) \cdots (\mathfrak{x}^l u^l) \end{vmatrix}.$$

Hiermit ist die obige Behauptung bewiesen.

In diesen Gedankenkreis gehört *Jacobis* Satz über Determinanten aus Komplementen. A_s^r sei das Komplement von a_s^r in der Determinante

$$D = \begin{vmatrix} a_1^1\, a_2^1 \cdots a_n^1 \\ a_1^2\, a_2^2 \cdots a_n^2 \\ \cdots\cdots \\ a_1^n\, a_2^n \cdots a_n^n \end{vmatrix}.$$ Die Determinante $$\varDelta = \begin{vmatrix} A_1^1\, A_2^1 \cdots A_n^1 \\ A_1^2\, A_2^2 \cdots A_n \\ \cdots\cdots \\ A_1^n\, A_2^n \cdots A_n^n \end{vmatrix},$$ die aus allen A_s^r gebildet ist, hat, wie wir bereits wissen, den Wert D^{n-1}. Der Satz von Jacobi bezieht sich auf die Unterdeterminanten von $\varDelta$. Greift man aus $\varDelta$ die Zeilen $r_1, \cdots, r_k$, heraus, und streicht in D die Zeilen $r_1, \cdots, r_k$, so erhält man zwei korrelative Matrizen:

$$\begin{Vmatrix} A^{r_1}_1 \cdots A^{r_1}_n \\ \cdots\cdots \\ A^{r_k}_1 \cdots A^{r_k}_n \end{Vmatrix} \text{ und } \begin{Vmatrix} a^{\varrho_1}_1 \cdots a^{\varrho_1}_n \\ \cdots\cdots \\ a^{\varrho_l}_1 \cdots a^{\varrho_l}_n \end{Vmatrix}.$$

Es gelten daher folgende $\binom{n}{k}$ Gleichungen:

$$\begin{vmatrix} A^{r_1}_{s_1} \cdots A^{r_1}_{s_k} \\ \cdots\cdots \\ A^{r_k}_{s_1} \cdots A^{r_k}_{s_k} \end{vmatrix} = \lambda \begin{vmatrix} a^{\varrho_1}_{\sigma_1} \cdots a^{\varrho_1}_{\sigma_l} \\ \cdots\cdots \\ a^{\varrho_l}_{\sigma_1} \cdots a^{\varrho_l}_{\sigma_l} \end{vmatrix} (-1)^{r_1 + \cdots + r_k + s_1 + \cdots + s_k}.$$

Die $\sigma_1, \cdots \sigma_l$ sind die von $s_1, \cdots s_k$ verschiedenen Glieder der Reihe $1, \cdots, n$. Wir haben hier von dem Proportionalitätsfaktor noch $(-1)^{r_1 + \cdots + r_k}$ abgesondert. Durchläuft nun $s_1 \cdots s_k$ alle k-gliedrigen Kombinationen von $1, \cdots, n$, so wird nach dem Laplaceschen Satz auf Grund jener Proportionalität:

$$\lambda D = \Sigma \begin{vmatrix} a^{r_1}_{s_1} \cdots a^{r_1}_{s_k} \\ \cdots\cdots \\ a^{r_k}_{s_1} \cdots a^{r_k}_{s_k} \end{vmatrix} \begin{vmatrix} A^{r_1}_{s_1} \cdots A^{r_1}_{s_k} \\ \cdots\cdots \\ A^{r_k}_{s_1} \cdots A^{r_k}_{s_k} \end{vmatrix}.$$

Die letzte Summe ist als Produkt der beiden Matrizen:

$$\begin{Vmatrix} a^{r_1}_1 \cdots a^{r_1}_n \\ \cdots\cdots \\ a^{r_k}_1 \cdots a^{r_k}_n \end{Vmatrix} \text{ und } \begin{Vmatrix} A^{r_1}_1 \cdots A^{r_1}_n \\ \cdots\cdots \\ A^{r_k}_1 \cdots A^{r_k}_n \end{Vmatrix}.$$

Sie ist also nach Lagranges Matrizensatz gleich der Determinante der Zeilenprodukte, die hier $\begin{vmatrix} D & \cdots & 0 \\ \cdot & \cdots & \cdot \\ 0 & \cdots & D \end{vmatrix} = D^k$ lautet. Man hat daher $\lambda D = D^k$, also $\lambda = D^{k-1}$ und schließlich:

$$\begin{vmatrix} A_{s_1}^{r_1} \cdots A_{s_k}^{r_1} \\ \cdots\cdots\cdots \\ A_{s_1}^{r_k} \cdots A_{s_k}^{r_k} \end{vmatrix} = D^{k-1} \begin{vmatrix} a_{\sigma_1}^{\varrho_1} \cdots a_{\sigma_l}^{\varrho_1} \\ \cdots\cdots\cdots \\ a_{\sigma_1}^{\varrho_l} \cdots a_{\sigma_l}^{\varrho_l} \end{vmatrix} (-1)^{r_1 + \cdots + r_k + s_1 + \cdots + s_k}.$$

Jede k-reihige Unterdeterminante von Δ ist also bis auf den Faktor D^{k-1} gleich dem Komplement, das die entsprechende k-reihige Unterdeterminante in D hat. Das ist der Jacobische Satz. Beim Beweise haben wir die Voraussetzung $D \neq 0$ gemacht. Der Satz gilt aber auch im Falle $D = 0$. Um das zu erkennen, denke man sich $a_{11}, \cdots, a_{nn}$ zunächst durch $a_{11} + z, \cdots, a_{nn} + z$ ersetzt. Dann wird die Determinante D ein Polynom in z, nämlich $z^n + \cdots + D$. In der Gleichung des Jacobischen Satzes stehen nun links und rechts ebenfalls Polynome in z. Beide Polynome sind gleich für alle Werte von z, zunächst unter Ausschluß der Wurzeln von $z^n + \cdots + D = 0$. Daraus folgt aber schon, wie wir aus § 1 wissen, die Identität jener beiden Polynome. Die Gleichheit braucht sogar nur für $N + 1$ Werte von z festzustehen, wenn N den Grad der Polynome bezeichnet. Also gilt die Jacobische Aussage auch für $D = 0$.

§ 14. Allgemeine homogene Koordinaten auf einer Geraden

Eine Gerade läßt sich festlegen durch zwei ihrer Punkte $x_1^1, \cdots, x_4^1$ und $x_1^2, \cdots, x_4^2$ oder durch zwei ihrer Ebenen $u_1^1, \cdots, u_4^1$ und $u_1^2, \cdots, u_4^2$. Die homogenen Koordinaten dieser Punkte und Ebenen bilden korrelative Matrizen:

$\begin{Vmatrix} x_1^1 & x_2^1 & x_3^1 & x_4^1 \\ x_1^2 & x_2^2 & x_3^2 & x_4^2 \end{Vmatrix}$ und $\begin{Vmatrix} u_1^1 & u_2^1 & u_3^1 & u_4^1 \\ u_1^2 & u_2^2 & u_3^2 & u_4^2 \end{Vmatrix}$. Auf Grund unserer Kenntnisse über solche Matrizen läßt sich folgendes sagen: Ist x ein beliebiger Punkt der Geraden, so erfüllt er die Gleichungen $(x\,u^1) = 0$ und $(x\,u^2) = 0$, denen auch die Punkte x^1 und x^2 genügen. Daher muß die Zeile x_1, x_2, x_3, x_4 eine lineare Verbindung von $x_1^1, x_2^1, x_3^1, x_4^1$ und $x_1^2, x_2^2, x_3^2, x_4^2$ sein: $x_s = \mathfrak{x}^1\, x_s^1 + \mathfrak{x}^2\, x_s^2$; $(s = 1, \cdots, 4)$ oder kurz $x = \mathfrak{x}^1\, x^1 + \mathfrak{x}^2\, x^2$. Die hier auftretenden Parameter $\mathfrak{x}^1, \mathfrak{x}^2$, welche die Lage des Punktes x auf der Geraden x^1, x^2 bestimmen, nennt man die *homogenen Koordinaten von x in bezug auf die normierten Grundpunkte* x^1 und x^2. Das Beiwort „normiert" bedeutet, daß bei jedem Punkt unter den unendlich vielen zueinander proportionalen Koordinatenquadrupeln ein bestimmtes ausgewählt ist. Setzt man die Faktoren $\mathfrak{x}^1$ und $\mathfrak{x}^2$ beide gleich 1, so ergibt sich der *Einheitspunkt a*, dessen Koordinaten $a_s = x_s^1 + x_s^2$ lauten; $(s = 1, \cdots, 4)$. Schreibt man den Einheitspunkt irgendwie vor, so ist damit zugleich die Normierung der Grundpunkte festgelegt, weil sich der Einheitspunkt mittels der Faktoren 1, 1 aus den

Grundpunkten ergeben muß. Immer bleibt es natürlich erlaubt, *überall* einen gemeinsamen Faktor anzubringen. Ist nun v eine Ebene, die durch den Punkt x hindurchgeht, senkrecht zur Geraden $\overline{x^1\, x^2}$, so hat man: $(v\, x) = 0$, d. h.:

$$\mathfrak{x}^1\,(v\, x^1) + \mathfrak{x}^2\,(v\, x^2) = 0, \text{ mithin}$$

$$\mathfrak{x}^2/\mathfrak{x}^1 = -\,(v\, x^1)\,/\,(v\, x^2). \tag{22}$$

Erinnern wir uns, wie der Abstand eines Punktes von einer Ebene berechnet wurde, so können wir sagen, daß sich die Quotienten $(v\, x^2)\,/\,x_4{}^2$ und $(v\, x^1)\,/\,x_4{}^1$ verhalten wie die Strecken $\overline{x\, x^2}$ und $\overline{x\, x^1}$. Daher ergibt sich aus (22): $\mathfrak{x}^2/\mathfrak{x}^1 = (x_4{}^1/x_4{}^2)\,(\overline{x^1\, x}\,/\,\overline{x\, x^2})$. Wendet man diese Formel auf den Einheitspunkt an, so kommt man zu der Aussage:

$$1 = (x_4{}^1/x_4{}^2)\; \overline{x^1\, a}\,/\,\overline{a\, x^2}.$$

Aus beiden Feststellungen ergibt sich: $\mathfrak{x}^2 : \mathfrak{x}^1 = (\overline{x^1\, x}\,/\,\overline{x\, x^2}) : (\overline{x^1\, a}\,/\,\overline{a\, x^2})$. Auf der rechten Seite steht der Quotient der beiden Verhältnisse, nach denen die Punkte x und a die Strecke $\overline{x^1\, x^2}$ teilen. Man nennt diesen Quotienten, das Verhältnis zweier Verhältnisse, ein *Doppelverhältnis* und schreibt dafür: $(x^1\, x^2\, x\, a)$. Zuerst stehen die beiden Grundpunkte, dann kommt x und zuletzt der Einheitspunkt a. Dieses Doppelverhältnis, nach welchem x und a die Grundstrecke $\overline{x^1\, x^2}$ teilen, ist also gleich dem Koordinatenquotienten $\mathfrak{x}^2 : \mathfrak{x}^1$. Der Punkt x läßt sich hiernach aus den Grundpunkten x^1, x^2 in der Form:

$$x = x^1 + (x^1\, x^2\, x\, a)\; x^2 \tag{23}$$

aufbauen. Wenn a und x die Strecke $x^1\, x^2$ harmonisch teilen, hat das Doppelverhältnis $(x^1\, x^2\, x\, a)$ den Wert -1, da die Teilungsverhältnisse $\overline{x^1\, x}\,/\,\overline{x\, x^2}$ und $\overline{x^1\, a}\,/\,\overline{a\, x^2}$ entgegengesetzt gleich sind. Nach (23) wird in diesem Falle: $x = x^1 - x^2$. Die Punkte x^1; x^2; $x^1 + x^2$; $x^1 - x^2$ bilden also ein harmonisches Quadrupel. Nutzt man den Umstand aus, daß die homogenen Koordinaten nur bis auf einen Proportionalitätsfaktor festliegen, so kann man auch sagen, daß $\alpha\, x^1$; $\beta\, x^2$; $\alpha\, x^1 + \beta\, x^2$; $\alpha\, x^1 - \beta\, x^2$ oder, was dasselbe ist: x^1; x^2; $\alpha\, x^1 + \beta\, x^2$; $\alpha\, x^1 - \beta\, x^2$, ein harmonisches Quadrupel darstellen; $\alpha\, x^1 - \beta\, x^2$ heißt der *harmonische Partner* von $\alpha\, x^1 + \beta\, x^2$ in bezug auf x^1 und x^2 oder auch der zu $\alpha\, x^1 + \beta\, x^2$ *harmonisch konjugierte* Punkt.

Wenn vier Punkte auf der Geraden $\overline{x^1\, x^2}$ herausgegriffen werden, etwa: $p = \mathfrak{p}^1\, x^1 + \mathfrak{p}^2\, x^2$; $q = \mathfrak{q}^1\, x^1 + \mathfrak{q}^2\, x^2$; $r = \mathfrak{r}^1\, x^1 + \mathfrak{r}^2\, x^2$; $s = \mathfrak{s}^1\, x^1 + \mathfrak{s}^2\, x^2$, so hat man:

$$\begin{vmatrix} p & \mathfrak{p}^1 & \mathfrak{p}^2 \\ q & \mathfrak{q}^1 & \mathfrak{q}^2 \\ r & \mathfrak{r}^1 & \mathfrak{r}^2 \end{vmatrix} = 0 \text{ und } \begin{vmatrix} p & \mathfrak{p}^1 & \mathfrak{p}^2 \\ q & \mathfrak{q}^1 & \mathfrak{q}^2 \\ s & \mathfrak{s}^1 & \mathfrak{s}^2 \end{vmatrix} = 0.$$

Unter Benutzung der Abkürzung $\mathfrak{p}^1\, \mathfrak{q}^2 - \mathfrak{p}^2\, \mathfrak{q}^1 = (\mathfrak{p}\, \mathfrak{q})$, $\cdots$ kann man hiernach schreiben:

$$p\,(\mathfrak{q}\, \mathfrak{r}) + q\,(\mathfrak{r}\, \mathfrak{p}) + r\,(\mathfrak{p}\, \mathfrak{q}) = 0;$$
$$p\,(\mathfrak{q}\, \mathfrak{s}) + q\,(\mathfrak{s}\, \mathfrak{p}) + s\,(\mathfrak{p}\, \mathfrak{q}) = 0.$$

Setzt man: $p\,(\mathfrak{q}\,\mathfrak{s}) = P$; $q\,(\mathfrak{s}\,\mathfrak{p}) = Q$; $r\,(\mathfrak{p}\,\mathfrak{q}) = -R$; $s\,(\mathfrak{p}\,\mathfrak{q}) = -S$, so erscheinen die vier Punkte in folgender Darstellung:

$$P,\ Q,\ P\,[(\mathfrak{q}\,\mathfrak{r})\,/\,(\mathfrak{q}\,\mathfrak{s})] + Q\,[(\mathfrak{p}\,\mathfrak{r})\,/\,(\mathfrak{p}\,\mathfrak{s})],\ P + Q.$$

Für das Doppelverhältnis gilt mithin die Formel:

$$(p\,q\,r\,s) = (\mathfrak{p}\,\mathfrak{r})\,(\mathfrak{q}\,\mathfrak{s})\,/\,[(\mathfrak{p}\,\mathfrak{s})\,(\mathfrak{q}\,\mathfrak{r})]. \tag{24}$$

Wendet man auf die verschwindende Determinante

$$\begin{vmatrix} \mathfrak{p}^1 & \mathfrak{q}^1 & \mathfrak{r}^1 & \mathfrak{s}^1 \\ \mathfrak{p}^2 & \mathfrak{q}^2 & \mathfrak{r}^2 & \mathfrak{s}^2 \\ \mathfrak{p}^1 & \mathfrak{q}^1 & \mathfrak{r}^1 & \mathfrak{s}^1 \\ \mathfrak{p}^2 & \mathfrak{q}^2 & \mathfrak{r}^2 & \mathfrak{s}^2 \end{vmatrix}$$

den Laplaceschen Satz an, indem man sie nach den beiden ersten Zeilen entwickelt, so ergibt sich folgende nach *Euler* benannte Identität $(\mathfrak{p}\,\mathfrak{q})\,(\mathfrak{r}\,\mathfrak{s}) - (\mathfrak{p}\,\mathfrak{r})\,(\mathfrak{q}\,\mathfrak{s}) + (\mathfrak{p}\,\mathfrak{s})\,(\mathfrak{q}\,\mathfrak{r}) = 0$. Hiernach ist: $(\mathfrak{p}\,\mathfrak{r})\,(\mathfrak{q}\,\mathfrak{s})\,/\,[(\mathfrak{p}\,\mathfrak{s})\,(\mathfrak{q}\,\mathfrak{r})] + (\mathfrak{p}\,\mathfrak{q})\,(\mathfrak{r}\,\mathfrak{s})\,/\,[(\mathfrak{p}\,\mathfrak{s})\,(\mathfrak{r}\,\mathfrak{q})] = 1$, oder mit Rücksicht auf (24):

$$(pqrs) + (prqs) = 1.$$

Wenn man also in einem Doppelverhältnis δ die beiden mittleren Punkte auswechselt, so geht es in seine *additive Ergänzung zu* 1 über, d. h. in $1 - \delta$. Noch einfacher, nämlich unmittelbar am Ausdruck (24) läßt sich feststellen, daß δ bei Vertauschung der beiden ersten oder der beiden letzten Punkte in die *multiplikative Ergänzung zu* 1 übergeht, d. h. in $1 : \delta$. Wenn man weiß, wie Nachbarvertauschungen auf $(pqrs)$ einwirken, so kann man den Einfluß beliebiger Umordnungen der Punkte bestimmen, weil sich durch Nachbarvertauschungen jede beliebige Reihenfolge herstellen läßt. Aus $(pqrs) = \delta$ folgt z. B. durch Auswechseln der beiden ersten und der beiden letzten Punkte: $(qpsr) = \delta$. Vertauscht man in $(pqrs)$ zunächst die beiden mittleren Punkte, so ergibt sich $(prqs) = 1 - \delta$, also auch $(rpsq) = 1 - \delta$, und daraus, abermals nach Auswechselung der beiden mittleren Punkte: $(rspq) = \delta$, folglich auch: $(srqp) = \delta$. Also stimmen die vier Doppelverhältnisse $(pqrs)$, $(qpsr)$, $(rspq)$, $(srqp)$ überein. Die drei letzten entstehen aus den ersten durch Auswechselung irgend zweier und zugleich der übrigen Punkte.

Das ist somit eine Operation, die jedes Doppelverhältnis ungeändert läßt. Wenn man nun in den obenstehenden Doppelverhältnissen abwechselnd die beiden mittleren und die beiden letzten Punkte vertauscht, so kommt man von δ zu $1 - \delta$; $1/(1 - \delta)$; $\delta/(\delta - 1)$; $(\delta - 1)/\delta$; $1/\delta$.

Hiermit sind dann alle 24 Anordnungen von p, q, r, s erschöpft, und man sieht, daß ein Doppelverhältnis ohne nähere Angaben über die Reihenfolge der beteiligten Punkte sechs verschiedene Werte hat. Im Falle $\delta = -1$ lauten die sechs Werte: -1; 2; $1/2$; $1/2$; 2; -1. Sie reduzieren sich also auf drei Werte, -1; 2; $1/2$, deren jeder doppelt auftritt. Solange es sich um *vier verschiedene reelle* Punkte handelt, ist dies der einzige Fall einer Wertminderung des Doppelverhältnisses. Dafür steigt die Anzahl der Vertauschungen, die das einzelne Doppelverhältnis ungeändert lassen. Ist $(pqrs) = -1$, so haben nicht nur, wie sonst $(pqrs)$, $(qpsr)$, $(rspq)$, $(srqp)$ denselben Wert, sondern auch: $(pqsr)$, $(qprs)$, $(rsqp)$, $(srpq)$. Man sieht: Die vier Punkte hier sind auf zwei Paare, die beiden ersten und die beiden letzten, verteilt. Diese Paare können ausgewechselt werden, und innerhalb jedes Paares ist die Reihenfolge ins Belieben gestellt. Die Punkte jedes Paares haben in bezug auf das andere Paar entgegengesetzt gleiche Teilungsverhältnisse. Solche Paare heißen *zueinander harmonisch.*

§ 15. Allgemeine homogene Koordinaten in einer Ebene

Auch ohne Heranziehung der korrelativen Matrizen läßt sich leicht erkennen, daß die Punkte der Geraden $\overline{x^1 x^2}$, analytisch betrachtet, identisch sind mit den linearen Verbindungen aus x^1 und x^2. Ist nämlich $u_1, \cdots, u_4$ irgendeine Ebene durch x^1 und x^2, so hat man: $(u x^1) = 0$ und $(u x^2) = 0$. Hieraus folgt aber:

$$(u\,[\mathfrak{x}^1 x^1 + \mathfrak{x}^2 x^2]) = \mathfrak{x}^1 (u x^1) + \mathfrak{x}^2 (u x^2) = 0.$$

Jede lineare Verbindung aus x^1 und x^2 gibt also einen Punkt auf der Geraden $\overline{x^1 x^2}$. Um zu zeigen, daß hierdurch sämtliche Punkte dieser Geraden erfaßt werden, genügt es, eine Ebene $v_1, \cdots, v_4$ zu betrachten, die nicht durch die Gerade hindurchgeht, sie also nur in einem Punkte trifft, und sich zu überzeugen, daß bei passender Wahl von $\mathfrak{x}^1$ und $\mathfrak{x}^2$ auch

$$(v\,[\mathfrak{x}^1 x^1 + \mathfrak{x}^2 x^2]) = 0, \text{ d. h. } \mathfrak{x}^1 (v x^1) + \mathfrak{x}^2 (v x^2) = 0$$

erfüllt ist. Man braucht, um dies zu erreichen, nur $\mathfrak{x}^1 = (v x^2)$ und $\mathfrak{x}^2 = -(v x^1)$ zu setzen. Da $(v x^1)$ und $(v x^2)$ nicht beide verschwinden, so gilt dasselbe auch von $\mathfrak{x}^1$ und $\mathfrak{x}^2$. Sind nun x^1, x^2, x^3 drei Punkte einer Ebene u, die nicht in gerader Linie liegen, so kann man jeden Punkt dieser Ebene in der Form $\mathfrak{x}^1 x^1 + \mathfrak{x}^2 x^2 + \mathfrak{x}^3 x^3$ darstellen, also aus den Grundpunkten x^1, x^2, x^3 linear aufbauen. Diese Grundpunkte sind normiert. Man hat also bei jedem von ihnen unter den unendlich vielen proportionalen Koordinatenquadrupeln ein bestimmtes gewählt. Ist x ein beliebiger Punkt der Ebene, und legt man eine Gerade durch x und x^1, so trifft sie die Gerade $\overline{x^2 x^3}$ in einem Punkte $\lambda x^2 + \mu x^3$, der von x^1 verschieden ist, weil x^1, x^2, x^3 nicht in gerader Linie liegen. Daher läßt sich x in der Form $\alpha x^1 + \beta (\lambda x^2 + \mu x^3)$, d. h. in der Form $\mathfrak{x}^1 x^1 + \mathfrak{x}^2 x^2 + \mathfrak{x}^3 x^3$ darstellen. Daß jede lineare Verbindung aus x^1, x^2, x^3 einen Punkt der Ebene u gibt, erkennt man daran, daß aus $(u x^1) = 0$; $(u x^2) = 0$; $(u x^3) = 0$ folgt:

$$(u\,[\mathfrak{x}^1 x^1 + \mathfrak{x}^2 x^2 + \mathfrak{x}^3 x^3]) = 0.$$

Zwei Punkte: $x = \mathfrak{x}^1 x^1 + \mathfrak{x}^2 x^2 + \mathfrak{x}^3 x^3$ und $x_* = \mathfrak{x}_*^1 x^1 + \mathfrak{x}_*^2 x^2 + \mathfrak{x}_*^3 x^3$ fallen dann und nur dann zusammen, wenn $\mathfrak{x}^1$, $\mathfrak{x}^2$, $\mathfrak{x}^3$ zu $\mathfrak{x}_*^1$, $\mathfrak{x}_*^2$, $\mathfrak{x}_*^3$ proportional sind. Aus $x_* = \lambda x$ oder $(\mathfrak{x}_*^1 - \lambda \mathfrak{x}^1) x^1 + (\mathfrak{x}_*^2 - \lambda \mathfrak{x}^2) x^2 + (\mathfrak{x}_*^3 - \lambda \mathfrak{x}^3) x^3 = 0$ folgt nämlich, da x^1, x^2, x^3 nicht in gerader Linie liegen: $\mathfrak{x}_*^1 = \lambda \mathfrak{x}_*^1$; $\mathfrak{x}_*^2 = \lambda \mathfrak{x}^2$; $\mathfrak{x}_*^3 = \lambda \mathfrak{x}^3$. Man nennt $\mathfrak{x}^1$, $\mathfrak{x}^2$, $\mathfrak{x}^3$ *die homogenen Koordinaten* des Punktes $\mathfrak{x}^1 x^1 + \mathfrak{x}^2 x^2 + \mathfrak{x}^3 x^3$ in bezug auf die *normierten*

Grundpunkte x^1, x^2, x^3. Der Punkt $x^1 + x^2 + x^3$ wird als *Einheitspunkt* bezeichnet. Durch passende Normierung der Grundpunkte läßt sich der Einheitspunkt in jede Lage bringen, wobei aber die Geraden $\overline{x^2\,x^3}$, $\overline{x^3\,x^1}$, $\overline{x^1\,x^2}$ zu meiden sind. Schreibt man den Einheitspunkt vor, so ist damit zugleich die Normierung der Grundpunkte vollzogen. Ein gemeinsamer Faktor kann selbstverständlich überall noch angebracht werden.

Jede Gerade in der Ebene $x^1\,x^2\,x^3$ läßt sich durch eine Gleichung von der Form: $\mathfrak{u}^1\,\mathfrak{x}^1 + \mathfrak{u}^2\,\mathfrak{x}^2 + \mathfrak{u}^3\,\mathfrak{x}^3 = 0$ kennzeichnen. Man nennt die Koeffizienten u die *Koordinaten* dieser Geraden hinsichtlich des vorliegenden Bezugssystems, das aus den drei Grundpunkten und dem Einheitspunkt besteht. Um die obige Angabe zu bestätigen, bedenke man, daß jede Gerade der Ebene u als Schnitt dieser Ebene mit einer anderen Ebene v betrachtet werden kann. Die Gerade besteht also aus der Gesamtheit aller Punkte $\mathfrak{x}^1\,x^1 + \mathfrak{x}^2\,x^2 + \mathfrak{x}^3\,x^3$, die zugleich der Ebene v angehören, also die Gleichung $(v\,(\mathfrak{x}^1\,x^1 + \mathfrak{x}^2\,x^2 + \mathfrak{x}^3\,x^3)) = 0$ oder $(v\,x^1)\,\mathfrak{x}^1 + (v\,x^2)\,\mathfrak{x}^2 + (v\,x^3)\,\mathfrak{x}^3 = 0$ erfüllen. Man sieht, daß $(v\,x^1) = \mathfrak{u}^1$; $(v\,x^2) = \mathfrak{u}^2$; $(v\,x^3) = \mathfrak{u}^3$. Um zu erkennen, daß jede Gleichung $\mathfrak{u}^1\,\mathfrak{x}^1 + \mathfrak{u}^2\,\mathfrak{x}^2 + \mathfrak{u}^3\,\mathfrak{x}^3 = 0$ eine Gerade in der Ebene u bestimmt, bedenke man, daß zu $\mathfrak{u}^1$, $\mathfrak{u}^2$, $\mathfrak{u}^3$, wenn diese Größen nicht alle Null sind, eine zweireihige korrelative Matrix
$\left\|\begin{matrix}\mathfrak{a}^1 & \mathfrak{a}^2 & \mathfrak{a}^3\\ \mathfrak{b}^1 & \mathfrak{b}^2 & \mathfrak{b}^3\end{matrix}\right\|$ gehört und die Lösungen jener Gleichung mit den linearen Verbindungen der Zeilen dieser Matrix zusammenfallen. Die zugehörigen Punkte $\mathfrak{x}^1\,x^1 + \mathfrak{x}^2\,x^2 + \mathfrak{x}^3\,x^3$ bauen sich linear auf aus

$$a = \mathfrak{a}^1\,x^1 + \mathfrak{a}^2\,x^2 + \mathfrak{a}^3\,x^3 \quad \text{und} \quad b = \mathfrak{b}^1\,x^1 + \mathfrak{b}^2\,x^2 + \mathfrak{b}^3\,x^3,$$

bilden also eine Gerade.

§ 16. Allgemeine homogene Koordinaten im Raume

Wenn im Raume vier normierte Punkte x^1, x^2, x^3, x^4 vorliegen, die von keiner Ebene sämtlich aufgenommen werden, so läßt sich jeder Punkt x des Raumes in der Form

$$\mathfrak{x}^1\,x^1 + \mathfrak{x}^2\,x^2 + \mathfrak{x}^3\,x^3 + \mathfrak{x}^4\,x^4$$

darstellen. Legt man eine Gerade durch x und x^1, so trifft sie die Ebene $x^2\,x^3\,x^4$ in einem Punkte, der sich aus x^2, x^3, x^4 linear aufbaut. Aus diesem Punkte $\lambda\,x^2 + \mu\,x^3 + \nu\,x^4$ und aus x^1 läßt sich dann x als lineare Verbindung gewinnen, in der Form:

$$\alpha\,x + \beta\,(\lambda\,x^2 + \mu\,x^3 + \nu\,x^4) \quad \text{oder} \quad \mathfrak{x}^1\,x^1 + \mathfrak{x}^2\,x^2 + \mathfrak{x}^3\,x^3 + \mathfrak{x}^4\,x^4.$$

Wenn man umgekehrt mit vier Faktoren, die nicht alle gleich Null sind, diese Verbindung bildet, so kann niemals $\mathfrak{x}^1\,x^1 + \mathfrak{x}^2\,x^2 + \mathfrak{x}^3\,x^3 + \mathfrak{x}^4\,x^4 = 0$ sein, d. h. die vier Größen $\mathfrak{x}^1\,x_s^{\,1} + \mathfrak{x}^2\,x_s^{\,2} + \mathfrak{x}^3\,x_s^{\,3} + \mathfrak{x}^4\,x_s^{\,4}$; $(s = 1, 2, 3, 4)$ können nicht alle verschwinden. Wäre es so und z. B. $\mathfrak{x}^1 \neq 0$, so ließe sich x^1 linear aus x^2, x^3, x^4 aufbauen, läge also mit diesen drei Punkten in einer Ebene, was der Voraussetzung widerspricht.

Ist $x = \mathfrak{x}^1\,x^1 + \mathfrak{x}^2\,x^2 + \mathfrak{x}^3\,x^3 + \mathfrak{x}^4\,x^4$, so nennt man $\mathfrak{x}^1$, $\mathfrak{x}^2$, $\mathfrak{x}^3$, $\mathfrak{x}^4$ die *homogenen Koordinaten von x in bezug auf die normierten Grundpunkte* x^1, x^2, x^3, x^4. Der

Punkt $x^1 + x^2 + x^3 + x^4$ wird als *Einheitspunkt* bezeichnet. Durch passende Normierung der Grundpunkte kann er jede Lage außerhalb der Ebenen $x^2 x^3 x^4$, $x^1 x^3 x^4$, $x^1 x^2 x^4$, $x^1 x^2 x^3$ erhalten. Ist er gegeben, so ist damit zugleich die Normierung der Grundpunkte festgelegt.

Jede Ebene läßt sich durch eine Gleichung von der Form

$$\mathfrak{u}^1 \mathfrak{x}^1 + \mathfrak{u}^2 \mathfrak{x}^2 + \mathfrak{u}^3 \mathfrak{x}^3 + \mathfrak{u}^4 \mathfrak{x}^4 = 0$$

kennzeichnen. Die Koeffizienten $\mathfrak{u}$ nennt man die *Koordinaten* der Ebene hinsichtlich des vorliegenden Bezugssystems, das aus Grundpunkten und Einheitspunkt besteht. Sind u_1, u_2, u_3, u_4 die gewöhnlichen Koordinaten der betrachteten Ebene, so liegen diejenigen Punkte, $\mathfrak{x}^1 x^1 + \mathfrak{x}^2 x^2 + \mathfrak{x}^3 x^3 + \mathfrak{x}^4 x^4$ in der Ebene u, die den Gleichungen

$$(u\,(\mathfrak{x}^1 x^1 + \mathfrak{x}^2 x^2 + \mathfrak{x}^3 x^3 + \mathfrak{x}^4 x^4)) = 0 \text{ oder}$$
$$(u\,x^1)\,\mathfrak{x}^1 + (u\,x^2)\,\mathfrak{x}^2 + (u\,x^3)\,\mathfrak{x}^3 + (u\,x^4)\,\mathfrak{x}^4 = 0$$

genügen. Man sieht, daß $(u\,x^1) = \mathfrak{u}^1$; $(u\,x^2) = \mathfrak{u}^2$; $(u\,x^3) = \mathfrak{u}^3$; $(u\,x^4) = \mathfrak{u}^4$. Um zu erkennen, daß jede Gleichung $\mathfrak{u}^1 \mathfrak{x}^1 + \mathfrak{u}^2 \mathfrak{x}^2 + \mathfrak{u}^3 \mathfrak{x}^3 + \mathfrak{u}^4 \mathfrak{x}^4 = 0$ eine Ebene darstellt, bedenke man, daß zu $\mathfrak{u}^1, \mathfrak{u}^2, \mathfrak{u}^3, \mathfrak{u}^4$, wenn diese Größen nicht alle null sind, eine dreizeilige korrelative Matrix $\begin{Vmatrix} \mathfrak{a}^1 & \mathfrak{a}^2 & \mathfrak{a}^3 & \mathfrak{a}^4 \\ \mathfrak{b}^1 & \mathfrak{b}^2 & \mathfrak{b}^3 & \mathfrak{b}^4 \\ \mathfrak{c}^1 & \mathfrak{c}^2 & \mathfrak{c}^3 & \mathfrak{c}^4 \end{Vmatrix}$ gehört.

Die Lösungen jener Gleichungen sind nichts anderes als die linearen Verbindungen der Zeilen dieser Matrix. Die zugehörigen Punkte $\mathfrak{x}^1 x^1 + \mathfrak{x}^2 x^2 + \mathfrak{x}^3 x^3 + \mathfrak{x}^4 x^4$ sind linear aufgebaut aus

$$a = \mathfrak{a}^1 x^1 + \mathfrak{a}^2 x^2 + \mathfrak{a}^3 x^3 + \mathfrak{a}^4 x^4;$$
$$b = \mathfrak{b}^1 x^1 + \mathfrak{b}^2 x^2 + \mathfrak{b}^3 x^3 + \mathfrak{b}^4 x^4;$$
$$c = \mathfrak{c}^1 x^1 + \mathfrak{c}^2 x^2 + \mathfrak{c}^3 x^3 + \mathfrak{c}^4 x^4,$$

bilden also eine Ebene.

Zum Schluß wollen wir noch zeigen, daß auch den homogenen kartesischen Koordinaten ein aus vier normierten Punkten bestehendes Bezugssystem zugrunde liegt. Wir erinnern daran, daß die homogenen kartesischen Koordinaten x_1, x_2, x_3, x_4 eines gewöhnlichen Punktes proportional zu x, y, z, 1 sind, wobei x, y, z die rechtwinkligen Koordinaten des genannten Punktes bezeichnen. Bei einem Fernpunkt wird $x_4 = 0$, während x_1, x_2, x_3 die Koordinaten eines Vektors darstellen, der nach dem Fernpunkt gerichtet ist. Das Bezugssystem besteht hier aus den Punkten

$$1, 0, 0, 0; \quad 0, 1, 0, 0; \quad 0, 0, 1, 0; \quad 0, 0, 0, 1.$$

Die drei ersten sind in besonderer Normierung die Fernpunkte der Koordinatenachsen, der letzte ist der Anfangspunkt. Bildet man aus diesen Grundpunkten eine lineare Verbindung, indem man die Multiplikatoren x_1, x_2, x_3, x_4 verwendet, so ergibt sich: x_1, x_2, x_3, x_4. Setzt man $x_1, \cdots, x_4$ alle gleich 1, so entsteht der *Einheitspunkt*, der also nichts anderes ist. als der Punkt mit den inhomogenen Koordinaten 1, 1, 1.

§ 17. Einige Anwendungen

Die Punkte x^1, x^2, x^3, x^4 seien vier Punkte einer Ebene, die ein allgemeines Quadrupel bilden, so daß niemals drei von ihnen in einer geraden Linie liegen. In der linearen Relation, die zwischen diesen Punkten besteht, müssen auf Grund des letzterwähnten Umstands alle Koeffizienten ungleich Null sein. Man kann diese Faktoren in die Koordinaten der Punkte hineinziehen, d. h. diese Punkte so normieren, daß $x^1 + x^2 + x^3 + x^4 = 0$. Schreibt man die Relation in der Form: $x^2 + x^3 = - x^1 - x^4$, so steht links eine lineare Verbindung aus x^2, x^3, also ein Punkt der Geraden $\overline{P_2 P_3}$, rechts eine lineare Verbindung aus x^1, x^4, also ein Punkt der Geraden $\overline{P_1 P_4}$ (vgl. Abb. 7). Das Gleichheitszeichen drückt die Identität beider Punkte aus. Also handelt es sich um den Schnittpunkt x^I der Geraden $\overline{P_2 P_3}$ und $\overline{P_1 P_4}$, die ein Gegenseitenpaar des Vierecks $P_1 P_2 P_3 P_4$ bilden.

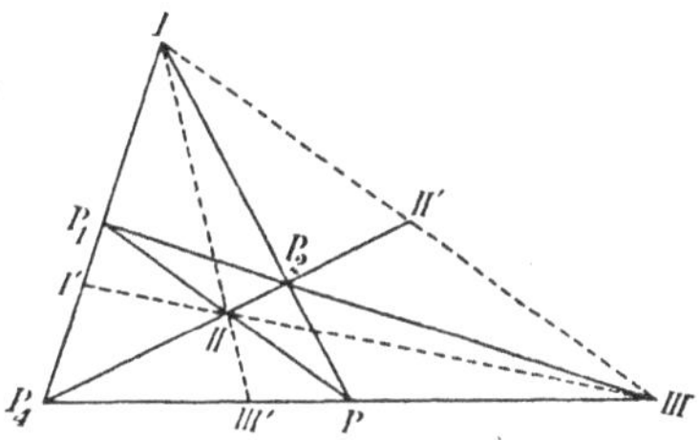

Abb. 7.

Entsprechend gilt: $x^1 + x^3 = - x^2 - x^4$ für den Schnittpunkt x^{II} der Gegenseiten $\overline{P_1 P_3}$ und $\overline{P_2 P_4}$ und $x^1 + x^2 = - x^3 - x^4$ für den Schnittpunkt x^{III} der Gegenseiten $\overline{P_1 P_2}$ und $\overline{P_3 P_4}$. Man nennt x^I, x^{II}, x^{III} die *Diagonalpunkte* des Vierecks $P_1 P_2 P_3 P_4$. Sie bilden das *Diagonaldreieck.* Daß $x^2 + x^3$; $x^1 + x^3$; $x^1 + x^2$ nicht in gerader Linie liegen, ist leicht zu erkennen.

Aus $\qquad \lambda (x^2 + x^3) + \mu (x^1 + x^3) + \nu (x^1 + x^2) = 0$

oder $\qquad (\mu + \nu) x^1 + (\lambda + \nu) x^2 + (\lambda + \mu) x^3 = 0$

müßte, da x^1, x^2, x^3 von keiner Geraden aufgenommen werden, $\mu + \nu = 0$; $\lambda + \nu = 0$; $\lambda + \mu = 0$ folgen, mithin $\lambda = 0$; $\mu = 0$; $\nu = 0$. Benutzt man $x^I = x^2 + x^3$; $x^{II} = x^1 + x^3$; $x^{III} = x^1 + x^2$ als normierte Grundpunkte, so fällt der Einheitspunkt mit $x^I + x^{II} + x^{III} = 2 x^1 + 2 x^2 + 2 x^3 = - 2 x^4$ zusammen, also mit der vierten Ecke des Vierecks $P_1 P_2 P_3 P_4$. Wenn die Diagonalpunkte und eine Ecke des Vierecks bekannt sind, z. B. die Ecke P_4, so kennt man bis auf einen gemeinsamen Faktor die Punkte x^I, x^{II}, x^{III}. Damit ist dann das ganze Viereck festgelegt. Dies läßt sich auf folgende Weise erkennen:

Aus $x^I + x^{II} + x^{III} = 2 x^1 + 2 x^2 + 2 x^3$ und $2 x^I = 2 x^2 + 2 x^3$ ergibt sich:

$$- x^I + x^{II} + x^{III} = 2 x^1.$$

Ebenso ist:

$$x^I - x^{II} + x^{III} = 2 x^2,$$

$$x^I + x^{II} - x^{III} = 2 x^3.$$

Schreibt man die erste Gleichung in der Form: $2 x^1 + x^I = x^{II} + x^{III}$, so sieht man, daß $2 x^1 + x^I$ der Schnittpunkt $x^{I'}$ der Geraden $\overline{P_1 I}$ oder $\overline{P_1 P_4}$ und $\overline{II\,III}$ ist. In Abb. 7 ist dieser Punkt mit I' bezeichnet.

Da $x^I = - x^1 - x^4$ und $x^{I'} = 2 x^1 + x^I = x^1 - x^4$, so erkennt man, daß die Punktepaare x^I, $x^{I'}$ und x^1, x^4 zueinander harmonisch liegen. Wenn man also außer den Diagonalpunkten noch eine Ecke des Vierecks kennt, z. B. die Ecke P_4, so sind die Ecken $P_1\, P_2\, P_3$ als harmonische Partner von P_4 in bezug auf die Punktepaare I, I'; II, II' und III, III' bestimmt.

Die obige Feststellung über die Punktepaare $P_1\, P_4$ und I, I' läßt sich so in Worte fassen: Je zwei Ecken des Vierecks werden durch einen Diagonalpunkt und die Verbindungslinie der beiden anderen Diagonalpunkte harmonisch getrennt. Hiermit ist eine einfache Konstruktion des vierten harmonischen Punktes gewonnen. Soll z. B. zu I und P_1, P_4 der vierte harmonische Punkt I' bestimmt werden, so kann man den Punkt III beliebig wählen, ebenso die Gerade $\overline{I\,P_2\,P_3}$, die $III\,P_1$ und $III\,P_4$ in P_2 und P_3 trifft. $P_4\,P_2$ und $P_1\,P_3$ schneiden einander dann in II. Ein Vorzug dieser Konstruktion liegt darin, daß sie als einziges Konstruktionsinstrument das Lineal beansprucht.

Als zweites Beispiel behandeln wir den Satz des Pappus. Wir betrachten ein Ebenenbüschel mit den beiden Grundebenen u^1 und u^2, d. h. alle Ebenen, die durch die Schnittlinie von u^1 und u^2, die *Achse* des Büschels, hindurchgehen. Jede Ebene u eines solchen Büschels läßt sich aus u^1 und u^2 linear zusammensetzen, also in der Form $u = \varrho u^1 + \sigma u^2$ darstellen. Nun seien x^1 und x^2 zwei Punkte in u^1 und u^2 außerhalb der Achse. Dann hat man bei geeigneter Normierung dieser Punkte:

$$(u^1\, x^1) = 0;\ (u^1\, x^2) = 1;\ (u^2\, x^1) = -1;\ (u^2\, x^2) = 0, \text{ mithin:}$$
$$([\varrho\, u^1 + \sigma\, u^2]\ [\varrho\, x^1 + \sigma\, x^2]) = 0.$$

Hieraus ersieht man, daß der Punkt $\varrho\, x^1 + \sigma\, x^2$ in der Ebene $\varrho\, u^1 + \sigma\, u^2$ liegt. Betrachtet man nun vier Ebenen des Büschels:

$$u = \varrho u^1 + \sigma u^2;\ u' = \varrho' u^1 + \sigma' u^2;\ u'' = \varrho'' u^1 + \sigma'' u^2;\ u''' = \varrho''' u^1 + \sigma''' u^2,$$

so schneiden sie die Gerade $x^1\, x^2$ in den Punkten

$$x = \varrho\, x^1 + \sigma\, x^2;\ x' = \varrho' x^1 + \sigma' x^2;\ x'' = \varrho'' x^1 + \sigma'' x^2;\ x''' = \varrho''' x^1 + \sigma''' x^2.$$

Diese Punkte haben, wie wir aus § 14 wissen, das Doppelverhältnis

$$(x x'\, x''\, x''') = \frac{(\varrho\, \sigma'' - \varrho''\, \sigma)\, (\varrho'\, \sigma''' - \varrho'''\, \sigma')}{(\varrho\, \sigma''' - \varrho'''\, \sigma)\, (\varrho'\, \sigma'' - \varrho''\, \sigma')}.$$

Es hängt, wie man sieht, nur von den vier Ebenen des Büschels ab, nicht aber davon, wie x^1 und x^2 in den Ebenen u^1 und u^2 gewählt sind. *Daher schneiden vier Ebenen eines Büschels jede Gerade nach demselben Doppelverhältnis* (Satz des Pappus). Die Gerade darf die Achse des Büschels nicht treffen. Dieses von der Wahl der Geraden unabhängige Doppelverhältnis kann man als das Doppelverhältnis des Ebenenquadrupels betrachten.

§ 18. Wechsel des Bezugssystems

Wenn man den Raum auf vier normierte Grundpunkte x^1, x^2, x^3, x^4 bezieht, die von keiner Ebene aufgenommen werden, so hat jeder Punkt x vier homogene Relativkoordinaten $\mathfrak{x}^1$, $\mathfrak{x}^2$, $\mathfrak{x}^3$, $\mathfrak{x}^4$. Wir sagen „Relativkoordinaten", um die Abhängigkeit vom Bezugssystem hervorzuheben. Diese Relativkoordinaten sind die Koeffizienten der Grundpunkte in der Formel:

$$x = \mathfrak{x}^1\, x^1 + \mathfrak{x}^2\, x^2 + \mathfrak{x}^3\, x^3 + \mathfrak{x}^4\, x^4 \qquad (25)$$

Wie ändern sich $\mathfrak{x}^1, \cdots, \mathfrak{x}^4$, wenn man zu einem andern Bezugssystem, d. h. zu vier neuen normierten Grundpunkten $x_*{}^1, \cdots, x_*{}^4$ übergeht? Betrachtet man die neuen Grundpunkte vom alten Bezugssystem aus, so gelten folgende Darstellungen:

$$x_*{}^r = \mathfrak{a}_r{}^1 x^1 + \mathfrak{a}_r{}^2 x^2 + \mathfrak{a}_r{}^3 x^3 + \mathfrak{a}_r{}^4 x^4; \ (r = 1, \cdots, 4).$$

Setzt man diese Ausdrücke in

$x = \sum\limits_r \mathfrak{x}_*{}^r x_*{}^r$ ein und ordnet nach $x^1, \cdots, x^4$, so ergibt sich:

$$x = (\Sigma\, \mathfrak{a}_r{}^1 \mathfrak{x}_*{}^r)\, x^1 + (\Sigma\, \mathfrak{a}_r{}^2 \mathfrak{x}_*{}^r)\, x^2 + (\Sigma\, \mathfrak{a}_r{}^3 \mathfrak{x}_*{}^r)\, x^3 + (\Sigma\, \mathfrak{a}_r{}^4 \mathfrak{x}_*{}^r)\, x^4.$$

Vergleicht man dies mit (25), so findet man folgende Antwort auf die gestellte Frage:

$$\mathfrak{x}^1 = \Sigma\, \mathfrak{a}_r{}^1 \mathfrak{x}_*{}^r; \ \mathfrak{x}^2 = \Sigma\, \mathfrak{a}_r{}^2 \mathfrak{x}_*{}^r; \ \mathfrak{x}^3 = \Sigma\, \mathfrak{a}_r{}^3 \mathfrak{x}_*{}^r; \ \mathfrak{x}^4 = \Sigma\, \mathfrak{a}_r{}^4 \mathfrak{x}_*{}^r \qquad (26)$$

Die Determinante der $\mathfrak{a}_r{}^s$ kann nicht verschwinden. Wäre sie nämlich gleich Null, dann gäbe es eine Gleichung $\sum\limits_s \mathfrak{u}^s \mathfrak{x}^s = 0$, die von den Relativkoordinaten der neuen Grundpunkte erfüllt wird. Diese lägen also in einer Ebene, was nicht sein darf.

Man nennt (26) eine *lineare Transformation* und kann also sagen, *daß sich bei Abänderung des Bezugssystems die Relativkoordinaten linear transformieren.* Umgekehrt läßt sich jede lineare Transformation mit nicht verschwindender Determinante als Auswirkung einer Neuwahl des Bezugssystems ansehen.

Während wir hier den Punkt x von zwei verschiedenen Bezugssystemen aus betrachtet haben, kann man die lineare Transformation (26) noch auf eine zweite, ebenso wichtige Art deuten. Man betrachtet zwei Punkte, die in beiden Bezugssystemen dieselben Relativkoordinaten $\mathfrak{x}_*{}^1, \cdots, \mathfrak{x}_*{}^4$ haben, also die Punkte

$$\mathfrak{x}_*{}^1 x^1 + \cdots + \mathfrak{x}_*{}^4 x^4 \text{ und } \mathfrak{x}_*{}^1 x_*{}^1 + \cdots + \mathfrak{x}_*{}^4 x_*{}^4.$$

Dann besteht, vom Bezugssystem $x^1, \cdots, x^4$ aus betrachtet, zwischen diesen Punkten die Beziehung (26). Man bezeichnet solche auf übereinstimmende Relativkoordinaten gegründete Zuordnungen als *projektive Abbildungen* oder *Projektivitäten.* Grundpunkte und Einheitspunkt haben immer die Relativkoordinaten

$$\begin{matrix} 1 & 0 & 0 & 0 \\ 0 & 1 & 0 & 0 \\ 0 & 0 & 1 & 0 \\ 0 & 0 & 0 & 1 \\ 1 & 1 & 1 & 1 \end{matrix}.$$

Daher muß bei einer projektiven Abbildung dem r-ten Grundpunkt der r-te Grundpunkt entsprechen ($r = 1, \cdots, 4$), und dem Einheitspunkt der Einheitspunkt. Man hat also bei der Herstellung einer projektiven Abbildung die Möglichkeit, fünf Zuordnungen vorzuschreiben.

Drücken sich x_* und x übereinstimmend durch die normierten Grundpunkte beider Bezugssysteme aus, ebenso y_* und y, so besteht dieselbe Beziehung zwischen $\lambda\, x_* + \mu\, y_*$ und $\lambda\, x + \mu\, y$. Hieraus erkennt man, daß bei einer

Projektivität jeder Geraden stets eine Gerade entspricht und dabei entsprechende Punktquadrupel auf zwei solchen Geraden übereinstimmende Doppelverhältnisse haben, weil sich diese durch die λ, μ-Werte ausdrücken, die in beiden Fällen dieselben sind. Weil die Geraden einander entsprechen, nennt man die Projektivitäten auch *Kollineationen.* Drücken sich auch z_* und z übereinstimmend durch die normierten Grundpunkte aus, so gilt dasselbe von $\lambda x_* + \mu y_* + \nu z_*$ und $\lambda x + \mu y + \nu z$. Es entspricht also bei einer Projektivität jeder Ebene eine Ebene. Man kann dies auch an Hand der Gleichung (26) erkennen. Faßt man sie mit Hilfe der Faktoren $\mathfrak{u}^1, \cdots, \mathfrak{u}^4$ zusammen, so ergibt sich:

$$\sum_s \mathfrak{u}^s \mathfrak{x}^s = \sum_{r,s} \mathfrak{a}_r{}^s \mathfrak{u}^s \mathfrak{x}_*{}^r.$$

Setzt man die letzte Summe gleich $\Sigma\, \mathfrak{u}_*{}^r \mathfrak{x}_*{}^r$, so sieht man, daß aus $\Sigma\, \mathfrak{u}^s \mathfrak{x}^s = 0$ folgt: $\Sigma\, \mathfrak{u}_*{}^s \mathfrak{x}_*{}^s = 0$, also der Ebene $\mathfrak{u}$ die Ebene $\mathfrak{u}_*$ entspricht, wobei

$$\mathfrak{u}_*{}^1 = \Sigma\, \mathfrak{a}_1{}^s \mathfrak{u}^s;\ \mathfrak{u}_*{}^2 = \Sigma\, \mathfrak{a}_2{}^s \mathfrak{u}^s;\ \mathfrak{u}_*{}^3 = \Sigma\, \mathfrak{a}_3{}^s \mathfrak{u}^s;\ \mathfrak{u}_*{}^4 = \Sigma\, \mathfrak{a}_4{}^s \mathfrak{u}^s \qquad (27)$$

Achtet man auf die Koeffizienten in (26) und (27), so sieht man, daß $\mathfrak{a}_r{}^s$ durch $\mathfrak{a}_s{}^r$ ersetzt ist. An die Stelle von $\mathfrak{x}$ und $\mathfrak{x}_*$ sind $\mathfrak{u}_*$ und $\mathfrak{u}$ getreten. Die Beziehung zwischen beiden linearen Transformationen läßt sich am einfachsten dadurch kennzeichnen, daß

$$\mathfrak{u}^1 \mathfrak{x}^1 + \cdots + \mathfrak{u}^4 \mathfrak{x}^4 = \mathfrak{u}_*{}^1 \mathfrak{x}_*{}^1 + \cdots + \mathfrak{u}_*{}^4 \mathfrak{x}_*{}^4.$$

Zwei solche Transformationen heißen zueinander *dualistisch.*

Die Gleichungen (26) und (27) sind im Grunde nur verschiedene Ausdrücke für dieselbe Abbildung im Raum. Einmal wird gesagt, wie die Punkte, das andere Mal, wie die Ebenen einander entsprechen. Da jede Ebene durch drei in ihr liegende Punkte, jeder Punkt durch drei in ihm enthaltene Ebenen bestimmt ist, kann man stets die eine Aussage aus der anderen herausziehen.

§ 19. Volumprodukt dreier Vektoren

In einem rechtwinkligen Achsensystem mit dem Anfangspunkt O betrachten wir drei Vektoren $\overline{OP_1}, \overline{OP_2}, \overline{OP_3}$ (Abb. 8). Ihre Koordinaten seien x_1, y_1, z_1; x_2, y_2, z_2; x_3, y_3, z_3. Sie sind zugleich die Koordinaten der Punkte P_1, P_2, P_3. Wir bezeichnen die drei Vektoren kurz mit $\mathfrak{V}_1, \mathfrak{V}_2, \mathfrak{V}_3$. Man ergänze $\overline{OP_1}, \overline{OP_2}, \overline{OP_3}$ zu einem *Parallelepiped* oder *Klotz,* wie man neuerdings sagt. Das Volum dieses Klotzes, versehen mit einem noch festzulegenden Zeichen, nennt man das *Volumprodukt* von $\mathfrak{V}_1, \mathfrak{V}_2, \mathfrak{V}_3$ und schreibt dafür

$$[\mathfrak{V}_1\, \mathfrak{V}_2\, \mathfrak{V}_3].$$

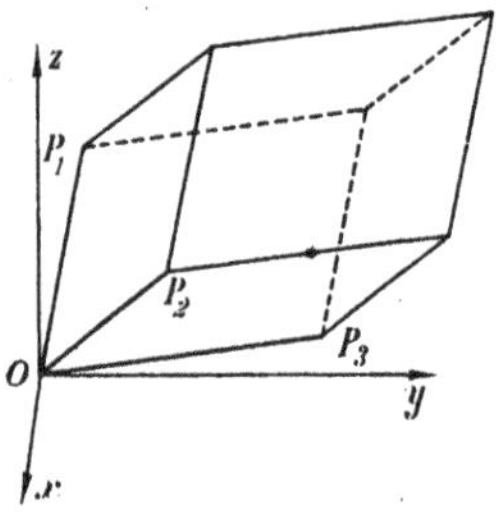

Abb. 8.

Das Vorzeichen ist $+$ oder $-$, je nachdem $\mathfrak{V}_1, \mathfrak{V}_2, \mathfrak{V}_3$ ein *Rechts-* oder ein *Linkstripel* bilden. Ein Rechtstripel liegt vor, wenn der „personifizierte" Vektor $\overline{OP_1}$ (Füße in O, Kopf in P_1) den Vektor $\overline{OP_2}$ rechts von $\overline{OP_3}$ sieht. Sieht er $\overline{OP_2}$ links von $\overline{OP_3}$, liegt ein Linkstripel vor. Bei einem breitbeinig sitzenden Menschen bilden Oberkörper, rechtes Bein linkes Bein ein Rechtstripel.

Wenn man in dem Tripel $\mathfrak{B}_1, \mathfrak{B}_2, \mathfrak{B}_3$ einen Vektor abändert, z. B. $\mathfrak{B}_1 = \overline{OP_1}$ durch $\mathfrak{B}_1 = \overline{OP_1'}$ ersetzt, so verhalten sich $[\mathfrak{B}_1 \mathfrak{B}_2 \mathfrak{B}_3]$ und $[\mathfrak{B}_1' \mathfrak{B}_2 \mathfrak{B}_3]$ zueinander wie die Abstände der Punkte P_1, P_1' von der Ebene OP_2P_3, wobei die Abstände auf der einen Seite der Ebene positiv, auf der anderen negativ zu rechnen sind. Je nachdem $\overline{OP_1}$ und $\overline{OP_1'}$ auf derselben Seite oder auf verschiedenen Seiten von OP_2P_3 liegen, stellen nämlich $\mathfrak{B}_1, \mathfrak{B}_2, \mathfrak{B}_3$ und $\mathfrak{B}_1', \mathfrak{B}_2, \mathfrak{B}_3$ Tripel von gleichem oder von verschiedenem Charakter dar. Da nun

$$\begin{vmatrix} x & y & z \\ x_2 & y_2 & z_2 \\ x_3 & y_3 & z_3 \end{vmatrix} = 0$$

die Ebene OP_2P_3 kennzeichnet, weil offenbar O, P_2, P_3 diese lineare Gleichung erfüllen, so gilt hier die Proportion:

$$[\mathfrak{B}_1' \mathfrak{B}_2 \mathfrak{B}_3] : [\mathfrak{B}_1 \mathfrak{B}_2 \mathfrak{B}_3] = \begin{vmatrix} x_1' & y_1' & z_1' \\ x_2 & y_2 & z_2 \\ x_3 & y_3 & z_3 \end{vmatrix} : \begin{vmatrix} x_1 & y_1 & z_1 \\ x_2 & y_2 & z_2 \\ x_3 & y_3 & z_3 \end{vmatrix}.$$

Es ist uns von früher (vgl. § 13) bekannt, wie man den Abstand eines Punktes von einer Ebene berechnet. Die Ebenengleichung mußte durch einen Faktor so umgeformt werden, daß die Koeffizienten von x, y, z die Quadratsumme 1 erhielten. Werden die Abstände *zweier* Punkte von derselben Ebene in Proportion gebracht, so fällt dieser Faktor wieder heraus. Man braucht also gar keine vorbereitende Umformung und hat nur die Koordinaten der betrachteten Punkte in die linke Seite der Ebenengleichung einzusetzen. Lautet diese: $Ax + By + Cz + D = 0$, so ist:

$$(Ax_1' + By_1' + Cz_1' + D) / (Ax_1 + By_1 + Cz_1 + D)$$

das Abstandsverhältnis der Punkte x_1, y_1, z_1 und x_1' y_1', z_1' von der betrachteten Ebene, und zwar positiv oder negativ gerechnet, je nachdem die Punkte auf derselben Seite oder auf verschiedenen Seiten der Ebene liegen.

Eine ähnliche Proportion gilt, wenn wir den zweiten oder den dritten Vektor des Tripels abändern. Immer verhalten sich die Volumenprodukte wie die *Koordinatendeterminanten*. Da wir nun von $\mathfrak{B}_1, \mathfrak{B}_2, \mathfrak{B}_3$ über $\mathfrak{B}_1' \mathfrak{B}_2 \mathfrak{B}_3$ und $\mathfrak{B}_1', \mathfrak{B}_2', \mathfrak{B}_3$ zu $\mathfrak{B}_1', \mathfrak{B}_2', \mathfrak{B}_3'$ gelangen können, so ist:

$$[\mathfrak{B}_1' \mathfrak{B}_2' \mathfrak{B}_3'] : [\mathfrak{B}_1 \mathfrak{B}_2 \mathfrak{B}_3] = \begin{vmatrix} x_1' & y_1' & z_1' \\ x_2' & y_2' & z_2' \\ x_3' & y_3' & z_3' \end{vmatrix} : \begin{vmatrix} x_1 & y_1 & z_1 \\ x_2 & y_2 & z_2 \\ x_3 & y_3 & z_3 \end{vmatrix} \qquad (28)$$

Wir wählen die Achsenrichtungen immer so, daß die positiven Halbachsen $\overline{Ox}, \overline{Oy}, \overline{Oz}$ ein Rechtstripel bilden. Sind $\overline{OI}, \overline{OJ}, \overline{OK}$ *Einheitsvektoren* auf diesen Halbachsen, d. h. Vektoren von der Länge 1, so stellen diese Vektoren, die man gewöhnlich mit $\mathfrak{i}$, $\mathfrak{j}$, $\mathfrak{k}$ bezeichnet und *Grundvektoren* nennt, ein Rechtstripel dar. Sie geben das Volumprodukt $[\mathfrak{i}\,\mathfrak{j}\,\mathfrak{k}] = 1$ und auch die Koordinatendeterminante 1, da $\begin{vmatrix} 1 & 0 & 0 \\ 0 & 1 & 0 \\ 0 & 0 & 1 \end{vmatrix} = 1$. Ersetzt man nun in der Proportion (28) die Vektoren $\mathfrak{V}_1'$, $\mathfrak{V}_2'$, $\mathfrak{V}_3'$ durch die Grundvektoren $\mathfrak{i}, \mathfrak{j}, \mathfrak{k}$, so ergibt sich:

$$[\mathfrak{V}_1\, \mathfrak{V}_2\, \mathfrak{V}_3] = \begin{vmatrix} x_1 & y_1 & z_1 \\ x_2 & y_2 & z_2 \\ x_3 & y_3 & z_3 \end{vmatrix}.$$

Das *Volumprodukt* ist also *gleich der Koordinatendeterminante.* Hiermit haben wir eine geometrische Deutung der dreireihigen Determinante gewonnen. Faktorensatz, Vertauschungssatz und Zerlegungssatz der Determinanten liefern uns folgende Aussagen über das Volumprodukt: Multipliziert man einen der beteiligten Vektoren mit k, so erhält das Volumprodukt den Faktor k.

Vertauscht man zwei Vektoren, so bedeutet das ein Multiplizieren mit -1. Ist

einer der Vektoren eine Summe, z. B. $\mathfrak{V}_1 = \mathfrak{A} + \mathfrak{B}$, so ist $[\mathfrak{V}_1\, \mathfrak{V}_2\, \mathfrak{V}_3]$ zerlegbar in $[\mathfrak{A}\, \mathfrak{V}_2\, \mathfrak{V}_3] + [\mathfrak{B}\, \mathfrak{V}_2\, \mathfrak{V}_3]$. Man kann diese Eigenschaften auch durch geometrische Überlegungen herausarbeiten. Die Multiplikation eines Vektors mit einer positiven Zahl m ist gleichbedeutend damit, daß man, ohne die Richtung zu ändern, die Länge des Vektors mit m multipliziert. Soll der Vektor den negativen Faktor $-m$ erhalten, so wird er zuerst auf die $m$fache Länge gebracht und in die entgegengesetzte Richtung gedreht. Die Multiplikation eines Vektors mit einer Zahl k wirkt sich in seinen Koordinaten so aus, daß sie alle den Faktor k erhalten.

Das Verschwinden des Volumproduktes $[\mathfrak{V}_1\, \mathfrak{V}_2\, \mathfrak{V}_3]$ bedeutet, daß die Vektoren $\overline{OP_1}, \overline{OP_2}, \overline{OP_3}$ in einer Ebene liegen (*Komplanarität*). Dies folgt aus der geometrischen Bedeutung des Volumprodukts.

Vom Volumprodukt aus kann man sehr bequem den Multiplikationssatz der Determinanten gewinnen. Es sei:

$$\begin{aligned} \mathfrak{U}_1 &= a_1{}^1\, \mathfrak{V}_1 + a_2{}^1\, \mathfrak{V}_2 + a_3{}^1\, \mathfrak{V}_3; \\ \mathfrak{U}_2 &= a_1{}^2\, \mathfrak{V}_1 + a_2{}^2\, \mathfrak{V}_2 + a_3{}^2\, \mathfrak{V}_3; \\ \mathfrak{U}_3 &= a_1{}^3\, \mathfrak{V}_1 + a_2{}^3\, \mathfrak{V}_2 + a_3{}^3\, \mathfrak{V}_3 \end{aligned}$$

und

$$\begin{aligned} \mathfrak{V}_1 &= b_1{}^1\, \mathfrak{W}_1 + b_2{}^1\, \mathfrak{W}_2 + b_3{}^1\, \mathfrak{W}_3; \\ \mathfrak{V}_2 &= b_1{}^2\, \mathfrak{W}_1 + b_2{}^2\, \mathfrak{W}_2 + b_3{}^2\, \mathfrak{W}_3; \\ \mathfrak{V}_3 &= b_1{}^3\, \mathfrak{W}_1 + b_2{}^3\, \mathfrak{W}_2 + b_3{}^3\, \mathfrak{W}_3. \end{aligned}$$

Setzt man in $\mathfrak{U}_r = \sum\limits_s a_s{}^r\, \mathfrak{V}_s$ ein: $\mathfrak{V}_s = \sum\limits_t b_t{}^s\, \mathfrak{W}_t$, so ergibt sich:

$$\mathfrak{U}_r = \sum_{s,\,t} a_s{}^r\, b_t{}^s\, \mathfrak{W}_t \quad \text{oder:}$$

$$\begin{aligned} \mathfrak{U}_1 &= c_1{}^1\, \mathfrak{W}_1 + c_2{}^1\, \mathfrak{W}_2 + c_3{}^1\, \mathfrak{W}_3; \\ \mathfrak{U}_2 &= c_1{}^2\, \mathfrak{W}_1 + c_2{}^2\, \mathfrak{W}_2 + c_3{}^2\, \mathfrak{W}_3; \\ \mathfrak{U}_3 &= c_1{}^3\, \mathfrak{W}_1 + c_2{}^3\, \mathfrak{W}_2 + c_3{}^3\, \mathfrak{W}_3, \text{ wobei} \\ & a_1{}^r\, b_t{}^1 + a_2{}^r\, b_t{}^2 + a_3{}^r\, b_t{}^3 = c_t{}^r \end{aligned} \qquad (29)$$

Nach den oben festgestellten Eigenschaften der Volumprodukte hat man nun:

$$[\mathfrak{U}_1 \mathfrak{U}_2 \mathfrak{U}_3] = \Sigma a^1_{s_1} a^2_{s_2} a^3_{s_3} [\mathfrak{V}_{s_1} \mathfrak{V}_{s_2} \mathfrak{V}_{s_3}].$$

Bei der Summation durchläuft $s_1 s_2 s_3$ alle Permutationen von 1, 2, 3. Sobald nämlich in $[\mathfrak{V}_{s_1} \mathfrak{V}_{s_2} \mathfrak{V}_{s_3}]$ zwei Vektoren zusammenfallen, verschwindet dieses Volumprodukt. Nach dem Vertauschungssatz kann man nun schreiben:

$$[\mathfrak{V}_{s_1} \mathfrak{V}_{s_2} \mathfrak{V}_{s_3}] = \frac{[s_1 s_2 s_3]}{[1\,2\,3]} [\mathfrak{V}_1 \mathfrak{V}_2 \mathfrak{V}_3].$$

Demnach ergibt sich:

$$[\mathfrak{U}_1 \mathfrak{U}_2 \mathfrak{U}_3] = [\mathfrak{V}_1 \mathfrak{V}_2 \mathfrak{V}_3] \Sigma \frac{[s_1 s_2 s_3]}{[1\,2\,3]} a^1_{s_1} a^2_{s_2} a^3_{s_3},$$

also:

$$[\mathfrak{U}_1 \mathfrak{U}_2 \mathfrak{U}_3] = [\mathfrak{V}_1 \mathfrak{V}_2 \mathfrak{V}_3] \begin{vmatrix} a_1^1 & a_2^1 & a_3^1 \\ a_1^2 & a_2^2 & a_3^2 \\ a_1^3 & a_2^3 & a_3^3 \end{vmatrix},$$

und aus demselben Grunde:

$$[\mathfrak{V}_1 \mathfrak{V}_2 \mathfrak{V}_3] = [\mathfrak{W}_1 \mathfrak{W}_2 \mathfrak{W}_3] \begin{vmatrix} b_1^1 & b_2^1 & b_3^1 \\ b_1^2 & b_2^2 & b_3^2 \\ b_1^3 & b_2^3 & b_3^3 \end{vmatrix}$$

und

$$[\mathfrak{U}_1 \mathfrak{U}_2 \mathfrak{U}_3] = [\mathfrak{W}_1 \mathfrak{W}_2 \mathfrak{W}_3] \begin{vmatrix} c_1^1 & c_2^1 & c_3^1 \\ c_1^2 & c_2^2 & c_3^2 \\ c_1^3 & c_2^3 & c_3^3 \end{vmatrix}.$$

Hieraus folgt:

$$\begin{vmatrix} c_1^1 & c_2^1 & c_3^1 \\ c_1^2 & c_2^2 & c_3^2 \\ c_1^3 & c_2^3 & c_3^3 \end{vmatrix} = \begin{vmatrix} a_1^1 & a_2^1 & a_3^1 \\ a_1^2 & a_2^2 & a_3^2 \\ a_1^3 & a_2^3 & a_3^3 \end{vmatrix} \cdot \begin{vmatrix} b_1^1 & b_2^1 & b_3^1 \\ b_1^2 & b_2^2 & b_3^2 \\ b_1^3 & b_2^3 & b_3^3 \end{vmatrix}.$$

Nach (29) ist c_t^r das Produkt aus der r-ten Zeile der a-Determinante mit der t-ten Spalte der b-Determinante.

§ 20. Äußeres Produkt zweier Vektoren

Wenn man die Koordinatendeterminante der drei Vektoren $\mathfrak{V}_1, \mathfrak{V}_2, \mathfrak{V}_3$ nach der Zeile x_3, y_3, z_3 entwickelt, so erscheint $[\mathfrak{V}_1 \mathfrak{V}_2 \mathfrak{V}_3]$ in der Form:

$$(y_1 z_2 - z_1 y_2)\, x_3 + (z_1 x_2 - x_1 z_2)\, y_3 + (x_1 y_2 - y_1 x_2)\, z_3 \tag{30}$$

Dies ist das innere Produkt des Vektors $\mathfrak{V}_3$ und eines Vektors mit den Koordinaten $y_1 z_2 - z_1 y_2$; $z_1 x_2 - x_1 z_2$; $x_1 y_2 - y_1 x_2$, den man mit Hilfe der Grundvektoren in folgender Weise schreiben kann:

$$(y_1 z_2 - z_1 y_2)\, \mathfrak{i} + (z_1 x_2 - x_1 z_2)\, \mathfrak{j} + (x_1 y_2 - y_1 x_2)\, \mathfrak{k} \tag{31}$$

Vergleicht man (30) und (31), so sieht man, daß der Vektor (31) nichts anderes ist als die Determinante

$$\begin{vmatrix} x_1 & y_1 & z_1 \\ x_2 & y_2 & z_2 \\ \mathfrak{i} & \mathfrak{j} & \mathfrak{k} \end{vmatrix} \tag{32}$$

Man nennt diesen Vektor das *äußere Produkt* von $\mathfrak{B}_1$ und $\mathfrak{B}_2$ und gebraucht dafür das Symbol

$$\mathfrak{B}_1 \times \mathfrak{B}_2 \text{ („}\mathfrak{B}_1 \text{ Kreuz } \mathfrak{B}_2\text{“).}$$

Während das innere Produkt $\mathfrak{B}_1 \cdot \mathfrak{B}_2 = x_1 x_2 + y_1 y_2 + z_1 z_2$ *kommutativ* ist, schlägt beim äußeren Produkt das Zeichen um, sobald man die beiden Vektoren auswechselt, weil in der Determinante (32) zwei Zeilen vertauscht werden. Nach Einführung des äußeren Produktes kann man das Volumprodukt in folgender Form ausdrücken:

$$[\mathfrak{B}_1 \mathfrak{B}_2 \mathfrak{B}_3] = (\mathfrak{B}_1 \times \mathfrak{B}_2) \cdot \mathfrak{B}_3.$$

Entwickelt man die Koordinatendeterminante nach der ersten Zeile, so ergibt sich für $[\mathfrak{B}_1 \mathfrak{B}_2 \mathfrak{B}_3]$ der Ausdruck $(\mathfrak{B}_2 \times \mathfrak{B}_3) \cdot \mathfrak{B}_1$, entwickelt man nach der zweiten Zeile, so ergibt sich $(\mathfrak{B}_3 \times \mathfrak{B}_1) \cdot \mathfrak{B}_2$. Man kann auch aus der geometrischen Bedeutung des Volumprodukts erkennen, daß es bei *zyklischer Vertauschung der beteiligten Vektoren ungeändert bleibt.* Da $[\mathfrak{B}_1 \mathfrak{B}_2 \mathfrak{B}_3]$ in Null übergeht, wenn wir $\mathfrak{B}_3$ durch $\mathfrak{B}_1$ oder durch $\mathfrak{B}_2$ ersetzen, so ist:

$$(\mathfrak{B}_1 \times \mathfrak{B}_2) \cdot \mathfrak{B}_1 = 0; \quad (\mathfrak{B}_1 \times \mathfrak{B}_2) \cdot \mathfrak{B}_2 = 0.$$

Diese Relationen besagen, daß der Vektor $\mathfrak{B}_1 \times \mathfrak{B}_2$ auf $\mathfrak{B}_1$ und $\mathfrak{B}_2$ senkrecht steht. Ist also $\mathfrak{N}$ ein zu $\mathfrak{B}_1$ und $\mathfrak{B}_2$ senkrechter Einheitsfaktor, so hat $\mathfrak{B}_1 \times \mathfrak{B}_2$ die Form $p\,\mathfrak{N}$, wobei der Zahlenfaktor p die positive oder negative Länge von $\mathfrak{B}_1 \times \mathfrak{B}_2$ darstellt, je nachdem $\mathfrak{N}$ mit $\mathfrak{B}_1 \times \mathfrak{B}_2$ gleich oder entgegengesetzt gerichtet ist. Es wird nun:

$$[\mathfrak{B}_1 \mathfrak{B}_2 \mathfrak{N}] = (\mathfrak{B}_1 \times \mathfrak{B}_2) \cdot \mathfrak{N} = p\,\mathfrak{N} \cdot \mathfrak{N} = p,$$

weil $\mathfrak{N} \cdot \mathfrak{N} = 1$. Hieraus geht hervor, daß p der positive Inhalt des durch $\mathfrak{B}_1$ und $\mathfrak{B}_2$ bestimmten Parallelogramms ist, wenn wir $\mathfrak{N}$ so wählen, daß $\mathfrak{B}_1, \mathfrak{B}_2, \mathfrak{N}$ ein Rechtstripel bilden. Da sich $\mathfrak{B}_1 \times \mathfrak{B}_2$ von $\mathfrak{N}$ um den positiven Faktor p unterscheidet, so bilden auch $\mathfrak{B}_1$, $\mathfrak{B}_2$ und $\mathfrak{B}_1 \times \mathfrak{B}_2$ ein Rechtstripel. Außerdem ist die Länge von $\mathfrak{B}_1 \times \mathfrak{B}_2$ zahlenmäßig dem Inhalt des aus $\mathfrak{B}_1$ und $\mathfrak{B}_2$ gebildeten Parallelogramms gleich. Man muß sich diese Vektoren von demselben Ursprung ausgehend denken ($\mathfrak{B}_1 = \overline{OP_1}$, $\mathfrak{B}_2 = \overline{OP_2}$). Damit haben wir die geometrische Bedeutung von $\mathfrak{B}_1 \times \mathfrak{B}_2$ vollkommen klargestellt. Offenbar ist $\mathfrak{B}_1 \times \mathfrak{B}_2$ dann und nur dann gleich Null, wenn das aus $\overline{OP_1}, \overline{OP_2}$ gebildete Parallelogramm verschwindet, d. h. wenn $\overline{OP_1}, \overline{OP_2}$ auf einer Geraden liegen. Parallele Vektoren geben also ein verschwindendes äußeres Produkt. Insbesondere ist $\mathfrak{B} \times \mathfrak{B} = 0$. Unsere Kenntnisse aus der Determinantentheorie ermöglichen uns folgende Feststellung: $(\mathfrak{B}_1 + \mathfrak{B}_1') \times \mathfrak{B}_2 = (\mathfrak{B}_1 \times \mathfrak{B}_2) + (\mathfrak{B}_1' \times \mathfrak{B}_2)$. Das innere Produkt aus

$$\mathfrak{B}_1 \times \mathfrak{B}_2 = \begin{vmatrix} x_1 & y_1 & z_1 \\ x_2 & y_2 & z_2 \\ \mathfrak{i} & \mathfrak{j} & \mathfrak{k} \end{vmatrix} \quad \text{und} \quad \mathfrak{B}_1' \times \mathfrak{B}_2' \begin{vmatrix} x_1' & y_1' & z_1' \\ x_2' & y_2' & z_2' \\ \mathfrak{i} & \mathfrak{j} & \mathfrak{k} \end{vmatrix}$$

lautet: $\begin{vmatrix} y_1 & z_1 \\ y_2 & z_2 \end{vmatrix} \begin{vmatrix} y_1' & z_1' \\ y_2' & z_2' \end{vmatrix} + \begin{vmatrix} x_1 & z_1 \\ x_2 & z_2 \end{vmatrix} \begin{vmatrix} x_1' & z_1' \\ x_2' & z_2' \end{vmatrix} + \begin{vmatrix} y_1 & z_1 \\ y_2 & z_2 \end{vmatrix} \begin{vmatrix} y_1' & z_1' \\ y_2' & z_2' \end{vmatrix}.$

Dieser Ausdruck ist aber nach Lagranges Matrizensatz gleich der Determinante $\begin{vmatrix} \mathfrak{V}_1 \cdot \mathfrak{V}_1', & \mathfrak{V}_1 \cdot \mathfrak{V}_2' \\ \mathfrak{V}_2 \cdot \mathfrak{V}_1', & \mathfrak{V}_2 \cdot \mathfrak{V}_2' \end{vmatrix}$, also gilt die Formel:

$$(\mathfrak{V}_1 \times \mathfrak{V}_2) \cdot (\mathfrak{V}_1' \times \mathfrak{V}_2') = \begin{vmatrix} \mathfrak{V}_1 \cdot \mathfrak{V}_1', & \mathfrak{V}_1 \cdot \mathfrak{V}_2' \\ \mathfrak{V}_2 \cdot \mathfrak{V}_1', & \mathfrak{V}_2 \cdot \mathfrak{V}_2' \end{vmatrix},$$

die nichts anderes ist als der Lagrangesche Satz in Vektorsymbolik. Das innere Produkt aus $\mathfrak{V}_1 \times \mathfrak{V}_2$ und $\mathfrak{V}_3 \times \mathfrak{V}_4$, also das Volumprodukt $[(\mathfrak{V}_1 \times \mathfrak{V}_2), \mathfrak{V}_3, \mathfrak{V}_4]$, ist einerseits gleich

$$\begin{vmatrix} y_1 z_2 - z_1 y_2, & z_1 x_2 - x_1 z_2, & x_1 y_2 - y_1 x_2 \\ x_3, & y_3, & z_3 \\ x_4, & y_4, & z_4 \end{vmatrix},$$

andererseits gleich $\begin{vmatrix} \mathfrak{V}_1 \cdot \mathfrak{V}_3, & \mathfrak{V}_1 \cdot \mathfrak{V}_4 \\ \mathfrak{V}_2 \cdot \mathfrak{V}_3, & \mathfrak{V}_2 \cdot \mathfrak{V}_4 \end{vmatrix}$. Diese Übereinstimmung ist eine Identität, bleibt also bestehen, wenn wir x_4, y_4, z_4 durch die Symbole $\mathfrak{i}, \mathfrak{j}, \mathfrak{k}$ ersetzen. Dann ist aber der erste Ausdruck nichts anderes als $(\mathfrak{V}_1 \times \mathfrak{V}_2) \times \mathfrak{V}_3$, im zweiten verwandelt sich $\mathfrak{V}_1 \cdot \mathfrak{V}_4$ und $\mathfrak{V}_2 \cdot \mathfrak{V}_4$ in $x_1 \mathfrak{i} + y_1 \mathfrak{j} + z_1 \mathfrak{k}$ und $x_2 \mathfrak{i} + y_2 \mathfrak{j} + z_2 \mathfrak{k}$, d. h. in $\mathfrak{V}_1$ und $\mathfrak{V}_2$. Es ergibt sich somit:

$$(\mathfrak{V}_1 \times \mathfrak{V}_2) \times \mathfrak{V}_3 = \begin{vmatrix} \mathfrak{V}_1 \cdot \mathfrak{V}_3, & \mathfrak{V}_1 \\ \mathfrak{V}_2 \cdot \mathfrak{V}_3, & \mathfrak{V}_2 \end{vmatrix}.$$

Wenn man rein symbolisch $\mathfrak{i}, \mathfrak{j}, \mathfrak{k}$ als Koordinaten eines „übersinnlichen" Vektors $\mathfrak{V}^*$ betrachtet und mit $\mathfrak{V}^*$ so wie mit andern Vektoren rechnet, so gilt für jeden Vektor $\mathfrak{V}$ die Beziehung $\mathfrak{V} \cdot \mathfrak{V}^* = \mathfrak{V}$. Jedes äußere Produkt $\mathfrak{V}_1 \times \mathfrak{V}_2$ kann man nach (32) als Volumprodukt $[\mathfrak{V}_1 = \mathfrak{V}_2\, \mathfrak{V}^*]$ ansehen. Hiernach ist $(\mathfrak{V}_1 \times \mathfrak{V}_2) \times \mathfrak{V}_3$ das Volumprodukt $[(\mathfrak{V}_1 \times \mathfrak{V}_2), \mathfrak{V}_3, \mathfrak{V}^*]$ oder $(\mathfrak{V}_1 \times \mathfrak{V}_2) \cdot (\mathfrak{V}_3 \times \mathfrak{V}^*)$, also gleich der Determinante $\begin{vmatrix} \mathfrak{V}_1 \cdot \mathfrak{V}_3, & \mathfrak{V}_1 \cdot \mathfrak{V}^* \\ \mathfrak{V}_2 \cdot \mathfrak{V}_3, & \mathfrak{V}_2 \cdot \mathfrak{V}^* \end{vmatrix}$, deren zweite Spalte sich auf $\mathfrak{V}_1, \mathfrak{V}_2$ reduziert.

§ 21. Drehungen in Vektorsymbolik

Wir betrachten Drehungen um eine durch den Anfangspunkt O hindurchgehende Achse, die wir durch den auf ihr liegenden Einheitsvektor $OA = \mathfrak{a}$ kennzeichnen. Die Punkte P des Raumes werden durch ihre sog. *Ortsvektoren* $\mathfrak{r} = \overline{OP}$ bestimmt.

Nach Ausführung einer Drehung um $\mathfrak{a}$ wird P die neue Lage P^* und den Ortsvektor $\mathfrak{r}^* = \overline{OP^*}$ haben. Es handelt sich darum, die Beziehung zwischen $\mathfrak{r}$ und $\mathfrak{r}^*$ zu finden. Wir zerlegen $\overline{OP}$ in die Komponenten $\overline{OQ}$ und $\overline{QP}$, deren erste senkrecht, deren zweite parallel zu $\mathfrak{a}$ ist, so daß $\overline{QP} = k\,\mathfrak{a}$ gesetzt werden kann. Bezeichnen wir $\overline{OQ}$ mit $\mathfrak{R}$, so folgt aus $\mathfrak{r} = \mathfrak{R} + k\,\mathfrak{a}$, wenn man bedenkt, daß $\mathfrak{a} \cdot \mathfrak{R}$ gleich 0 und $\mathfrak{a} \cdot \mathfrak{a}$ gleich 1 ist: $\mathfrak{a} \cdot \mathfrak{r} = k$, so daß die Zerlegung lautet:

$$\mathfrak{r} = \mathfrak{R} + (\mathfrak{a} \cdot \mathfrak{r})\, \mathfrak{a}.$$

Die Wichtigkeit dieser Zerlegung beruht darauf, daß der zweite Bestandteil $(\mathfrak{a} \cdot \mathfrak{r})\,\mathfrak{a}$ bei jeder Drehung um $\mathfrak{a}$ nur eine Parallelverschiebung erfährt, d. h. als Vektor ungeändert bleibt. Wir brauchen uns also nur mit $\mathfrak{R}$ zu beschäftigen. In Abb. 9 muß man sich den Vektor $\mathfrak{a}$ senkrecht auf dem Papier stehend denken, dem Leser zugewandt; da $\mathfrak{a}, \mathfrak{R}\ \mathfrak{a} \times \mathfrak{R}$ ein Rechtstripel bilden und $\mathfrak{a} \times \mathfrak{R}$ dieselbe Länge hat wie $\mathfrak{R}$, weil im Rechteck aus $\mathfrak{a}$ und $\mathfrak{R}$ die eine Seite gleich 1 ist, so gibt Abb. 9 den Vektor $\mathfrak{a} \times \mathfrak{R}$ richtig wieder: $\mathfrak{a}$ als Person gedacht sieht $\mathfrak{R}$ rechts von $\mathfrak{a} \times \mathfrak{R}$. Jede Drehung um $\mathfrak{a}$ wird durch den Drehwinkel festgelegt, wie uns dies aus § 3 geläufig ist. Drehungen nach links werden positiv, Drehungen nach rechts negativ gerechnet. Als Beurteiler gilt der personifizierte Achsenvektor $\mathfrak{a}$. Offenbar entsteht $\mathfrak{a} \times \mathfrak{R}$ aus $\mathfrak{R}$ durch die Drehung $\pi/2$. Wird nun $\mathfrak{R}$ durch die Drehung ϑ in die Lage $\mathfrak{R}^*$ gebracht, so ist nach Abb. 9:

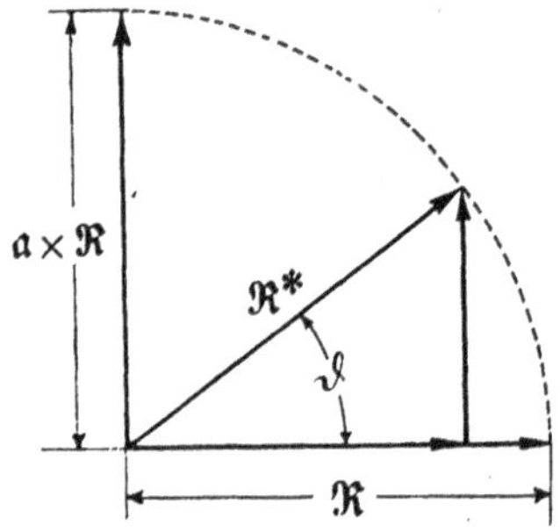

Abb. 9.

$$\mathfrak{R}^* = \mathfrak{R} \cos \vartheta + (\mathfrak{a} \times \mathfrak{R}) \sin \vartheta.$$

Wir haben hier $\mathfrak{R}^*$ in zwei Komponenten parallel zu $\mathfrak{R}$ und $\mathfrak{a} \times \mathfrak{R}$ zerlegt. Daß diese Komponenten sich von $\mathfrak{R}$ und $\mathfrak{a} \times \mathfrak{R}$ um $\cos \vartheta$ und $\sin \vartheta$ unterscheiden, liegt in der Definition des Kosinus und Sinus begründet (vgl. § 3). Da $\mathfrak{r}^* = \mathfrak{R}^* + (\mathfrak{a} \cdot \mathfrak{r})\,\mathfrak{a}$ und da aus $\mathfrak{R} = \mathfrak{r} - (\mathfrak{a} \cdot \mathfrak{r})\,\mathfrak{a}$ zu entnehmen ist: $\mathfrak{a} \times \mathfrak{R} = \mathfrak{a} \times \mathfrak{r}$, weil $\mathfrak{a} \times \mathfrak{a}$ verschwindet, so lautet das Ergebnis:

$$\mathfrak{r}^* = \mathfrak{r} \cos \vartheta + (\mathfrak{a} \times \mathfrak{r}) \sin \vartheta + (\mathfrak{a} \cdot \mathfrak{r})\,\mathfrak{a}\,(1 - \cos \vartheta).$$

Benutzt man die Relation $\mathfrak{a} \times (\mathfrak{a} \times \mathfrak{r}) = (\mathfrak{a} \cdot \mathfrak{r})\,\mathfrak{a} - (\mathfrak{a} \cdot \mathfrak{a})\,\mathfrak{r} = (\mathfrak{a} \cdot \mathfrak{r})\,\mathfrak{a} - \mathfrak{r}$ so kann man auch schreiben:

$$\mathfrak{r}^* = \mathfrak{r} + (\mathfrak{a} \times \mathfrak{r}) \sin \vartheta + [\mathfrak{a} \times (\mathfrak{a} \times \mathfrak{r})]\,(1 - \cos \vartheta) \qquad (33)$$

Das ist eine Drehung, dargestellt in Vektorensymbolik. Um die Formel auf ihre Richtigkeit zu prüfen, setzen wir $\mathfrak{a} = \mathfrak{k}$, betrachten also eine Drehung um die z-Achse. Wir wollen nur die Wirkung auf die (x, y)-Ebene untersuchen. Daher setzen wir: $\mathfrak{r} = x\,\mathfrak{i} + y\,\mathfrak{j}$ und $\mathfrak{r}^* = x^*\,\mathfrak{i} + y^*\,\mathfrak{j}$. Es wird nun:

$$\mathfrak{k} \times \mathfrak{r} = x\,(\mathfrak{k} \times \mathfrak{i}) + y\,(\mathfrak{k} \times \mathfrak{j}).$$

Mit Rücksicht auf die leicht verifizierbaren Relationen:

$$\mathfrak{i} = \mathfrak{j} \times \mathfrak{k} = -(\mathfrak{k} \times \mathfrak{j});\quad \mathfrak{j} = \mathfrak{k} \times \mathfrak{i} = -(\mathfrak{i} \times \mathfrak{k});\quad \mathfrak{k} = \mathfrak{i} \times \mathfrak{j} = -(\mathfrak{j} \times \mathfrak{i})$$

kann man auch schreiben:

$$\mathfrak{k} \times \mathfrak{r} = x\,\mathfrak{j} - y\,\mathfrak{i}.$$

Weiter folgt: $\mathfrak{k} \times (\mathfrak{k} \times \mathfrak{r}) = x\,(\mathfrak{k} \times \mathfrak{j}) - y\,(\mathfrak{k} \times \mathfrak{i}) = -x\,\mathfrak{i} - y\,\mathfrak{j}$. Setzt man alles in die Drehungsformel (33) ein, so ergibt sich:

$x^*\,\mathfrak{i} + y^*\,\mathfrak{j} = (x\,\mathfrak{i} + y\,\mathfrak{j}) \cos \vartheta + (x\,\mathfrak{j} - y\,\mathfrak{i}) \sin \vartheta$. Da dies eine Identität ist, so muß die Gleichung gültig bleiben, wenn man $\mathfrak{i}$ durch 1 und $\mathfrak{j}$ durch die imaginäre Einheit i ersetzt. Da $i^2 = -1$, so kann man schreiben:

$$x^* + i\,y^* = (x + i\,y)\cos\vartheta + (i\,x + i^2\,y)\sin\vartheta \text{ oder:}$$
$$x^* + i\,y^* = (x + i\,y)(\cos\vartheta + i\sin\vartheta).$$

Die zum Punkte x, y gehörige komplexe Zahl multipliziert sich also mit $\cos\vartheta + i\sin\vartheta$. Dabei bleibt der absolute Betrag von $x + i\,y$ ungeändert, während der Arcus den Zuwachs ϑ erhält. Es erfolgt also tatsächlich die Drehung ϑ. Man sieht zugleich, wie einfach sich Drehungen in der Ebene mit Hilfe komplexer Zahlen darstellen lassen. Dies legt den Gedanken nahe, ob Ähnliches nicht auch im Raume möglich ist. Tatsächlich kann man die allgemeine Drehungsformel (33), wie *Hamilton* gezeigt hat, mit Hilfe der von ihm eingeführten Quaternionen auf eine sehr elegante Form bringen. Wir wollen dies zunächst für den Fall einer *Umwendung* darlegen. Eine Umwendung ist eine Drehung um 180°. Man muß also $\vartheta = \pi$ setzen. Dann lautet die Drehungsformel (in ihrer ersten Gestalt): $\mathfrak{r}_* = -\mathfrak{r} + 2(\mathfrak{a}\cdot\mathfrak{r})\,\mathfrak{a}$. Hieraus folgt:

$$\mathfrak{a}\cdot\mathfrak{r}_* = \mathfrak{a}\cdot\mathfrak{r} \text{ und } \mathfrak{a}\times\mathfrak{r}_* = -(\mathfrak{a}\times\mathfrak{r}) \text{ oder}$$
$$\mathfrak{a}\cdot\mathfrak{r}_* = \mathfrak{r}\cdot\mathfrak{a};\ \mathfrak{a}\times\mathfrak{r}_* = \mathfrak{r}\times\mathfrak{a}.$$

Nun bezeichnet man die Verbindung $-(\mathfrak{B}_1\cdot\mathfrak{B}_2) + (\mathfrak{B}_1\times\mathfrak{B}_2)$ als das *Quaternionenprodukt* aus $\mathfrak{B}_1$ und $\mathfrak{B}_2$ und schreibt dafür:

$$\mathfrak{B}_1\circ\mathfrak{B}_2 \text{ („}\mathfrak{B}_1\text{ Kreis }\mathfrak{B}_2\text{“)}.$$

Eine solche Zusammenfassung einer Zahl oder eines *Skalars* mit einem Vektor ist das, was Hamilton eine *Quaiernton* nennt. Man kann auf Grund dieser Erklärung die obigen Gleichungen in $\mathfrak{a}\circ\mathfrak{r}_* = \mathfrak{r}\circ\mathfrak{a}$ zusammenziehen. Hieraus folgt dann weiter:

$$\mathfrak{a}\circ\mathfrak{a}\circ\mathfrak{r}_* = \mathfrak{a}\circ\mathfrak{r}\circ\mathfrak{a} \tag{34}$$

Man braucht keine Klammern zu machen, weil hier das Assoziativgesetz gilt. Es gilt auf Grund der getroffenen Festsetzung die Beziehung:

$$(\mathfrak{B}_1\circ\mathfrak{B}_2)\circ\mathfrak{B}_3 = \mathfrak{B}_1\circ(\mathfrak{B}_2\circ\mathfrak{B}_3).$$

Da nun: $\mathfrak{a}\circ\mathfrak{a} = -(\mathfrak{a}\cdot\mathfrak{a}) = -1$, so wird $\mathfrak{a}\circ\mathfrak{a}\circ\mathfrak{r}^* = -\mathfrak{r}^*$. Die Formel lautet daher für eine Umwendung um $\mathfrak{a}$:

$$-\mathfrak{r}_* = \mathfrak{a}\circ\mathfrak{r}\circ\mathfrak{a}.$$

Läßt man auf diese Umwendung eine zweite folgen, deren Achse durch den Einheitsvektor $\mathfrak{b}$ markiert wird, so schließt sich an obige Gleichung die folgende an:

$$-\mathfrak{r}^* = \mathfrak{b}\circ\mathfrak{r}_*\circ\mathfrak{b}.$$

Setzt man für $\mathfrak{r}_*$ den gefundenen Ausdruck ein, so ergibt sich:

$$\mathfrak{r}^* = \mathfrak{b}\circ\mathfrak{a}\circ\mathfrak{r}\circ\mathfrak{a}\circ\mathfrak{b}.$$

Die Aufeinanderfolge der Umwendungen um $\mathfrak{a}$ und um $\mathfrak{b}$ ist im Endergebnis gleichbedeutend mit einer Drehung um eine Achse, die auf $\mathfrak{a}$ und $\mathfrak{b}$ senkrecht steht. Das kannman sich leicht geometrisch klarmachen. Setzt man $\mathfrak{a}\circ\mathfrak{b} = q$, so kann man auf Grund von $\mathfrak{b}\circ\mathfrak{a}\circ\mathfrak{a}\circ\mathfrak{b} = \mathfrak{b}\circ(\mathfrak{a}\circ\mathfrak{a})\circ\mathfrak{b} = -(\mathfrak{b}\circ\mathfrak{b}) = 1$ die

Quaternion $\mathfrak{b} \circ \mathfrak{a}$ mit q^{-1} bezeichnen und als den reziproken Wert von q ansehen. Die Hamiltonsche Drehungsformel lautet dann:

$$\mathfrak{r}^* = q^{-1} \circ \mathfrak{r} \circ q \tag{35}$$

Um die Übereinstimmung mit der anderen Schreibweise festzustellen, setze man: $q = -(\mathfrak{a} \cdot \mathfrak{b}) + (\mathfrak{a} \times \mathfrak{b}) = -\cos\omega + \mathfrak{c}\sin\omega$. Hierbei ist $\mathfrak{c}$ ein Einheitsvektor, der auf $\mathfrak{a}$ und $\mathfrak{b}$ senkrecht steht. Da das durch $\mathfrak{a}$ und $\mathfrak{b}$ bestimmte Parallelogramm ein Rhombus mit der Seite 1 ist, dürfen wir $\mathfrak{a} \times \mathfrak{b} = \mathfrak{c}\sin\omega$ setzen. Will man $\mathfrak{c}$ in $-\mathfrak{c}$ verwandeln, so braucht man nur $-\omega$ statt ω zu schreiben. Nun wird weiter:

$$\begin{aligned} q^{-1} &= \mathfrak{b} \circ \mathfrak{a} = -(\mathfrak{a} \cdot \mathfrak{b}) + (\mathfrak{b} \times \mathfrak{a}) = -\cos\omega - \mathfrak{c}\sin\omega, \text{ also:} \\ q^{-1}\,\mathfrak{r}\,q &= -(\cos\omega + \mathfrak{c}\sin\omega)\,\mathfrak{r}\,(-\cos\omega + \mathfrak{c}\sin\omega) = \\ &= \mathfrak{r}\cos 2\omega + (\mathfrak{c} \times \mathfrak{r})\sin 2\omega + (\mathfrak{c} \cdot \mathfrak{r})\,\mathfrak{c}\,(1 - \cos 2\omega). \end{aligned}$$

Schreibt man $\mathfrak{c}$ in $\mathfrak{a}$ um und setzt $2\omega = \vartheta$, so hat man die frühere Drehungsformel vor sich. Die Quaternion q hängt also mit $\mathfrak{a}$ und ϑ (Achsenvektor und Drehungswinkel) folgendermassen zusammen: $q = -\cos(\vartheta/2) + \mathfrak{a}\sin(\vartheta/2)$. Da ϑ bis auf Vielfache von 2π, also $\vartheta/2$ bis auf Vielfache von π festliegt, so ist die zu einer Drehung gehörige Quaternion bis aufs Vorzeichen bestimmt, d. h., man kann q durch $-q$ ersetzen.

Läßt man auf die Drehung (35) noch eine Translation folgen, deren Wirkung darin besteht, daß sich zu allen Ortsvektoren derselbe Vektor $\mathfrak{C}$ addiert, so schließt sich an (35) die Gleichung $\mathfrak{R} = \mathfrak{r}^* + \mathfrak{C}$, und man erhält:

$$\mathfrak{R} = q^{-1} \circ \mathfrak{r} \circ q + \mathfrak{C} \tag{36}$$

als Ausdruck einer Bewegung. Wir wollen versuchen, dieser Formel durch geeignete Wahl des Anfangspunktes noch einen besonderen Charakter zu verschaffen. Hat der neue Anfangspunkt den Ortsvektor $\mathfrak{u}$, so treten an die Stelle von $\mathfrak{R}$ und $\mathfrak{r}$ die Differenzen $\mathfrak{R} - \mathfrak{u}$ und $\mathfrak{r} - \mathfrak{u}$, die wir $\mathfrak{R}'$ und $\mathfrak{r}'$ nennen wollen. Wir müssen also in (36) die Einsetzungen $\mathfrak{R} = \mathfrak{u} + \mathfrak{R}'$ und $\mathfrak{r} = \mathfrak{u} + \mathfrak{r}'$ machen. Dadurch erhalten wir: $\mathfrak{R}' = q^{-1} \circ \mathfrak{r}' \circ q + q^{-1} \circ \mathfrak{u} \circ q - \mathfrak{u} + \mathfrak{C}$. An die Stelle von $\mathfrak{C}$ ist
$\mathfrak{C}' = q^{-1} \circ \mathfrak{u} \circ q - \mathfrak{u} + \mathfrak{C}$ getreten. Wenn q ein Skalar ist, also (36) eine Translation darstellt, so ist:

$$q^{-1} \circ \mathfrak{u} \circ q = \mathfrak{u}, \text{ also } \mathfrak{C}' = \mathfrak{C}.$$

Die neue Formel hat demnach dieselbe Gestalt wie die alte. Ist q kein Skalar, so wird in $q = -\cos(\vartheta/2) + \mathfrak{a}\sin(\vartheta/2)$ der Faktor $\sin(\vartheta/2)$ von Null verschieden sein, also ϑ kein Vielfaches von 2π. Nach der Drehungsformel (33) ist:

$$q^{-1} \circ \mathfrak{u} \circ q - \mathfrak{u} + \mathfrak{C} = (\mathfrak{a} \times \mathfrak{u})\sin\vartheta + (\mathfrak{a} \times (\mathfrak{a} \times \mathfrak{u}))\,(1 - \cos\vartheta) + \mathfrak{C}.$$

Da bei einer Änderung von $\mathfrak{u}$ um $\lambda\,\mathfrak{a}$ offenbar $(\mathfrak{a} \times \mathfrak{u})$ erhalten bleibt, so dürfen wir von vornherein annehmen, daß $\mathfrak{u}$ auf $\mathfrak{a}$ senkrecht steht, also $\mathfrak{a} \cdot \mathfrak{u} = 0$, mithin:

$$\begin{aligned} \mathfrak{a} \times (\mathfrak{a} \times \mathfrak{u}) &= (\mathfrak{a} \cdot \mathfrak{u})\,\mathfrak{a} - (\mathfrak{a} \cdot \mathfrak{a})\,\mathfrak{u} = -\mathfrak{u} \text{ und:} \\ \mathfrak{C}' &= (\mathfrak{a} \times \mathfrak{u})\sin\vartheta - \mathfrak{u}\,(1 - \cos\vartheta) + \mathfrak{C}. \end{aligned}$$

Wir wollen nun fordern, daß $\mathfrak{C}'$ die Form $k\,\mathfrak{a}$ haben soll, was gleichbedeutend ist mit $\mathfrak{a} \times \mathfrak{C}' = 0$, also

$$-\,\mathfrak{u} \sin \vartheta - (\mathfrak{a} \times \mathfrak{u})\,(1 - \cos \vartheta) + \mathfrak{a} \times \mathfrak{C} = 0.$$

Hieraus folgt durch äußere Multiplikation mit $\mathfrak{a}$:

$$-\,(\mathfrak{a} \times \mathfrak{u}) \sin \vartheta + \mathfrak{u}\,(1 - \cos \vartheta) + \mathfrak{a}\,(\mathfrak{a} \times \mathfrak{C}) = 0.$$

Da $\sin(\vartheta/2)$ von Null verschieden ist, kann man auch schreiben:

$$-\,\mathfrak{u} \cos(\vartheta/2) - (\mathfrak{a} \times \mathfrak{u}) \sin(\vartheta/2) + [\mathfrak{a} \times \mathfrak{C}] \,/\, [2 \sin(\vartheta/2)] = 0;$$
$$-\,(\mathfrak{a} \times \mathfrak{u}) \cos(\vartheta/2) + \mathfrak{u} \sin(\vartheta/2) + [\mathfrak{a} \times (\mathfrak{a} \times \mathfrak{C})] \,/\, [2 \sin(\vartheta/2)] = 0.$$

Nun ergibt sich mittels der Faktoren $\cos(\vartheta/2)$, $-\sin(\vartheta/2)$:

$$\mathfrak{u} = (1/2)\,(\mathfrak{a} \times \mathfrak{C}) \cot(\vartheta/2) - (1/2)\,[\mathfrak{a} \times (\mathfrak{a} \times \mathfrak{C})].$$

Man kann leicht nachprüfen, daß dieser Vektor das Verlangte leistet. Es ergibt sich nämlich, wenn man $\mathfrak{a} \times (\mathfrak{a} \times \mathfrak{C}) = (\mathfrak{a} \cdot \mathfrak{C})\,\mathfrak{a} - \mathfrak{C}$ berücksichtigt:

$$\mathfrak{a} \times \mathfrak{u} = (1/2)\,[\mathfrak{a} \times (\mathfrak{a} \times \mathfrak{C})] \cot(\vartheta/2) + (1/2)\,(\mathfrak{a} \times \mathfrak{C})$$

und schließlich:

$$\mathfrak{C}' = (\mathfrak{a} \cdot \mathfrak{C})\,\mathfrak{a}.$$

Das ist die $\mathfrak{a}$-Komponente von $\mathfrak{C}$. Zieht man sie von $\mathfrak{C}$ ab, so bleibt eine zu $\mathfrak{a}$ senkrechte Komponente übrig. Diese haben wir mit Hilfe von $\mathfrak{u}$ fortgeschafft. Durch passende Wahl des Anfangspunktes läßt sich demnach $\mathfrak{R} = q^{-1} \circ \mathfrak{r} \circ q + \mathfrak{C}$ auf die Form

$$\mathfrak{R}' = q^{-1} \circ \mathfrak{r}' \circ q + (\mathfrak{a} \cdot \mathfrak{C})\,\mathfrak{a} \tag{37}$$

bringen, falls q kein Skalar ist; (37) stellt eine Drehung um $\mathfrak{a}$ dar, auf die eine Translation in der Richtung von $\mathfrak{a}$ oder $-\,\mathfrak{a}$ folgt. Man muß sich denken, daß $\mathfrak{a}$ vom neuen Anfangspunkt ausgeht. Das Ergebnis von (37) läßt sich durch eine kontinuierliche Schraubung um $\mathfrak{a}$ herbeiführen. Im Falle $\mathfrak{a} \cdot \mathfrak{C} = 0$ handelt es sich um eine reine Drehung. Hiermit ist der wichtige kinematische Satz gewonnen, daß jede Bewegung entweder eine Translation oder eine Schraubung ist, wobei als Sonderfall einer Schraubung die Rotation auftritt.

ZWEITES KAPITEL

Erster Teil der Analysis des Unendlichen

DIFFERENTIATION UND INTEGRATION VON FUNKTIONEN EINER VERÄNDERLICHEN

§ 1. Tangentenbestimmung und Quadratur

Euklids Definition der Kreistangente lautet (Elemente, Anfang des 3. Buches): „Von einer geraden Linie wird gesagt, sie berühre den Kreis, wenn sie ihn trifft, und verlängert nicht schneidet.“ Diese Tangentendefinition läßt sich nicht auf beliebige Kurven ausdehnen, weil sie sich an die Eigenschaft des Kreises anklammert, eine Kurve zweiter Ordnung zu sein. Will man für eine beliebige Kurve die Tangente definieren, so muß man sich auf den Grenzwertbegriff stützen. Die Gleichung einer Kurvensekante lautet nach Newton:

$$y = y_1 + (x - x_1)\begin{bmatrix} y_1\, y_2 \\ x_1\, x_2 \end{bmatrix}.$$

Aus der *Sekante*, welche die Kurvenpunkte x_1, y_1 und x_2, y_2 verbindet, ergibt sich die *Tangente* der Kurve im Punkte x_1, y_1 dadurch, daß man x_2, y_2 mit x_1, y_1 zusammenrücken läßt. Die ganze Frage läuft darauf hinaus, was aus dem zweifüßigen Differenzenquotienten $\begin{bmatrix} y_1\, y_2 \\ x_1\, x_2 \end{bmatrix}$, d. h. $(y_2 - y_1)/(x_2 - x_1)$ wird, wenn er dem Kommando folgt: „Füße schließt!“. Das Kommando verlangt, daß die Differenz $x_2 - x_1$, ohne den Wert Null direkt anzunehmen sich der Null *unbegrenzt nähert, nach Null hinstrebt oder konvergiert, daß sie in Nichts zusammenschmilzt, hinschwindet, verglimmt, verklingt,* $\cdots$. Alle diese Ausdrücke kennzeichnen einen Prozeß, der für die gesamte Infinitesimalrechnung von grundlegender Bedeutung ist, ohne dessen klare Erfassung ein volles Begreifen der neuen Rechnungsart ganz unmöglich ist. Hiermit hängt ein anderer Prozeß aufs engste zusammen, das Konvergieren nach einem *Grenzwert* (Limes). Eine Größe u konvergiert nach einem festen Wert g, wenn ihr Unterschied von g nach Null hinstrebt; g heißt der Grenzwert von u. Durch die Formel $\lim u = g$, oder kürzer durch $u \to g$ drückt man diese Limesbeziehung aus. Sowohl das Konvergieren nach Null als auch das Hinstreben nach irgendeinem Grenzwert war den altgriechischen Mathematikern ein durchaus geläufiger Begriff. Bekannt und berühmt ist der Satz von *Eudoxus*, daß eine Größe nach Null konvergiert, wenn man sie fortgesetzt mindestens auf die Hälfte kürzt. Geht man vom einbeschriebenen regulären n-Eck zum $2\,n$-Eck über, so vermindert sich, wie leicht festzustellen ist, der Unterschied zwischen Kreisfläche und einbeschriebenem Polygon um mehr als die Hälfte. Hieraus folgt, daß das Polygon bei fortgesetzter Verdoppelung seiner Seitenzahl die Kreisfläche zum Grenzwert hat. Man nennt solche Flächenberechnungen irgendwie begrenzter Gebiete *Quadraturen.* Dem Tangenten- und dem Quadraturproblem verdanken die Grundbegriffe der Differential- und Integralrechnung ihre Entstehung.

§ 2. Ableitung und Differential einer Funktion

Wenn der Differenzenquotient beim Zusammenrücken seiner Füße einem Grenzwert zustrebt, so wird dieser als *Ableitung* bezeichnet. Ist $f(x)$ die vorliegende Funktion, so wird der Differenzenquotient mit den Füßen x und $x + h$ durch

$$[f(x + h) - f(x)]/h$$

dargestellt. Das Zusammenrücken der Füße findet seinen Ausdruck darin, daß h nach Null konvergiert. Die Ableitung an der Stelle x ist somit nichts anderes als der Grenzwert von $[f(x + h) - f(x)]/h$ bei hinschwindendem h. Man bezeichnet diese Ableitung nach Lagrange mit $f'(x)$. Es gilt also die Erklärung:

$$f'(x) = \lim ([f(x + h) - f(x)]/h); \quad (h \to 0).$$

Von einer Ableitung kann man nur reden, wenn der obige Grenzwert existiert. Die zur Funktion $f(x)$ gehörige Kurve, die an jeder Stelle x die Ordinate $f(x)$ aufweist und die *Gleichung* $y = f(x)$ hat, besitzt an einer solchen Stelle dann und nur dann eine Tangente, wenn $f'(x)$ existiert. Die Gleichung der Tangente lautet, da sie aus der Sekante durch den Limesprozeß entsteht: $Y - y = (X - x)\, y'$; dabei ist x, y der Kurvenpunkt oder Berührungspunkt, y' dasselbe wie $f'(x)$ und X, Y irgendein Punkt der Tangente; y' mißt die *Steigung* der Tangente. Wenn X um 1 zunimmt, wächst Y um y'. Es ist nützlich, die Redeweise *Newtons* zu kennen, der neben *Leibniz* als Erfinder der Differentialrechnung betrachtet wird. Wir wollen durch ein Δ das Inkrement oder den Zuwachs einer Veränderlichen bezeichnen. Erteilt man der *unabhängigen Variablen* x das Inkrement $\Delta x = h$, so erfährt die *abhängige* Variable y, d. h. die Funktion $f(x)$, das Inkrement

$$\Delta y = f(x + h) - f(x).$$

Die Ableitung $f'(x)$ nennt Newton das *letzte Verhältnis der hinschwindenden Inkremente* (ultima ratio incrementorum evanescentium). „Letztes Verhältnis" bedeutet soviel wie „Grenzwert des Verhältnisses". Newton hat noch eine zweite Erklärung für die Ableitung. Anstatt ins Nichts zu versinken, tauchen die Inkremente bei der zweiten Auffassung aus dem Nichts empor, und die Ableitung ist das *erste Verhältnis der eben entstehenden Inkremente* (prima ratio incrementorum modo nascentium). Diese zweite Auffassung liegt uns heute fern. Wenn man x als die von irgendeinem Anfang gerechnete *Zeit* betrachtet, so ist die Veränderliche y nach Newtons Terminologie ein Fluente, d. h. etwas Fließendes, im Fluß Begriffenes. Die Ableitung y' nennt Newton die *Fluxion*, d. h. den Fluß von y. Man sagt auch, y' sei die *Änderungsgeschwindigkeit* von y. Betrachtet man y als eine Abszisse auf der Zeitlinie, so bewegt sich der zugehörige Punkt im Laufe der Zeit nach einem bestimmten durch die Funktion $f(x)$ vorgeschriebenen Gesetz, z. B. beim freien Fall nach dem Gesetz $g x^2/2$. Die Ableitung $f'(x)$ ist das, was man in der Kinematik als Geschwindigkeit bezeichnet.

Das Produkt aus der Ableitung $f'(x)$ und dem Inkrement Δx nennt *Leibniz* das *Differential* von $f(x)$ und gebraucht dafür das Symbol $df(x)$. Es ist also

$$df(x) = f'(x)\,\Delta x.$$

Wenn man an die Tangentengleichung $Y - y = y'(X - x)$ denkt, so sieht man, daß das Differential nichts anderes ist als der Ordinatenzuwachs beim Fortschreiten längs der Tangente. Geht man vom Punkte x, y die Kurve entlang, so entsteht der Ordinatenzuwachs $\Delta y = f(x + \Delta x) - f(x)$, geht man die Tangente entlang, so tritt an die Stelle von Δy der Ordinatenzuwachs $dy = y' \Delta x$. Es verwandelt sich also Δy in dy, wenn man in der Umgebung des Punktes x, y die Kurve durch ihre Tangente in diesem Punkte ersetzt. Bei Newtons kinematischer Auffassung bedeutet der Übergang von Δy zu dy, daß man die vorliegende Bewegung durch eine gleichförmige mit der festbleibenden Geschwindigkeit $f'(x)$ ersetzt. Δy ist die Verschiebung bei der tatsächlichen Bewegung, dy die Verschiebung, die erfolgen würde, wenn die im Augenblick x vorhandene Geschwindigkeit unverändert bestehen bliebe. Da $[f(x + \Delta x) - f(x)]/\Delta x$ bei hinschwindendem Δx dem Grenzwert $f'(x)$ zustrebt, so kann man schreiben: $[f(x + \Delta x) - f(x)]/\Delta x = f'(x) + \alpha$, wobei dann α gleichzeitig mit Δx der Null zustrebt, mit Δx in den Limestod hineingeht.

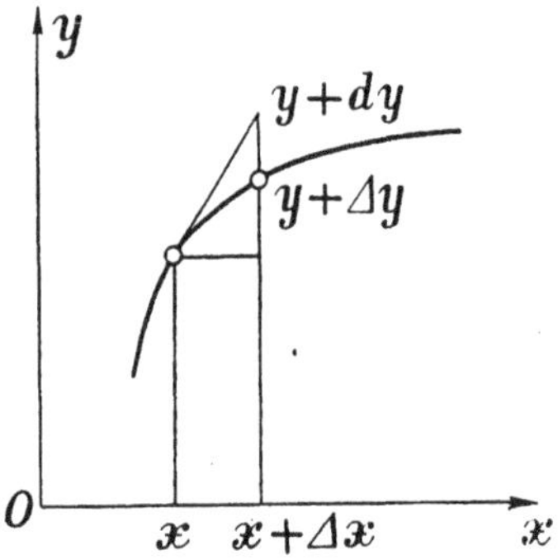

Abb. 10.

Es folgt hieraus:

$$\Delta f(x) = df(x) + \alpha \Delta x.$$

Die *Differenz* $\Delta f(x)$ unterscheidet sich also vom *Differential* $df(x)$ um einen Betrag von der Form $\alpha \Delta x$, wobei Δx das α in den Limestod mitreißt. Abb. 10 dient zur Erläuterung der obigen Erklärungen.

Die Bildung der Ableitung oder des Differentials einer gegebenen Funktion wird von *Leibniz* als eine Rechnungsoperation aufgefaßt und *Differentiation* genannt. Umgekehrt wird die Ermittlung der Funktion bei gegebener Ableitung als *Integration* bezeichnet. Die Funktion heißt in diesem Falle ein *Integral* oder eine *Stammfunktion* der gegebenen.

§ 3. Die Leibnizschen Regeln

Wenn $f(x)$ und $g(x)$ die Ableitungen $f'(x)$ und $g'(x)$ haben, wie lauten dann die Ableitungen von $f(x) + g(x)$; $f(x) - g(x)$; $f(x)\,g(x)$ und $f(x) : g(x)$?

Auf diese Fragen geben die vier *Leibnizschen Regeln* die Antwort: Setzt man $f(x) + g(x) = F(x)$, so ist:

$$[F(x+h) - F(x)]/h = [f(x+h) - f(x)]/h + [g(x+h) - g(x)]/h.$$

Nun ist aber:

$$[f(x+h) - f(x)]/h = f'(x) + \alpha \text{ und } [g(x+h) - g(x)]/h = g'(x) + \beta,$$

wobei α und β, wenn h nach Null konvergiert, das Schicksal von h teilen. Setzt man diese Ausdrücke ein, so wird:

$$[F(x+h) - F(x)]/h = f'(x) + g'(x) + \alpha + \beta.$$

Da offenbar mit α und β auch $\alpha + \beta$ der Null zustrebt, so ist bei schwindendem h: $\lim ([F(x+h) - F(x)]/h) = f'(x) + g'(x)$, d. h.: $f(x) + g(x)$ hat die Ableitung $f'(x) + g(x)$ und das Differential

$$[f'(x) + g'(x)]\, h = df(x) + dg(x).$$

Hiermit ist die Leibnizsche *Summenregel* gewonnen, die ihren Ausdruck in der Formel:

$$(f+g)' = f' + g' \quad \text{oder:} \quad d(f+g) = df + dg$$

findet. Die *Ableitung (das Differential) einer Summe ist gleich der Summe der Ableitungen (Differentiale)*.

Wir gehen nun zur Leibnizschen *Produktregel* über und bilden zunächst den Differenzenquotienten von $F(x) = f(x)\, g(x)$. Setzt man: $\Delta f = f'h + \alpha h$ und $\Delta g = g'h + \beta h$ in $\Delta F = (f + \Delta f)(g + \Delta g) - fg = f\Delta g + g\Delta f + \Delta f \Delta g$ ein, so ergibt sich für den Differenzenquotienten von F folgender Ausdruck: $fg' + gf' + \alpha g + \beta f + hf'g' + h\alpha g' + h\beta f' + \alpha\beta h$. Die sechs letzten Glieder streben mit h der Null zu. Dasselbe gilt von ihrer Summe. Daher ist der Grenzwert des Differenzenquotienten von F gleich $fg' + gf'$. Damit haben wir die Leibnizsche Produktregel gewonnen, deren Formel lautet:

$$(fg)' = fg' + gf' \quad \text{oder:} \quad d(fg) = fdg + gdf.$$

Zur genaueren Begründung wäre noch zu sagen, daß eine hinschwindende Größe durch Anfügen eines noch so großen festbleibenden Faktors nicht vom Limestod gerettet werden kann. Schließlich läuft die Beigabe eines solchen Faktors darauf hinaus, daß man zur Messung der Größe einen neuen Maßstab einführt und, wenn der Faktor negativ ist, noch eine Zeichenänderung vornimmt. Denkt man sich die Größe durch einen beweglichen Punkt der Zahlenlinie versinnlicht, so sind solche Änderungen des Maßstabes oder der positiven Richtung Äußerlichkeiten, die den Punkt selbst in keiner Weise berühren. Strebt er dem Nullpunkt zu, so ist das ein Vorgang, der mit dem Maßstab und der positiven Richtung nicht das Geringste zu tun hat. Daß ein Produkt zweier oder dreier hinschwindender Faktoren gleichfalls hinschwindet, man möchte sagen erst recht hinschwindet, ist klar. Greift man einen der Faktoren, etwa ε heraus, so werden die anderen schließlich zwischen -1 und $+1$ liegen, das Produkt also zwischen $-\varepsilon$ und ε. Daraus ersieht man, daß es schließlich in beliebiger Nähe der Null bleibt.

Wenn in der Produktregel $g(x)$ eine Konstante ist, also eine Funktion, die bei variierendem x einen festen Wert c bewahrt, so wird $g'(x) = 0$ sein, weil schon der Differenzenquotient $(c - c)/h$ gleich Null ist.
Die Produktregel liefert in diesem Falle: $(cf)' = cf'$ und $d(cf) = c\,df$, was sich auch unter Rückgang auf den Differenzenquotienten ohne Heranziehung der Produktregel feststellen läßt. Beim Differentiieren bleiben also konstante Faktoren einfach stehen. Da $f - g = f + (-1)\,g$, so kann man schließen, daß $(f - g)' = f' + (-1)\,g' = f' - g'$. Hiermit haben wir die Leibnizsche *Differenzenregel*:

$$(f - g)' = f' - g' \quad \text{oder} \quad d(f - g) = df - dg$$

gewonnen. Sie besagt, daß *die Ableitung (das Differential) einer Differenz gleich der Differenz der Ableitungen (Differentiale) ist.*
Nun kommen wir zur *Quotientenregel* und betrachten die Funktion

$$F(x) = f(x)/g(x).$$

Hier finden wir: $\Delta F = (f + \Delta f)/(g + \Delta g) - f/g = (g\Delta f - f\Delta g)/[g(g + \Delta g)]$. Wir müssen annehmen, daß an der Stelle x, wo wir die Ableitung von $F(x)$ berechnen wollen, der Nenner $g(x)$ von Null verschieden ist. Lassen wir Δx oder h nach Null konvergieren, so streben $\Delta f = f'h + \alpha h$ und $\Delta g = g'h + \beta h$ der Null zu; $g + \Delta g$ wird dann schließlich ebenso wie g von Null verschieden sein. Wir brauchen uns also wegen des Nenners $g + \Delta g$ keine Sorgen zu machen. Wenn der Prozeß $h \to 0$ weit genug fortgeschritten ist, liegt $g + \Delta g$ sicher zwischen $g/2$ und $3g/2$ und somit von der Null getrennt. Der eben angegebene Ausdruck ΔF wird von den Werten $2(g\Delta f - f\Delta g)/g^2$ und $(2(g\Delta f - f\Delta g)/(3g^2)$ umschlossen, die beide gleichzeitig nach Null konvergieren und den eingeschlossenen Wert ΔF in den Limestod mitreißen. Dies zu wissen ist für das folgende nützlich. Schreiben wir den Differenzenquotienten von $f(x) = F(x)\,g(x)$ in der Form:

$$\frac{f(x+h) - f(x)}{h} = \frac{F(x+h) - F(x)}{h} \cdot g(x) + \frac{g(x+h) - g(x)}{h} \cdot F(x+h),$$

so können wir hieraus entnehmen:

$$\frac{F(x+h) - F(x)}{h} = \frac{1}{g(x)} \cdot \frac{f(x+h) - f(x)}{h} - \frac{F(x+h)}{g(x)} \cdot \frac{g(x+h) - q(x)}{h}.$$

Dieser Ausdruck nimmt weiter folgende Gestalt an:

$$(f' + \alpha)/g - (g' + \beta)(F + \Delta F)/g \quad \text{oder}$$
$$f'/g - Fg'/g + \alpha/g - g'\Delta F/g - F\beta/g - \beta\Delta F/g.$$

Jedes der letzten Glieder enthält neben einem festen Faktor einen oder zwei, die der Null zustreben. Daher konvergieren diese letzten Glieder einzeln und auch in der Summe nach Null und der Differenzenquotient von F nach dem Grenzwert $f'/g - Fg'/g$, d. h. $(gf' - fg')/g^2$. Damit ist die Leibnizsche Quotientenregel gewonnen, deren Formel lautet:

$$(f/g)' = (gf' - fg')/g^2 \quad \text{oder:} \quad d(f/g) = (g\,df - f\,dg)/g^2.$$

Im Zähler des ersten Ausdruckes steht die Determinante $\begin{vmatrix} f' & g' \\ f & g \end{vmatrix}$, die sog.

Wronskische Determinante der Funktionen f und g. Man kann also auch schreiben:

$$\left(\frac{f}{g}\right)' = \frac{1}{g^2}\begin{vmatrix} f' & g' \\ f & g \end{vmatrix}.$$

Die Produktregel überträgt sich ohne Schwierigkeiten auf mehr als zwei Faktoren. Haben z. B. $f_1(x)$, $f_2(x)$, $f_3(x)$ die Ableitungen $f_1'(x)$, $f_2'(x)$, $f_3'(x)$, so ist: $(f_1 f_2 f_3)' = f_1' f_2 f_3 + f_1 (f_2 f_3)' = f_1' f_2 f_3 + f_1 f_2' f_3 + f_1 f_2 f_3'$. Man sieht, wie der Strich die Faktorenreihe entlang wandert, sich zunächst an den ersten Faktor heftet, dann an den zweiten usw. Sind alle Faktoren gleich, so findet man: $(f^n)' = n f^{n-1} f'$, oder mit Differentialen geschrieben: $d(f^n) = n f^{n-1} df$, weil $f' h = df$.

Betrachtet man insbesondere die Funktion $f(x) = x$, so hat ihr Differentialquotient den Wert $(x + h - x)/h = 1$, also ist auch die Ableitung von x gleich 1 und das Differential als Produkt aus der Ableitung und dem Inkrement h gleich h. Man hat demnach $dx = h$ und kann nun das Differential einer beliebigen Funktion $y = \varphi(x)$ in der Form schreiben $\varphi'(x)\,dx$.

Aus $dy = \varphi'(x)\,dx$ folgt: $\varphi'(x) = \frac{dy}{dx}$, d. h. die Ableitung ist ein *Differentialquotient*. Man muß, um ihn zu erhalten, das Differential der Funktion durch das Differential von x dividieren.

An die vier Leibnizschen Regeln, welche die Beziehung der Differentiation zu den elementaren Rechnungsoperationen klarstellen, schließt sich ein fünftes, ebenfalls von Leibniz herrührendes Differentiationsgesetz an, die sog. *Kettenregel*. Sie bezieht sich auf den Fall einer *mittelbaren Abhängigkeit* zwischen zwei Veränderlichen; z hängt von x nicht direkt oder unmittelbar ab, sondern indirekt oder mittelbar durch eine *Zwischenvariable* y. Es ist also: $z = \varphi(y)$; $y = \psi(x)$ und infolgedessen auch $z = f(x)$. Dieses $f(x)$ kann man ausführlicher in der Form schreiben: $\varphi[\psi(x)]$. Wenn $\varphi(y)$ die Ableitung $\varphi'(y)$ und $\psi(x)$ die Ableitung $\psi'(x)$ haben, wie lautet dann die Ableitung von $f(x)$? Diese Frage wird durch die Kettenregel beantwortet: Dem Inkrement Δx entspreche vermöge $y = \psi(x)$ das Inkrement Δy und diesem vermöge $z = \varphi(y)$ das Inkrement Δz. Aus
$\Delta y = \psi'(x)\,\Delta x + \beta \Delta x$, wo β mit Δx der Null zustrebt, ersieht man, daß auch Δy zusammen mit Δx nach Null konvergiert.

Setzt man in $\Delta z = \varphi'(y)\,\Delta y + \alpha \Delta y$, wo α mit Δy der Null zustrebt, für Δy seinen obigen Ausdruck ein, so ergibt sich:

$$\Delta z = \varphi'(y)\,\psi'(x)\,\Delta x + [\varphi'(y)\,\beta + \alpha\,\psi'(x) + \alpha\beta]\,\Delta x.$$

Hieraus folgt, da $\varphi'(y)\,\beta + \alpha\psi'(x) + \alpha\beta$ mit Δx zusammen nach Null konvergiert:

$$\lim\,(\Delta z/\Delta x) = \varphi'(y)\,\psi'(x), \quad \text{d. h.} \quad f'(x) = \varphi'(y)\,\psi'(x).$$

Man muß bei dem obigen Beweis auch die Möglichkeit ins Auge fassen, daß irgendeinmal Δy gleich Null ist. In diesem Falle kann man vereinbaren, daß auch α verschwindet, damit unter allen Umständen die Eigenschaft

$\alpha \to 0$ erhalten bleibt. Nennt man $f'(x)$ die Ableitung von z nach x, entsprechend $\varphi'(y)$ die von z nach y, und $\psi'(x)$ die von y nach x, so hat die Kettenregel folgenden Wortlaut: *Die Ableitung von z nach x ist gleich der Ableitung von z nach y mal der Ableitung von y nach x.* Die Regel dehnt sich sofort auf noch längere Ketten aus. Multipliziert man $f'(x) = \varphi'(y)\,\psi'(x)$ mit dx und bedenkt, daß man auf Grund von $y = \psi(x)$; $z = f(x)$ schreiben darf: $f'(x)\,dx = dz$; $\psi'(x)\,dx = dy$; so ergibt sich: $dz = \varphi'(y)\,dy$. Genau ebenso würde das Differential von $z = \varphi(y)$ aussehen, wenn nicht x, sondern y die unabhängige Variable wäre. Diese *Invarianteneigenschaft* des Differentials ist eine der größten Entdeckungen von Leibniz auf dem Gebiet der Differentialrechnung. Man kann das Ergebnis auch dahin formulieren, daß die Ableitung von z nach y stets gleich dem Differentialquotienten $dz : dy$ ist, was auch die unabhängige Veränderliche sein mag. Hier handelt es sich also um eine absolute Darstellung der Ableitung, d. h. um eine Darstellung, die durch die Wahl der unabhängigen Variablen nicht beeinflußt wird.

§ 4. Differentiation der Polynome und der rationalen Funktionen

Nach der Produktregel ist: $(f^n)' = n f^{n-1} f'$; $(n = 1, 2, 3 \cdots)$. Setzen wir $f(x) = x$, so wird $f'(x) = 1$, und es ergibt sich $(x^n)' = n x^{n-1}$. Mit Hilfe der Summenregel und der Vorschrift über konstante Faktoren können wir nunmehr jedes Polynom $P(x) = c_0 x^n + c_1 x^{n-1} + \cdots + c_{n-1} x + c_n$ differentiieren und finden:

$$P'(x) = n c_0 x^{n-1} + (n-1) c_1 x^{n-2} + \cdots + c_{n-1}.$$

Die Ableitung von $f'(x)$ wird *zweite* Ableitung von $f(x)$ genannt und mit $f''(x)$ bezeichnet. Ebenso ist $f'''(x)$, die Ableitung von $f''(x)$, die *dritte Ableitung* von $f(x)$ usw. Im vorliegenden Falle hat man:

$$P''(x) = u(n-1) c_0 x^{n-2} + (n-1)(n-2) c_1 x^{n-3} + \cdots + 2 \cdot 1 \cdot c_{n-2};$$

$$\cdots\cdots\cdots\cdots\cdots\cdots\cdots\cdots$$

$$P^{(n)}(x) = n(n-1)(n-2) \cdots 1 \cdot c_0.$$

Alle noch folgenden Ableitungen sind gleich Null. Wir sind jetzt in der Lage, den *binomischen Lehrsatz* zu beweisen; $(a + x)^n$ ist als Produkt der n Faktoren $a + x; \cdots; a + x$ jedenfalls ein Polynom n-ten Grades, also nach aufsteigenden Potenzen geordnet:

$$(a + x)^n = A_0 + A_1 x + A_2 x^2 + \cdots + A_n x^n.$$

Hieraus folgt durch Differentiation, wobei zu beachten ist, daß links f^n steht und $f = a + x$ die Ableitung $f' = 1$ hat:

$$n(a + x)^{n-1} = A_1 + \cdots + n A_n x^{n-1};$$
$$n(n-1)(a + x)^{n-2} = 2 A_2 + n(n-1) A_n x^{n-2};$$
$$\cdots\cdots\cdots\cdots\cdots\cdots\cdots\cdots$$
$$n(n-1) \cdots 1 = n(n-1) \cdots 1 \cdot A_n.$$

Setzt man $x = 0$, so ergibt sich:

$$A_0 = a^n; \quad A_1 = \frac{n}{1} a^{n-1}; \quad A_2 = \frac{n(n-1)}{1 \cdot 2} a^{n-2}; \cdots$$

und schließlich

$$(a+x)^n = a^n + \frac{n}{1} a^{n-1} x + \frac{n(n-1)}{1 \cdot 2} a^{n-2} x^2 + \cdots,$$

die Formel des binomischen Lehrsatzes. Die Reihe bricht von selbst mit dem Gliede x^n ab. Die Zahlenfaktoren 1, $n/1$, $n(n-1)/(1 \cdot 2)$, $\cdots$ nennt man *Binomialkoeffizienten* und bezeichnet sie mit $\binom{n}{0}$, $\binom{n}{1}$, $\binom{n}{2}$, $\cdots$, gelesen: „n über 0", „n über 1", „n über 2" usf. Offenbar ist: $\binom{n}{k} = \frac{n!}{k!(n-k)!}$, woraus $\binom{n}{k} = \binom{n}{n-k}$ sofort hervorgeht. Dem Symbol $0!$ muß man den Wert 1 beilegen.

Da wir die Leibnizsche Quotientenregel zur Verfügung haben, macht uns auch die Differentiation rationaler Funktionen, die nichts anderes sind. als Quotienten von Polynomen, keinerlei Schwierigkeit. Sind $P(x)$ und $Q(x)$ zwei Polynome, so hat die rationale Funktion $P(x):Q(x)$ die Ableitung $[Q(x)P'(x) - P(x)Q'(x)]/Q^2(x)$. Hiernach wird insbesondere:

$$[(Ax+B)/(Cx+D)]' = (AD-BC)/(Cx+D)^2.$$

Die Ableitung einer *linear gebrochenen* Funktion hat, wie man sieht, zum Zähler die Determinante dieser Funktion, d. h. $AD - BC$, zum Nenner den quadrierten Nenner der Funktion.

Ist: $n = 1, 2, 3, \cdots$, so wird $x^{-n} = 1/x^n$. Hier ist: $P(x) = 1$ und $Q(x) = x^n$, also $P'(x) = 0$ und $Q'(x) = n x^{n-1}$, mithin: $(x^{-n})' = -n x^{n-1}/x^{2n} = -n x^{-n-1}$. Die Formel $(x^n)' = n x^{n-1}$ bleibt hiernach in Geltung, wenn n eine negative ganze Zahl ist. Wir werden sehen, daß sie einen noch größeren Geltungsbereich hat.

§ 5. Differentiation der trigonometrischen Funktionen

Will man $\sin x$ und $\cos x$ differentiieren, so muß man das Verhalten der Differenzenquotienten $[\sin(x+h) - \sin x]/h$ und $[\cos(x+h) - \cos x]/h$ bei hinschwindendem h untersuchen. Setzt man die bekannten Ausdrücke für $\sin(x+h)$ und $\cos(x+h)$ ein, so nehmen diese Differenzenquotienten folgende Gestalt an: $(1/h)\sin h \cos x - (1/h)(1-\cos h)\sin x$;

$$-(1/h)\sin h \sin x - (1/h)(1-\cos h)\cos x.$$

Wir müssen uns also mit dem Limesschicksal von $(\sin h)/h$ und $(1-\cos h)/h$ beschäftigen. Da $1 - \cos h = 2\sin^2(h/2)$, so wird:

$$\frac{1-\cos h}{h} = \left(\frac{\sin(h/2)}{h/2}\right)^2 \cdot \frac{h}{2}. \tag{38}$$

Da der Sinus stets kleiner als der Bogen ist, weil der doppelte Sinus mit der Sehne des doppelten Bogens zusammenfällt, so liegt der erste Faktor des obigen Produktes zwischen 0 und 1. Daher konvergiert das Produkt gleichzeitig mit dem zweiten Faktor nach Null. Es ist also:

$$\lim[(1-\cos h)/h] = 0.$$

Bei Betrachtung des Bruches $(\sin h)/h$ können wir uns auf positive Werte von h beschränken, da er bei Verwandlung von h in $-h$ ungeändert bleibt.

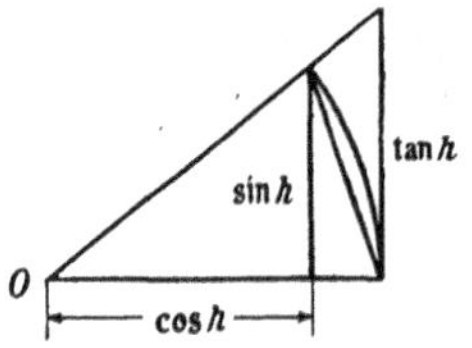

Abb. 11.

In Abb. 11 ist der dem Bogen h entsprechende Kreissektor zwischen zwei Dreiecke eingeschlossen, die zur Basis den Kreisradius 1 haben, während die Höhen $\sin h$ und $\tan h$ lauten. Es gelten daher die Ungleichungen

$$\sin h < h < \tan h,$$

woraus weiter folgt: $\cos h < (\sin h)/h < 1$, so daß $-(\sin h)/h$ zwischen 0 und $1-\cos h$ oder nach (38) zwischen 0 und $h^2/2$ liegt. Das bedeutet aber, daß $\lim [(\sin h)/h] = 1$. Setzen wir $(\sin h)/h = 1 + \alpha$ und $(1 - \cos h)/h = \beta$, so streben α und β gleichzeitig mit h der Null zu. Da nun:

$$[\sin (x+h) - \sin x]/h = \cos x + \alpha \cos x - \beta \sin x \text{ und}$$
$$[\cos (x+h) - \cos h]/h = -\sin x - \alpha \sin x - \beta \cos x,$$

so ergibt sich:

$$(\sin x)' = \cos x; \quad (\cos x)' = -\sin x \text{ oder:}$$
$$d \sin x = \cos x \, dx; \; d \cos x = -\sin x \, dx.$$

Benutzt man die Moivresche Verbindung $\cos x + i \sin x$, so wird: $(\cos x + i \sin x)' = -\sin x + i \cos x$ oder, da -1 durch i^2 ersetzt werden darf:

$$(\cos x + i \sin x)' = i (\cos x + i \sin x).$$

Die Differentiation hat also bei $\cos x + i \sin x$ dieselbe Wirkung, wie die Multiplikation mit i. Hieraus folgt, wenn man weiter differentiiert, allgemein:

$$(\cos x + i \sin x)^{(n)} = i^n (\cos x + i \sin x).$$

Da $i = \cos (\pi/2) + i \sin (\pi/2)$, so wird: $i^n = \cos (n\pi/2) + i \sin (n\pi/2)$ und der obige Ausdruck wird gleich $\cos (x + n\pi/2) + i \sin (x + n\pi/2)$, also:

$$(\cos x)^{(n)} = \cos (x + n\pi/2); \; (\sin x)^{(n)} = \sin (x + n\pi/2).$$

Die Ableitungen von $\tan x = \sin x/\cos x$ und $\cot x = \cos x/\sin x$ findet man, nachdem $(\cos x)'$ und $(\sin x)'$ bekannt sind, mit Hilfe der Leibnizschen Quotientenregel, und zwar wird:

$$(\tan x)' = [\cos x (\sin x)' - \sin x (\cos x)']/\cos^2 x = (\cos^2 x + \sin^2 x)/\cos^2 x;$$
$$(\cot x)' = [\sin x (\cos x)' - \cos x (\sin x)']/\sin^2 x = -(\sin^2 x + \cos^2 x)/\sin^2 x.$$

Man hat hier die Wahl zwischen zwei Schreibweisen und kann entweder auf Grund von $\cos^2 x + \sin^2 x = 1$ sagen, daß $(\tan x)' = 1/\cos^2 x$; $(\cot x)' = -1/\sin^2 x$, oder $\cos^2 x + \sin^2 x$ stehen lassen und folgende Formulierung bevorzugen: $(\tan x)' = 1 + \tan^2 x$; $(\cot x)' = -(1 + \cot^2 x)$. In Differentialen geschrieben lauten diese Ergebnisse:

$$d \tan x = dx/\cos^2 x = (1 + \tan^2 x) \, dx;$$
$$d \cot x = -dx/\sin^2 x = -(1 + \cot^2 x) \, dx.$$

§ 6. Quadratur der Hyperbel

Abb. 12 stellt die *Hyperbel* $xy = 1$ dar, soweit sie im ersten Quadranten $(x > 0;\ y > 0)$ liegt. Über dem Intervall $a \cdots b$ steht ein *Hyperbelsegment* S, das oben von der Hyperbel begrenzt wird. Die $a_1, a_2 \cdots, a_{n-1}$ sind so gewählt, daß $a, a_1, a_2, \cdots, a_{n-1}, b$ eine geometrische Reihe bilden; a wollen wir mit a_0 und b mit a_n bezeichnen. Über jedem Teilintervall $a_{\nu-1} \cdots a_\nu$ sieht man ein großes und ein kleines Rechteck. Das große hat den Inhalt $(a_\nu - a_{\nu-1})/a_{\nu-1}$, das kleine den Inhalt $(a_\nu - a_{\nu-1})/a_\nu$. Da in der geometrischen Reihe $a_0, a_1, \cdots, a_n$ die n Quotienten $a_\nu/a_{\nu-1}$ alle gleich sind und das Produkt a_n/a_0, d. h. b/a liefern, so hat man $a_\nu/a_{\nu-1} = (b/a)^{1/n}$. Die oben erwähnten Rechtecksinhalte werden also ausgedrückt durch $(b/a)^{1/n} - 1$ und $1 - (a/b)^{1/n}$. Alle großen Rechtecke sind also gleich, ebenso alle kleinen.

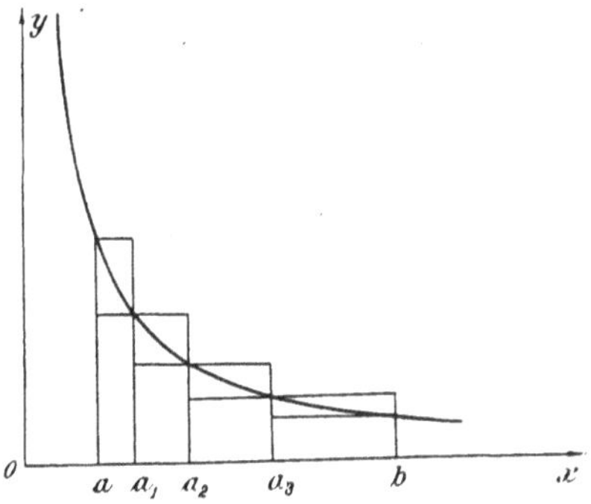

Abb. 12.

Da das Hyperbelsegment S zwischen der Summe der großen und der Summe der kleinen Rechtecke enthalten ist, so gelten die Ungleichungen:

$$n\,(1 - a^{1/n}\,b^{-1/n}) < S < n\,(a^{-1/n}\,b^{1/n} - 1). \tag{39}$$

Die *obere* Rechtecksumme Σ_n unterscheidet sich von der *unteren* σ_n offenbar um den Faktor $a^{-1/n}\,b^{1/n}$. Beide Summen differieren also um $\sigma_n\,(a^{-1/n}\,b^{1/n} - 1)$, d. h. um weniger als $S\,(a^{-1/n}\,b^{1/n} - 1)$. Andererseits folgt aus dem ersten Teil der Ungleichungen (39): $n\,(a^{-1/n}\,b^{1/n} - 1) < S\,(a^{-1/n}\,b^{1/n} - 1) + S$, also $(a^{-1/n}\,b^{1/n} - 1) < S\,/\,(n - S)$ und daher $\Sigma_n - \sigma_n < S^2\,/\,(n - S)$. Die rechte Seite konvergiert bei unendlich zunehmendem n nach Null. Dasselbe gilt somit von $\Sigma_n - \sigma_n$. Da nun $\sigma_n < S < \Sigma_n$, so folgt: $\lim \sigma_n = S$ und: $\lim \Sigma_n = S$, d. h.:

$$n\,(1 - a^{1/n}\,b^{-1/n}) \to S \quad \text{und} \quad n\,(a^{-1/n}\,b^{1/n} - 1) \to S. \tag{40}$$

Im ersten Fall handelt es sich um eine Annäherung von unten, im zweiten Fall um eine solche von oben. Die Sachlage ist ganz ähnlich wie bei der Ausmessung der Kreisfläche nach *Archimedes*, der die Kreisfläche als gemeinsamen Grenzwert des einbeschriebenen und des umbeschriebenen n-Ecks behandelt.

Wenn $x > 1$, so wird das Hyperbelsegment über $1 \cdots x$ nach der zweiten Formel (40) durch

$$\lim\,[n\,(x^{1/n} - 1)] \tag{41}$$

ausgedrückt. Ist $0 < x < 1$, so gibt nach der ersten Formel (40) $\lim\,[n\,(1 - x^{1/n})]$ das Hyperbelsegment über $x \cdots 1$ an. Rechnet man die rechts der Einheitsordinate liegenden Segmente positiv, die links liegenden negativ, so gilt für das Hyperbelsegment zwischen den Ordinaten 1 und $1/x$

allgemein der Ausdruck (41). Dieses Hyperbelsegment ist eine Funktion von x, die wir mit $S(x)$ bezeichnen wollen. Vorläufig haben wir für $S(x)$ nur die Limesdarstellung (41). Aus ihr werden wir jetzt eine kennzeichnende Eigenschaft von $S(x)$ herleiten, mit der man bequemer arbeiten kann. Sind x_1 und x_2 beide positiv, so läßt sich leicht eine Beziehung zwischen $S(x_1)$, $S(x_2)$ und $S(x_1 \cdot x_2)$ gewinnen. Es ist nämlich:

$$n(x_1^{1/n} x_2^{1/n} - 1) = n(x_1^{1/n} - 1) + n(x_2^{1/n} - 1) + [n(x_1^{1/n} - 1)\, n(x_2^{1/n} - 1)]/n.$$

Setzt man:

$$n(x_1^{1/n} - 1) = S(x_1) + \alpha_n; \quad n(x_2^{1/n} - 1 = S(x_2) + \beta_n,$$

so konvergieren α_n und β_n zusammen mit $1/n$ nach Null. Die rechte Seite der obigen Gleichung enthält nach dieser Einsetzung außer $S(x_1)$ und $S(x_2)$ nur Summanden, die mit einem oder mehreren nach Null strebenden Faktoren behaftet sind und daher nach Null konvergieren. Es ergibt sich also: $S(x_1 \cdot x_2) = S(x_1) + S(x_2)$. Hieraus folgt sofort:

$$S(x_1 \cdot x_2 \cdots x_p) = S(x_1) + S(x_2) + \cdots + (x_p) \text{ und } S(x^p) = pS(x).$$

Da $S(1)$, das über dem verschwindenden Intervall $1 \cdots 1$ stehende Hyperbelsegment, gleich Null ist, so gilt im Falle $x_1 x_2 = 1$ die Gleichung:

$$S(x_1) + S(x_2) = 0.$$

Insbesondere hat man also: $S(x^{-p}) = -pS(x)$. Für jeden ganzzahligen Wert von n gilt demnach die Aussage $S(x^n) = nS(x)$. Ist n ein positiver oder negativer Bruch p/q, so kann man aus $S(x^p) = S[(x^{p/q})^q] = qS(x^{p/q})$ entnehmen:

$$S(x^{p/q}) = (1/q)\, S(x^p) = (p/q)\, S(x).$$

Daher gilt die Beziehung $S(x^n) = nS(x)$ für alle rationalen Werte von n. Im Falle eines irrationalen n kann man n zwischen zwei Brüche p/q und $(p+1)/q$ mit beliebig großem Nenner einschließen; x^n liegt dann zwischen $x^{p/q}$ und $x^{(p+1)/q})$ und $S(x^n)$ zwischen $S(x^{p/q})$ und $S(x^{(p+1)/q})$, d. h. zwischen $(p/q)\, S(x)$ und $[(p+1)/q]\, S(x)$.

Dieselben Schranken umschließen aber auch $nS(x)$, so daß $S(x^n)$ und $nS(x)$ um weniger als $(1/q)\, S(x)$ voneinander abweichen. Da q beliebig vergrößert werden kann, so bleibt nur die Möglichkeit $S(x^n) = nS(x)$. Nun hat jede positive Zahl z ihren Logarithmus in bezug auf die Basis 10, d. h. sie läßt sich in der Form $z = 10^{\operatorname{Log} z}$ darstellen. Daher kann man schreiben: $S(z) = S(10^{\operatorname{Log} z}) = S(10) \operatorname{Log} z$. Hieraus ersieht man, daß $S(z)$ bis auf den Faktor $S(10)$ mit dem gewöhnlichen Logarithmus von z zusammenfällt. Das Ergebnis läßt sich noch einfacher formulieren, wenn man die Zahl $z = e$ einführt, für welche $S(z)$ den Wert 1 annimmt. Diese Zahl e wird durch die Gleichung $1 = S(10) \operatorname{Log} e$ festgelegt, wonach $e = 10^{1/S(10)}$, also $10 = e^{S(10)}$ und $z = 10^{\operatorname{Log} z} = e^{S(10) \operatorname{Log} z}$. Hieraus erkennt man, daß $S(10) \operatorname{Log} z$ nichts anderes ist, als der Logarithmus von z zur Basis e. Man bezeichnet ihn als den *natürlichen* oder *hyperbolischen Logarithmus* von z und schreibt dafür: $\ln z$ (Abkürzung für: „logarithmus naturalis z"). So hat sich also schließlich ergeben, wenn man z durch x ersetzt: $S(x) = \ln x$. Die

Hyperbelsegmente über den Intervallen $1 \cdots x$ stellen demnach eine geometrische Logarithmentafel dar, und zwar eine Tafel der natürlichen Logarithmen. Dabei darf man nicht vergessen, daß Segmente, die rechts von der Einheitsordinate liegen, positiv, solche, die links liegen, negativ zu rechnen sind. Wenn h ein positives oder negatives Inkrement bedeutet, so bedeutet $S(x+h) - S(x)$ das über $x \cdots x+h$ liegende Hyperbelsegment, positiv oder negativ gerechnet, je nachdem h positiv oder negativ ist. Dieses Segment ist zwischen h/x und $h/(x+h)$ enthalten, also $[S(x+h) - S(x)]/h$ zwischen $1/x$ und $1/(x+h)$. Der Differenzenquotient von $S(x)$ weicht daher von $1/x$ weniger ab als $1/x$ von $1/(x+h)$. Nun liegt $(1/x) - 1/(x+h) = h/[x(x+h)]$, wenn h der Null zustrebt, schließlich zwischen $2\,h/x^2$ und $2\,h/(3\,x^2)$, weil $x+h$ dann von $x/2$ und $3\,x/2$ umschlossen wird. Da $2\,h/x^2$ und $2\,h/(3\,x^2)$ mit h zusammen nach Null konvergieren, so gilt dasselbe von $1/x - 1/(x+h)$. Daher wird $[S(x+h) - S(x)]/h$ dem Grenzwert $1/x$ zustreben. Es ist also: $S'(x) = 1/x$, d. h.:

$$(\ln x)' = 1/x \text{ oder } d \ln x = (1/x)\, d\,x.$$

Wenn man mit $\log z$ den Logarithmus von x zur Basis a bezeichnet, so ist: $\log z = (\ln x)/\ln a$. Aus $a = e^{\ln a}$ folgt nämlich: $x = a^{\log x} = e^{\log x \ln a}$, mithin: $\ln x = \log x \ln a$. Die Logarithmen zur Basis a sind also den natürlichen Logarithmen proportional, d. h. man hat $\log x = = M \ln x$. Den Proportionalitätsfaktor M kann man leicht wiederfinden, wenn man bedenkt, daß $a = a^1$, also $\log a = 1$, und daher $M \ln a = \log a = 1$, d. h.: $M = 1/\ln a$. Ableitung und Differential von $\log x$ lauten:

$$(\log x)' = 1/(x \ln a); \quad d \log x = [1/(x \ln a)]\, d\,x.$$

§ 7. Die Zahl e

Von der Zahl e, der Basis der natürlichen Logarithmen, wissen wir bis jetzt nur, daß das über $1 \cdots e$ liegende Segment der Hyperbel $xy = 1$ den Inhalt 1 hat. Nach den Ungleichungen in § 6 ist daher:

$$n\,(1 - e^{-1/n}) < 1 < n\,(e^{1/n} - 1).$$

Hieraus ergibt sich: $(1 + 1/n)^n < e < (1 - 1/n)^{-n}$. Bei unbegrenzt wachsendem n konvergiert, wie wir sehen werden, die Differenz der einschließenden Größen nach Null, woraus dann folgt:

$$(1 + 1/n)^n \to e \text{ und } (1 - 1/n)^{-n} \to e.$$

Im ersten Fall handelt es sich um eine Annäherung von unten, im zweiten um eine solche von oben. Die Differenz $(1 - 1/n)^{-n} - (1 + 1/n)^n$, mit der wir uns noch beschäftigen müssen, läßt sich zunächst in

$$n^n/(n-1)^n - (n+1)^n/n^n = [(n^2)^n - (n^2-1)^n] \,/\, (n^n\,(n-1)^n)$$

umschreiben. Man hat nun die Identität:

$$A^n - B^n = (A - B)\,(A^{n-1} + A^{n-2}\,B + \cdots + A\,B^{n-2} + B^{n-1}),$$

die mit der Summenformel einer geometrischen Reihe gleichbedeutend ist. Wendet man sie auf $A = n^2$; $B = n^2 - 1$ an, so wird: $A - B = 1$, also:

$$(n^2)^n - (n^2-1)^n = (n^2)^{n-1} + (n^2)^{n-2}\,(n^2-1) + \cdots + n^2\,(n^2-1)^{n-2} + (n^2-1)^{n-1}.$$

Ersetzt man rechts in allen n Gliedern $n^2 - 1$ durch n^2, so tritt eine Vergrößerung ein. Hierdurch findet man: $(n^2)^n - (n^2 - 1)^n < n^{2n-1}$, also:

$$\frac{(n^2)^n - (n^2 - 1)^n}{n^n (n-1)^n} < \frac{n^{n-1}}{(n-1)^n} = \frac{1}{n-1}\left(1 + \frac{1}{n-1}\right)^{n-1} < \frac{e}{n-1},$$

woraus man ersieht, daß $(1 - 1/n)^{-n} - (1 + 1/n)^n$ zusammen mit $1/(n-1)$ der Null zustrebt.

Bei den nun folgenden Betrachtungen ist es bequem, sich auf einige einfache Grenzwertsätze zu stützen, die man auch sonst häufig braucht. Wenn zwei Veränderliche u und v den Grenzwerten $\mathfrak{u}$ und $\mathfrak{v}$ zustreben: $u \to \mathfrak{u}$; $v \to \mathfrak{v}$, so ist: $u + v \to \mathfrak{u} + \mathfrak{v}$, $uv \to \mathfrak{u}\mathfrak{v}$. Man überzeugt sich von der Richtigkeit dieser Aussagen durch die Einsetzungen $u = \mathfrak{u} + \alpha$, $v = \mathfrak{v} + \beta$, wobei α und β hinschwindende Größen sind. Man findet:

$$u + v = \mathfrak{u} + \mathfrak{v} + (\alpha + \beta); \quad uv = \mathfrak{u}\mathfrak{v} + (\mathfrak{u}\beta + \mathfrak{v}\alpha + \alpha\beta)$$

und braucht nur festzustellen, daß die eingeklammerten Bestandteile der Null zustreben.

Gewöhnlich formuliert man diese beiden Grenzwertsätze dahin, daß der *Grenzwert einer Summe gleich der Summe der Grenzwerte, der eines Produktes gleich dem Produkt der Grenzwerte* ist. Man müßte genau genommen noch hinzufügen: „falls diese existieren“. Summen- und Produktsatz übertragen sich ohne weiteres auf mehr als zwei Limesgänger. Eine Größe, die einem Grenzwert zustrebt, nennen wir kurz einen *Limesgänger.*

Dem Summen- und Produktsatz reiht sich ein Differenzen- und Quotientensatz an. *Der Grenzwert einer Differenz ist gleich der Differenz der Grenzwerte, der eines Quotienten gleich dem Quotienten der Grenzwerte, wobei aber der Grenzwert im Nenner nicht verschwinden darf.* Über den Differenzensatz brauchen wir kein Wort zu verlieren. Um zu erkennen, daß aus $u \to \mathfrak{u}$, $v \to \mathfrak{v}$ im Falle $\mathfrak{v} \neq 0$ folgt: $u/v \to \mathfrak{u}/\mathfrak{v}$, bedenke man, daß $u/v - \mathfrak{u}/\mathfrak{v} = (u\mathfrak{v} - v\mathfrak{u})/(v\mathfrak{v})$ schließlich zwischen $2\,(u\mathfrak{v} - v\mathfrak{u})/\mathfrak{v}^2$ und $2\,(u\mathfrak{v} - v\mathfrak{u})/(3\,\mathfrak{v}^2)$ bleibt, weil v sich zuletzt in der Umgebung $\mathfrak{v}/2 \cdots 3\,\mathfrak{v}/2$ seines Grenzwertes $\mathfrak{v}$ halten wird. Setzt man nun: $u = \mathfrak{u} + \alpha$; $v = \mathfrak{v} + \beta$, so nehmen die beiden Schranken um $u/v - \mathfrak{u}/\mathfrak{v}$ folgende Gestalt an:

$$2\,(\alpha\mathfrak{v} - \beta\mathfrak{u})/\mathfrak{v}^2,\ 2\,(\alpha\mathfrak{v} - \beta\mathfrak{u})/(3\,\mathfrak{v}^2).$$

Man sieht ihnen an, daß sie mit α und β zusammen nach Null konvergieren. Die eingeschlossene Größe wird mitgerissen.

Außer diesen vier Grenzwertsätzen, die uns schon bei der Herleitung der Leibnizschen Differentiationsregeln begegneten, aber nicht ausdrücklich formuliert wurden, ist noch eine wichtige Ungleichheitsbeziehung zwischen Grenzwerten hervorzuheben. Wenn u und v nach $\mathfrak{u}$ und $\mathfrak{v}$ konvergieren, und dabei immer u kleiner als v bleibt, so kann man schließen, daß $\mathfrak{u} \leqq \mathfrak{v}$. Wäre nämlich $\mathfrak{u} > \mathfrak{v}$, so müßte, wenn $\mathfrak{u}_1$, $\mathfrak{u}_2$ und $\mathfrak{v}_1$, $\mathfrak{v}_2$ nach der Vorschrift $\mathfrak{u}_1 > \mathfrak{u} > \mathfrak{u}_2 > \mathfrak{v}_1 > \mathfrak{v} > \mathfrak{v}_2$ gewählt werden, u schließlich in die Umgebung $\mathfrak{u}_1 \cdots \mathfrak{u}_2$ seines Grenzwertes $\mathfrak{u}$, ebenso v in die Umgebung $\mathfrak{v}_1 \cdots \mathfrak{v}_2$ seines Grenzwertes $\mathfrak{v}$ fallen. Dann wäre aber $u > v$, während doch immer $u < v$ sein soll. Damit ist bewiesen, daß unmöglich $\mathfrak{u} > \mathfrak{v}$ sein kann, sondern $\mathfrak{u} \leqq \mathfrak{v}$ sein muß.

Daß aus $u < v$ nicht etwa $\mathfrak{u} < \mathfrak{v}$ geschlossen werden kann, sieht man an dem Beispiel $u = 1/n$, $v = 2/n$. Beide konvergieren, wenn n die Werte 1, 2, 3 $\cdots$ durchläuft, nach Null, trotzdem $u < v$. Selbstverständlich läßt sich auch aus $u \leqq v$ die Folgerung $\mathfrak{u} \leqq \mathfrak{v}$ ziehen.

Mit diesen Hilfsmitteln ausgerüstet, treten wir nun an die weitere Ausbeutung der Ungleichungen

$$(1 + 1/n)^n < e < (1 - 1/n)^{-n}$$

und der Limesrelationen

$$(1 + 1/n)^n \to e; \quad (1 - 1/n)^{-n} \to e$$

heran. Nach der Binomialformel ist:

$$\left(1 + \frac{1}{n}\right)^n = 1 + \frac{n}{1} \cdot \frac{1}{n} + \frac{n(n-1)}{1 \cdot 2} \cdot \frac{1}{n^2} + \cdots + \frac{n(n-1) \cdots 1}{1 \cdot 2 \cdots n} \cdot \frac{1}{n^n} \quad \text{oder}$$

$$\left(1 + \frac{1}{n}\right)^n = 1 + 1 + \frac{1 - 1/n}{1 \cdot 2} + \cdots + \frac{(1 - 1/n) \cdots (1 - [n-1]/n)}{1 \cdot 2 \cdots n}. \tag{42}$$

Ist $p < n$, so hat man, da alle Glieder positiv sind:

$$\left(1 + \frac{1}{n}\right)^n > 1 + 1 + \frac{1 - 1/n}{1 \cdot 2} + \cdots + \frac{(1 - 1/n) \cdots (1 - [p-1]/n)}{1 \cdot 2 \cdots p}.$$

Wenn nun n bei festgehaltenem p über alle Grenzen wächst, so folgt:

$$e > 1 + 1 + 1/(1 \cdot 2) + \cdots + 1/(1 \cdot 2 \cdots p) \tag{43}$$

Hier ist die Gleichheit der Grenzwerte ausgeschlossen, weil auch für $p + 1$ die Beziehung $\geqq$ gelten muß und dann rechts ein positives Glied hinzutritt. Übrigens kann man p beliebig groß wählen, weil bei unbegrenzt wachsendem n schließlich $p < n$ sein wird. Aus (42) ersieht man ferner, daß $(1 + 1/n)^n < 1 + 1 + 1/(1 \cdot 2) + \cdots + 1/(1 \cdot 2 \cdots n)$. Die rechte Seite liegt nach der für beliebig große p geltenden Ungleichung (43) unterhalb e, also $1 + 1 + 1/(1 \cdot 2) + \cdots + 1/(1 \cdot 2 \cdots n)$ zwischen $(1 + 1/n)^n$ und e. Da nun $(1 + 1/n)^n$ nach e konvergiert, so wird die eingeschlossene Größe mitgerissen, d. h. es ergibt sich: $\lim\,[(1 + 1 + 1/(1 \cdot 2) + \cdots + 1/(1 \cdot 2 \cdots n)] = e$. Statt dieser Limesrelation pflegt man zu schreiben:

$$1 + 1 + 1/(1 \cdot 2) + \cdots = e.$$

Die Zahl e gilt als die *Summe* der *unendlichen Reihe* $1 + 1 + 1/(1 \cdot 2) + \cdots$. Diese Reihe baut sich auf aus den reziproken Fakultätzahlen $0! = 1$; $1! = 1$; $2! = 1 \cdot 2$; $\cdots$. Man kann also sagen, daß e die *Summe der reziproken Fakultätszahlen* ist und dies ganz kurz durch die Formel $e = \sum_{0}^{\infty} \frac{1}{n!}$ ausdrücken.

Bei dem Ausdruck $(1 - 1/n)^n$, der dem Grenzwert $1/e$ zustrebt, läßt sich folgendes feststellen: Nach der Binomialformel ist:

$$\left(1 - \frac{1}{n}\right)^n = 1 - \frac{n}{1} \cdot \frac{1}{n} + \frac{n(n-1)}{1 \cdot 2} \cdot \frac{1}{n^2} - \cdots + \frac{n(n-1) \cdots 1}{1 \cdot 2 \cdots n} \cdot \frac{(-1)^n}{n^n} \quad \text{oder}$$

$$\left(1 - \frac{1}{n}\right)^n = \frac{1 - 1/n}{1 \cdot 2} - \frac{(1 - 1/n)(1 - 2/n)}{1 \cdot 2 \cdot 3} + \cdots + (-1)^n \frac{(1 - 1/n)(1 - 2/n) \cdots (1 - [n-1]/n)}{1 \cdot 2 \cdots n}.$$

Diese Reihe hat abwechselnd positive und negative Glieder. Jedes ist dem Betrag nach kleiner, als sein Vorgänger. Durchläuft man die *Partialsummen* $s_1, s_2, \cdots, s_{n-1}$, wobei s_p die Summe der p ersten Glieder bedeutet, so vollziehen sich Schwingungen von abnehmender Weite. Die letzte führt zu $(1 - 1/n)^n$. Ist $p < n$, so liegt $(1 - 1/n)^n$ zwischen s_p und s_{p+1}. Hält man p fest, während n ohne Ende wächst, so erkennt man, daß $1/e$ in das von $\lim s_p$ und $\lim s_{p+1}$ begrenzte Intervall fällt. Da sich nun

$$\lim s_p = 1/2! - 1/3! + \cdots + (-1)^p/p!$$

und

$$\lim s_{p+1} = 1/2! - 1/3! + \cdots + (-1)^p/p! + (-1)^{p+1}/(p+1)! \text{ um } 1/(p+1)!$$

unterscheiden, so streben sie bei unendlich zunehmendem p dem Grenzwert $1/e$ zu. Unter Benutzung der Reihensymbolik können wir daher schreiben: $1/e = 1/2! - 1/3! + \cdots$ oder unter Hinzunahme der Glieder $1/0!$ und $1/1!$, die sich fortheben:

$$1/e = \sum_0^\infty \frac{(-1)^n}{n!}.$$

Nach dieser Formel kann man e besonders bequem berechnen, weil je zwei benachbarte Partialsummen $1/e$ umschließen. Man findet auf diese Weise ohne zu große Rechnerei:

$$1/e = 0{,}3678794411 \cdots \text{ und } e = 2{,}7182818284 \cdots.$$

§ 8. Differentiation der Exponentialfunktion und der Hyperbelfunktionen

Die Relation $y = e^x$ ist gleichbedeutend mit $x = \ln y$. Sind nun Δx und Δy zusammengehörige Inkremente von x und y, so wissen wir, daß beim Hinschwinden beider der Quotient $\Delta x/\Delta y$ dem Grenzwert $1/y$, folglich $\Delta y/\Delta x$ dem Grenzwert y zustrebt. Es ist demnach:

$$(e^x)' = e^x; \; d\,(e^x) = e^x\,d\,x.$$

Liegt eine Exponentialfunktion mit anderer Basis vor, etwa a^x, wobei a positiv zu denken ist, so kann man schreiben: $a = e^{\ln a}$ und daher $a^x = e^{x \ln a}$. Diese Funktion hat, wenn man nach der Kettenregel differentiiert, die Ableitung $e^{x \ln a}\,(x \ln a)'$, d. h.: $a^x \ln a$. Es ist also:

$$(a^x)' = a^x \ln a; \; d\,(a^x) = a^x \ln a\,d\,x.$$

Wenn $x > 0$ und n irgendein Exponent ist, so soll x^n durch $e^{n \ln x}$ erklärt sein. Die Ableitung von x^n lautet dann auf Grund der Kettenregel:

$$e^{n \ln x}\,(n \ln x)' \quad \text{oder} \quad (n\,e^{n \ln x})/x, \quad \text{also } n\,x^{n-1}.$$

Z. B. ist $(\sqrt{x})'$ oder $(x^{1/2})'$ gleich $(1/2)\,x^{1/2-1}$, d. h.: $1/(2\sqrt{x})$.

Wie man am Einheitskreis $x^2 + y^2 = 1$ den Kosinus und den Sinus definiert, werden an der Einheitshyperbel $x^2 - y^2 = 1$ der hyperbolische Kosinus und Sinus erklärt. Es kommt hierbei nur der rechts liegende Zweig der Hyperbel in Betracht. Ist u der doppelte Hyperbelsektor (in Abb. 13 schraffiert), so werden die Koordinaten x, y seiner auf der Hyperbel laufenden Ecke als *hyperbolischer Kosinus* und *hyperbolischer Sinus* von u bezeichnet, ganz analog wie beim Einheitskreise. Man schreibt: $x = \mathrm{Cos}\, u$ und $y = \mathrm{Sin}\, u$ („groß Kosinus u" und „groß Sinus u"). Bezogen auf die punktierten Achsen lautet die Hyperbelgleichung $\mathfrak{x}\,\mathfrak{y} = 1/2$. Die Abstände des Punktes P von den Achsen $O\mathfrak{y}$ und $O\mathfrak{x}$, d. h. von den Geraden $x + y = 0$; $x - y = 0$ haben nämlich die Werte

$$\mathfrak{x} = (x + y)/\sqrt{2}\,; \quad \mathfrak{y} = (x - y)/\sqrt{2},$$

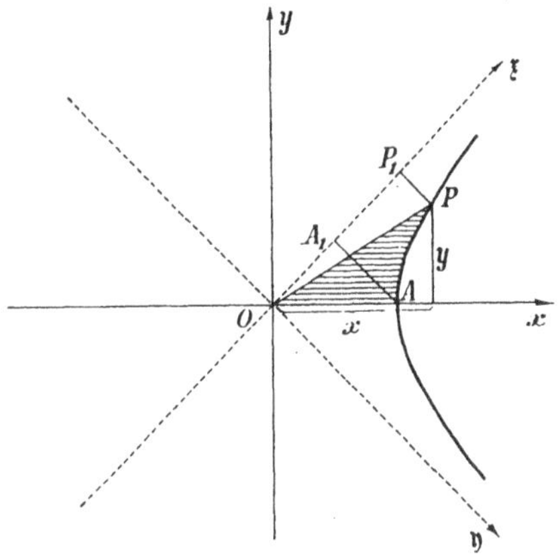

Abb. 13.

woraus mit Rücksicht auf $x^2 - y^2 = 1$ folgt: $\mathfrak{x}\,\mathfrak{y} = 1/2$. Die Gleichung würde die uns geläufige Form mit der rechten Seite 1 erhalten, wenn wir die Längeneinheit so änderten, daß der Punkt A die deutsch bezeichneten Koordinaten 1;1 erhielte. Wir müßten also $1/\sqrt{2}$ zur neuen Längen- und 1/2 zur neuen Flächeneinheit machen. Wenn man zum Sektor OAP das Dreieck OPP_1 hinzufügt und dann das ebenso große Dreieck OAA_1 abzieht, so entsteht das Hyperbelsegment APP_1A_1, das hiernach dem Sektor OAP gleich ist. Das Verhältnis des Segments zur Flächeneinheit, also zu 1/2 wird durch $\ln(\overline{OP_1}/\overline{OA_1})$ ausgedrückt, also durch $\ln(\mathfrak{x}\sqrt{2})$, so daß Segment und Sektor gleich $(1/2)\ln(\mathfrak{x}\sqrt{2})$ sind. Für den doppelten Sektor, der oben mit u bezeichnet wurde, gilt also die Gleichung

$$u = \ln(\mathfrak{x}\sqrt{2}) \quad \text{oder} \quad u = \ln(x + y).$$

Es ist demnach: $x + y = e^u$ und daher $x - y = e^{-u}$, mithin:

$$x = (e^u + e^{-u})/2; \qquad y = (e^u - e^{-u})/2 \quad \text{oder}$$

$$\mathrm{Cos}\, u = (e^u + e^{-u})/2; \quad \mathrm{Sin}\, u = (e^u - e^{u-})/2.$$

Wenn der Sektor unterhalb der x-Achse liegt, nehmen wir ihn negativ. Klappt man den Sektor in Abb. 13 um die x-Achse herum, so bleibt x ungeändert, während sich y in $-y$ verwandelt. Dieselbe Wirkung übt die Ersetzung von u durch $-u$ aus. $\mathrm{Cos}\, u$ ist, wie man sieht, eine gerade, $\mathrm{Sin}\, u$ eine ungerade Funktion.

Es gibt für die Hyperbelfunktionen $\mathrm{Cos}\, u$ und $\mathrm{Sin}\, u$ eine *Moivresche Formel*, zu der man ein Symbol ε braucht, das gleich $+1$ oder -1 gesetzt werden kann. Die beiden Aussagen $\mathrm{Cos}\, u + \mathrm{Sin}\, u = e^u$; $\mathrm{Cos}\, u - \mathrm{Sin}\, u = e^{-u}$ lassen sich mit Hilfe dieses doppeldeutigen ε in $\mathrm{Cos}\, u + \varepsilon\, \mathrm{Sin}\, u = e^{\varepsilon u}$ zusammenziehen. Schreibt man eine zweite Gleichung $\mathrm{Cos}\, v + \varepsilon\, \mathrm{Sin}\, v = e^{\varepsilon v}$ auf, so ergibt sich

links als Produkt $(\mathrm{Cos}\, u + \varepsilon\, \mathrm{Sin}\, u)(\mathrm{Cos}\, v + \varepsilon\, \mathrm{Sin}\, v)$, rechts aber $e^{\varepsilon(u+v)}$. Letzteres ist aber gleich $\mathrm{Cos}\,(u + v) + \varepsilon\, \mathrm{Sin}\,(u + v)$, so daß also

$$(\mathrm{Cos}\, u + \varepsilon\, \mathrm{Sin}\, u)(\mathrm{Cos}\, v + \varepsilon\, \mathrm{Sin}\, v) = \mathrm{Cos}\,(u + v) + \varepsilon\, \mathrm{Sin}\,(u + v)$$

herauskommt. Das ist die Moivresche Formel, die sich sofort auf mehr als zwei Faktoren überträgt. Rechnet man die linke Seite aus, wobei $\varepsilon^2 = 1$ zu setzen ist, so findet man, da ε sowohl gleich 1 als auch gleich -1 sein darf:

$$\begin{aligned}\text{Cos}\, u \,\text{Cos}\, v + \text{Sin}\, u \,\text{Sin}\, v &= \text{Cos}\,(u + v);\\ \text{Cos}\, u \,\text{Sin}\, v + \text{Sin}\, u \,\text{Cos}\, v &= \text{Sin}\,(u + v).\end{aligned}$$

Ersetzt man u durch $-u$, so treten die Relationen:

$$\begin{aligned}\text{Cos}\, u \,\text{Cos}\, v - \text{Sin}\, u \,\text{Sin}\, v &= \text{Cos}\,(v - u);\\ \text{Cos}\, u \,\text{Sin}\, v - \text{Sin}\, u \,\text{Cos}\, v &= \text{Sin}\,(v - u)\end{aligned}$$

hinzu. Ein Spezialfall der ersten ist die Grundbeziehung $\text{Cos}^2 u - \text{Sin}^2 u = 1$, die man auch aus der Hyperbelgleichung entnehmen kann. Neben Cos u und Sin u führt man noch $\text{Tan}\, u = \text{Sin}\, u/\text{Cos}\, u$ und $\text{Cot}\, u = \text{Cos}\, u/\text{Sin}\, u$ ein, den *hyperbolischen Tangens* und den *hyperbolischen Kotangens*. Die Differentiation dieser Funktionen läßt sich mittels der Leibnizschen Regeln erledigen. Dabei kann man $e^{-u} = 1/e^u$ nach der Quotientenregel behandeln:

$$(e^{-u})' = [e^u \cdot 1' - 1 \cdot (e^u)']/e^{2u} = -e^u/e^{2u} = -e^{-u}.$$

Oder man kann die Kettenregel anwenden und entweder sagen: $(e^u)^{-1}$ habe die Ableitung $-(e^u)^{-2}\,(e^u)'$, oder noch einfacher: e^{-u} habe die Ableitung $e^{-u}\,(-u)'$. Immer lautet das Ergebnis $-e^{-u}$. Hierauf gestützt findet man:

$$\begin{aligned}&(\text{Cos}\, u)' = (e^u - e^{-u})/2; \qquad &&(\text{Sin}\, u)' = (e^u + e^{-u})/2, \text{ d. h.:}\\ &(\text{Cos}\, u)' = \text{Sin}\, u; &&(\text{Sin}\, u)' = \text{Cos}\, u.\end{aligned}$$

Weiter ergibt sich mittels der Leibnizschen Quotientenregel:

$$(\text{Tan}\, u)' = \left(\frac{\text{Sin}\, u}{\text{Cos}\, u}\right)' = \frac{\text{Cos}\, u\,(\text{Sin}\, u)' - \text{Sin}\, u\,(\text{Cos}\, u)'}{\text{Cos}^2 u} = \frac{\text{Cos}^2 u - \text{Sin}^2 u}{\text{Cos}^2 u};$$

$$(\text{Cot}\, u)' = \left(\frac{\text{Cos}\, u}{\text{Sin}\, u}\right)' = \frac{\text{Sin}\, u\,(\text{Cos}\, u)' - \text{Cos}\, u\,(\text{Sin}\, u)'}{\text{Sin}^2 u} = \frac{\text{Sin}^2 u - \text{Cos}^2 u}{\text{Sin}^2 u}.$$

Entweder setzt man nun $\text{Cos}^2 u - \text{Sin}^2 u = 1$ und findet dann:

$$(\text{Tan}\, u)' = 1/\text{Cos}^2 u; \quad (\text{Cot}\, u)' = -1/\text{Sin}^2 u$$

oder man läßt die Zähler stehen und erhält:

$$(\text{Tan}\, u)' = 1 - \text{Tan}^2 u; \quad (\text{Cot}\, u)' = 1 - \text{Cot}^2 u.$$

§ 9. Die hyperbolischen Areafunktionen

Ist u ein doppelter Sektor der Hyperbel $x^2 - y^2 = 1$ oder vielmehr ihres rechts liegenden Zweiges, so gehört zu jedem positiven oder negativen Wert von u ein bestimmter Hyperbelpunkt P. Er liegt oberhalb oder unterhalb der x-Achse, je nachdem u positiv oder negativ ist. Seine Ordinate y ist gleich Sin u. Umgekehrt entspricht jedem positiven oder negativen Wert von y ein bestimmter Hyperbelpunkt P und ein doppelter Sektor u, den man mit ar Sin y bezeichnet („Area groß Sinus y"). Die Aussage $u = \text{ar Sin}\, y$ ist völlig gleichbedeutend mit $y = \text{Sin}\, u$. „Area" bedeutet soviel wie Fläche, und zwar handelt es sich um die verdoppelte Sektorfläche.

Ebenso ist $u = \text{ar Cos } x$ gleichbedeutend mit $x = \text{Cos } u$, nur muß man, da zu u und $-u$ dasselbe x gehört, etwa durch die Festsetzung $u \geqq 0$ die Doppeldeutigkeit ausschalten. Während bei ar Sin y das y alle möglichen Werte annehmen konnte, ist bei ar Cos x das x der Einschränkung $x \geqq 1$ unterworfen, da der hier betrachtete Hyperbelast rechts von der Geraden $x = 1$ liegt.

Wenn aus der Gleichung $z = \text{Tan } u$ bei gegebenem z das u bestimmt werden soll, so muß man den Hyperbelpunkt x, y aufsuchen, der die Bedingung $y = zx$ erfüllt. Ein Blick auf Abb. 13 zeigt, daß es einen und nur einen solchen Punkt gibt, solange z zwischen -1 und 1 liegt. Ist u der diesem Punkt entsprechende doppelte Sektor, so schreibt man $u = \text{ar Tan } z$. Diese Funktion von z ist also nur in dem Intervall $-1 \cdots 1$ erklärt.

Soll aus der Gleichung $z = \text{Cot } u$ das u ermittelt werden, so ist derjenige Hyperbelpunkt aufzusuchen, der die Forderung $x = zy$ erfüllt. Hier muß $1/z$ in das Intervall $-1 \cdots 1$ fallen, also z außerhalb desselben liegen, damit ein solcher Punkt existiert. Ist u der zugehörige doppelte Sektor, so schreibt man: $u = \text{ar Cot } z$. Diese Funktion ist nur in dem Bereich $z \leqq -1$ oder $z \geqq 1$ erklärt.

Die Funktionen ar Sin, ar Cos, ar Tan und ar Cot sind die *Umkehrungen* von Sin, Cos, Tan und Cot. Die Gleichungen

$$y = \text{ar Sin } x; \quad y = \text{ar Cos } x; \quad y = \text{ar Tan } x; \quad y = \text{ar Cot } x$$

sind gleichbedeutend

$$(x \geqq 1) \qquad (|x| \leqq 1) \qquad (|x| \geqq 1)$$

mit

$$x = \text{Sin } y; \quad x = \text{Cos } y; \quad x = \text{Tan } y; \quad x = \text{Cot } y.$$

Im zweiten Fall muß man noch $y \geqq 0$ fordern, um Eindeutigkeit herzustellen.

Man kann die hyperbolischen Areafunktionen auch anders ausdrücken. Aus $x = \text{Sin } y$ oder $x = (e^y - e^{-y})/2$ findet man:

$$e^{2y} - 2\,xe^y - 1 = 0 \text{ und weiter: } e^y = x + \sqrt{x^2 + 1}.$$

Da e^y stets positiv ist, muß man der Wurzel das Pluszeichen geben. Man kann jetzt schreiben: $\text{ar Sin } x = \ln(x + \sqrt{x^2 + 1})$. Ebenso läßt sich aus $x = \text{Cos } y$ oder $x = (e^y + e^{-y})/2$ entnehmen: $e^{2y} - 2\,xe^y + 1 = 0$ und weiter $e^y = x + \sqrt{x^2 - 1}$. Da $x \geqq 1$ und $y \geqq 0$ sein soll, muß man die Wurzel mit dem Pluszeichen nehmen. Man kann jetzt schreiben:

$$\text{ar Cos } x = \ln(x + \sqrt{x^2 - 1}); \quad (x \geqq 1).$$

Im Falle $x = \text{Tan } y = (e^y - e^{-y}) / (e^y + e^{-y})$ hat man: $e^{2y} = (1 + x) / (1 - x)$, also: $\text{ar Tan } x = (1/2) \ln [(1 + x) / (1 - x)]$; dabei müssen $1 - x$ und $1 + x$ beide dasselbe Zeichen haben, und zwar müssen sie positiv sein, weil ihre Summe 2 beträgt. Die Aussagen $1 - x > 0$ und $1 + x > 0$ bedeuten soviel wie $-1 < x < 1$.

Schließlich wäre noch $x = \text{Cot } y = (e^y + e^{-y}) / (e^y - e^{-y})$ zu betrachten. Hier ergibt sich: $e^{2y} = (x + 1) / (x - 1)$; dabei haben $x + 1$ und $x - 1$

dasselbe Zeichen, wenn x außerhalb des Intervalls $-1 \cdots 1$ liegt. Man hat dann:

$$\text{ar Cot } x = (1/2) \ln [(x+1)/(x-1)].$$

Will man nun die hyperbolischen Areafunktionen differentiieren, so kann man sich an die hier gewonnenen Ausdrücke

$$\ln (x + \sqrt{x^2+1}); \quad \ln (x + \sqrt{x^2-1}); \quad (1/2) \ln [(1+x)/(1-x)];$$
$$(1/2) \ln [(x+1)/(x-1)]$$

halten und jedesmal die Kettenregel anwenden. Man findet hierbei:

$$1/\sqrt{x^2+1}; \quad 1/\sqrt{x^2-1}; \quad 1/(1-x^2); \quad 1/(1-x^2).$$

Bequemer ist es, aus $y = \text{ar Sin } x$; $y = \text{ar Cos } x$; $y = \text{ar Tan } x$; $y = \text{ar Cot } x$ zu entnehmen:

$$x = \text{Sin } y; \; x = \text{Cos } y; \; x = \text{Tan } y; \; x = \text{Cot } y$$

und für hinschwindende $\Delta x, \Delta y$ die Limesrelationen aufzustellen:

$$\Delta x/\Delta y \to \text{Cos } y = \sqrt{x^2+1}; \quad \Delta x/\Delta y \to \text{Sin } y = \sqrt{x^2-1}$$
$$\Delta x/\Delta y \to 1 - \text{Tan}^2 y = 1 - x^2; \quad \Delta x/\Delta y \to 1 - \text{Cot}^2 y = 1 - x^2.$$

Aus ihnen kann man schließen:

$$\Delta y/\Delta x \to 1/\sqrt{x^2+1}; \quad \Delta y/\Delta x \to 1/\sqrt{x^2-1};$$
$$\Delta y/\Delta x \to 1/(1-x^2); \quad \Delta y/\Delta x \to 1/(1-x^2), \text{ d. h.:}$$
$$(\text{ar Sin } x)' = 1/\sqrt{x^2+1}; \quad (\text{ar Cos } x)' = 1/\sqrt{x^2-1};$$
$$(\text{ar Tan } x)' = 1/(1-x^2); \quad (\text{ar Cot } x)' = 1/(1-x^2).$$

Im Falle $y = \text{ar Cos } x$ weiß man auf Grund der Nebenbedingung $y \geqq 0$, daß Sin $y \geqq 0$ ist, und muß daher $\sqrt{x^2-1}$ mit dem Pluszeichen versehen, ebenso wie im Falle $y = \text{ar Sin } x$ die Wurzel $\sqrt{x^2+1}$ mit Rücksicht auf Cos $y \geqq 1$.

§ 10. Die inversen Kreisfunktionen

Wenn man die *Kreisfunktionen* sin, cos, tan, cot umkehrt, so entstehen die *inversen Kreisfunktionen* arc sin, arc cos, arc tan, arc cot („Arcus Kosinus", ...) oder auch ar sin, ar cos, ar tan, ar cot („Area Kosinus", ...). Man kann nämlich statt eines Bogens des Einheitskreises ebensogut oder noch besser den doppelten Kreissektor betrachten, der ihm numerisch gleich ist. Um bei den Umkehrfunktionen Eindeutigkeit zu erzielen, pflegt man unter arc sin x denjenigen Bogen im Intervall $-\pi/2 \cdots \pi/2$ zu verstehen, dessen Sinus gleich x ist. Bei arc cos x beschränkt man den Bogen auf das Intervall $0 \cdots \pi$. Bei beiden Funktionen muß x zwischen -1 und 1 liegen. Unter arc tan x versteht man einen Bogen im Intervall $-\pi/2 \cdots \pi/2$, dessen Tangens gleich x, unter arc cot x einen Bogen im Intervall $0 \cdots \pi$, dessen Kotangens gleich x ist. Hier kann x jeden positiven und negativen Wert annehmen.

Um die inversen Kreisfunktionen oder, wie man auch sagen kann, die *zirkulären Areafunktionen* zu differentiieren, geht man davon aus, daß die Gleichungen:

$$y = \text{arc sin } x; \; y = \text{arc cos } x; \; y = \text{arc tan } x; \; y = \text{arc cot } x$$

dasselbe bedeuten wie

$$x = \sin y;\quad x = \cos y;\quad x = \tan y;\quad x = \cot y.$$

Für hinschwindende $\Delta x, \Delta y$ gelten, wie wir wissen, die Limesrelationen:

$$\Delta x/\Delta y \to \cos y = \sqrt{1 - x^2};\quad \Delta x/\Delta y \to -\sin y = \sqrt{1 - x^2};$$
$$\Delta x/\Delta y \to 1 + \tan^2 y = 1 + x^2;\quad \Delta x/\Delta y \to -1 - \cot^2 y = -(1 + x^2).$$

Im ersten Falle liegt y zwischen $-\pi/2 \cdots \pi/2$, daher ist $\cos y$ gleich der positiven Wurzel aus $1 - \sin^2 y$. Im zweiten Falle hat man $0 < y < \pi$, so daß für $\sin y$ die positive Wurzel aus $1 - \cos^2 y$ gesetzt werden muß. Aus den obigen Limesbeziehungen folgt nun:

$$\Delta y/\Delta x \to 1/\sqrt{1 - x^2};\quad \Delta y/\Delta x \to -1/\sqrt{1 - x^2};$$
$$\Delta y/\Delta x \to 1/(1 + x^2);\quad \Delta y/\Delta x \to -1/(1 + x^2),\ \text{d. h.}:$$
$$(\text{arc}\sin x)' = 1/\sqrt{1 - x^2};\quad (\text{arc}\cos x)' = -1/\sqrt{1 - x^2};$$
$$(\text{arc}\tan x)' = 1/(1 + x^2);\quad (\text{arc}\cot x)' = -1/(1 + x^2).$$

§ 11. Einige Sätze über stetige Funktionen

Wenn $y = f(x)$ eine Ableitung hat, so kann man schreiben:

$$\Delta y = f'(x)\,\Delta x + \alpha \Delta x,$$

wobei α gleichzeitig mit Δx der Null zustrebt. Sobald also die Ableitung existiert, ist mit $\Delta x \to 0$ die Aussage $\Delta y \to 0$ verknüpft. Diese Eigenschaft, daß bei hinschwindendem Δx auch Δy nach Null konvergiert, nennt man *Stetigkeit*. Wenn man bei einer stetigen Funktion mit x einen Grenzübergang (Limesprozeß) durchführt, so vollzieht sich bei y der entsprechende Grenzübergang, d. h., wenn x nach x_0 konvergiert, strebt $f(x)$ nach $f(x_0)$. Aus $\lim x = x_0$ folgt: $\lim f(x) = f(x_0)$. Wenn man nur ein bestimmtes x_0 in Betracht zieht, so spricht man von *Stetigkeit an der Stelle* x_0. Eine Funktion heißt stetig in einem Intervall, wenn sie an jeder Stelle des Intervalls im eben erklärten Sinne stetig ist. Stetigkeit an der Stelle x_0 kann auch dann vorhanden sein, wenn $f'(x_0)$ nicht existiert. Δx und Δy können zusammen nach Null konvergieren, ohne daß der Quotient $\Delta y/\Delta x$ einem Grenzwert zustrebt. Die Funktion $f(x) = x \sin(1/x)$ z. B. ist, wenn wir $f(0) = 0$ festsetzen, an der Stelle 0 stetig, obwohl der Differenzenquotient $[f(h) - f(0)]/h = \sin(1/h)$ bei hinschwindendem h immer zwischen -1 und 1 hin und her geht, so daß von einem Grenzwert dieses Differenzenquotienten keine Rede sein kann. Die Funktion ist also an der Stelle 0 stetig, aber nicht differentiierbar.

Wenn man den Übergang von x zu $f(x)$ als eine Operation betrachtet, so ist diese Operation im Stetigkeitsfalle mit der Limesoperation vertauschbar. Da aus $\lim x = x_0$ folgt: $\lim f(x) = f(x_0)$, so gilt die Beziehung

$$\lim f(x) = f(\lim x),$$

in der sich die Vertauschbarkeit der Operationen lim und f deutlich ausspricht.

An der Stelle x_0 kann $y = f(x)$ auf verschiedene Arten *unstetig* sein. Die stärkste Abweichung von der Stetigkeit liegt vor, wenn im Falle $\lim x = x_0$

nicht immer lim y existiert. Wir sehen dieses Verhalten bei der Funktion $y = \sin(1/x)$, deren Wert an der Stelle 0 wir besonders festsetzen müssen. Wie wir diese Festsetzung auch treffen mögen, niemals wird an der Stelle 0 Stetigkeit vorhanden sein, weil im Falle lim $x = 0$ nicht immer lim y existiert. Lassen wir z. B. x in der Weise nach Null konvergieren, daß $1/x$ die Werte $\pi/2$, $3\pi/2$, $5\pi/2$, durchläuft, so lauten die zugehörigen Funktionswerte 1; -1; 1; $\cdots$, von einem Grenzwert ist also keine Rede. Auch wenn wir den Limestod von x so geschickt regeln, daß lim y existiert, wird doch bei y nicht immer derselbe Grenzwert herauskommen. Richten wir es z. B. so ein, daß $1/x$ die Werte π, 2π, 3π, $\cdots$ durchläuft, so lauten die entsprechenden y-Werte 0; 0; 0; $\cdots$. Hier ist also lim $y = 0$. Lassen wir dagegen $1/x$ die Folge $\pi/2$, $5\pi/2$, $9\pi/2$, $\cdots$ entlang gehen, so nimmt y die Werte 1; 1; 1; $\cdots$ an, so daß die Aussage lim $y = 1$ gilt. Schreitet x auf dem Wege $3\pi/2$, $7\pi/2$, $11\pi/2$, $\cdots$ zum Limestod, so lauten die entsprechenden y-Werte -1; -1; -1; $\cdots$, man hat also lim $y = -1$.

Allgemein gilt folgendes: Der Wert $y_0 = \sin(1/x_0)$ wird an den Stellen $x = 1/(1/x_0 + 2n\pi)$ angenommen. Läßt man also x diese Werte durchlaufen, so bleibt y beständig gleich y_0, so daß man sagen kann: lim $y = y_0$. Neben der hier am Beispiel erläuterten *völligen* Unstetigkeit gibt es noch eine andere, etwas harmlosere. Wir wollen gleich den allgemeinsten Fall dieser weniger bösartigen Unstetigkeit herausstellen und beim Übergang zur Grenze x_0 zwischen rechts und links unterscheiden: $x \nearrow x_0$ soll bedeuten, daß x von links oder von unten nach x_0 konvergiert ($x < x_0$), und $x \searrow x_0$, daß die Annäherung von rechts oder von oben erfolgt ($x > x_0$). Wir sagen „rechts" und „links", weil bei uns auf der x-Achse die Richtung wachsender x nach rechts weist. Wir wollen nun annehmen, daß im Falle $x \nearrow x_0$ der Grenzwert lim $f(x)$ existiert. Man bezeichnet ihn nach *Dirichlet* mit $f(x_0 - 0)$.

Ebenso wollen wir annehmen, daß im Falle $x \searrow x_0$ der Grenzwert lim $f(x)$ vorhanden ist; er wird durch $f(x_0 + 0)$ dargestellt. Wenn $f(x_0 - 0)$ und $f(x_0 + 0)$ beide gleich $f(x_0)$ sind, so ist $f(x)$ an der Stelle x_0 stetig. Ist: $f(x_0 - 0) = f(x_0)$, aber $f(x_0 + 0) \neq f(x_0)$, so sagen wir, $f(x)$ sei an der Stelle x_0 *nach links stetig, nach rechts unstetig*. Ebenso liegt im Falle $f(x_0 - 0) \neq f(x_0)$ und $f(x_0 + 0) = f(x_0)$ *Unstetigkeit nach links* und *Stetigkeit nach rechts* vor. Sind $f(x_0 - 0)$ und $f(x_0 + 0)$ beide von $f(x_0)$ verschieden, so ist $f(x)$ an der Stelle x_0 auf beiden Seiten unstetig. Fallen $f(x_0 - 0)$ und $f(x_0 + 0)$ zusammen, ist aber ihr gemeinsamer Wert g von $f(x_0)$ verschieden, so haben wir es mit einer *hebbaren Unstetigkeit* zu tun: Wenn wir $f(x_0)$ durch g ersetzen, so verschwindet die Unstetigkeit an der Stelle x_0.

Man nennt $f(x_0) - f(x_0 - 0)$ den *Sprung* von $f(x)$ bei linksseitigem Eintritt in die Stelle x_0. Ebenso ist $f(x_0 + 0) - f(x_0)$ der Sprung beim Austritt aus der Stelle x_0 nach rechts hin. Wenn $f(x_0 - 0)$ und $f(x_0 + 0)$ existieren, so spricht man von *Unstetigkeit erster Art* oder *niederer Unstetigkeit.* Wenn einer dieser Grenzwerte oder gar beide nicht vorhanden sind, so liegt an der Stelle x_0 eine *Unstetigkeit zweiter Art*, eine *höhere Unstetigkeit* vor.

Nach den grundlegenden Grenzwertsätzen können wir folgendes aussagen: Sind $f(x)$ und $g(x)$ an der Stelle x_0 stetig, so gilt dasselbe von $f(x)+g(x)$; $f(x)-g(x)$; $f(x)\,g(x)$ und $f(x)/g(x)$, wobei im letzten Fall noch $g(x_0) \neq 0$ zu fordern ist. Wenn nämlich aus $\lim x = x_0$ folgt: $\lim f(x) = f(x_0)$; $\lim g(x) = g(x_0)$, so bestehen zugleich die Limesrelationen

$$f(x)+g(x) \to f(x_0)+g(x_0); \quad f(x)-g(x) \to f(x_0)-g(x_0);$$
$$f(x)\,g(x) \to f(x_0)\,g(x_0); \quad f(x)/g(x) \to f(x_0)/g(x_0).$$

Satz von Bolzano. Wenn $f(x)$ im geschlossenen Intervall $a \cdots b$ stetig ist und die Randwerte $f(a)$ und $f(b)$ verschieden sind, so nimmt $f(x)$ beim Übergang von a zu b jeden Wert an, der zwischen $f(a)$ und $f(b)$ liegt.

Das *geschlossene* Intervall $a \cdots b$ besteht aus allen x-Werten, die den Ungleichungen $a \leqq x \leqq b$ genügen, d. h. die Intervallgrenzen werden mit zum Intervall gerechnet.

Würde $f(x)$ einen Wert k zwischen $f(a)$ und $f(b)$ auslassen, so wäre insbesondere $f[(a+b)/2] \neq k$. Da k zwischen $f(a)$ und $f(b)$ fällt, so kann man das auch in der Ungleichung ausdrücken:

$$[f(a)-k]\,[f(b)-k] < 0 \tag{44}$$

Da sich nun das Produkt aus

$[f(a)-k]\,[f((a+b)/2)-k]$ und $[f((a+b)/2)-k]\,[f(b)-k]$

von dem Produkt (44) um einen positiven Faktor unterscheidet, so ist es, wie jenes, negativ. Es gibt also in $a \cdots b$ eine und nur eine Hälfte $a_1 \cdots b_1$, für welche die Ungleichung $[f(a_1)-k]\,[f(b_1)-k] < 0$ gilt, ebenso, wenn nicht $f[(a_1+b_1)/2] = k$, in $a_1 \cdots b_1$ eine und nur eine Hälfte $a_2 \cdots b_2$, die der Ungleichung

$[f(a_2)-k)]\,[f(b_2)-k] < 0$ genügt, usw. Voraussetzung dieses nie abbrechenden Prozesses ist, daß $f(x)$ in keinem der Halbierungspunkte den Wert k annimmt.

Wir haben hier eine Folge von Intervallen $a \cdots b$; $a_1 \cdots b_1$; $a_2 \cdots b_2$; $\cdots$ vor uns, die durch fortgesetztes Abwerfen einer Hälfte entsteht. Jedes Intervall in dieser Folge ist die rechte oder linke Hälfte des vorangehenden. Da Bolzano als erster mit solchen Intervallfolgen gearbeitet hat, nennt man sie ihm zu Ehren *Bolzanosche Folgen.* Er wußte, daß es stets einen und nur einen Wert oder, geometrisch gesprochen, einen Punkt c gibt, der in allen Intervallen der Folge enthalten ist. Es kann nur *ein* solcher Wert existieren.

Wäre nämlich: $a_n \leqq c < c^* < b_n$; $(n = 1; 2; 3; \cdots)$, so hätte man $b_n - a_n \geqq c^* - c$, was mit $\lim (b_n - a_n) = \lim [(b-a)/2^n] = 0$ unvereinbar ist. Daß es überhaupt ein in allen Intervallen enthaltenes c gibt, hängt mit unserem heutigen Zahlbegriff zusammen. Da wir aber auf die Theorie der Irrationalzahlen hier nicht eingehen, so müssen wir den Existenzbeweis für c unterdrücken. Die Werte a_n und b_n unterscheiden sich von c höchstens um $b_n - a_n$. Daher ist c der gemeinsame Grenzwert von a_n und b_n, und zwar konvergiert die Folge $a, a_1, a_2, \cdots$ aufsteigend, $b, b_1, b_2, \cdots$ dagegen absteigend nach c.

Kehren wir nun zur stetigen Funktion $f(x)$ zurück, so können wir aus $\lim a_n = \lim b_n = c$ schließen:

$$\lim f(a_n) = \lim f(b_n) = f(c).$$

Die Ungleichung $[f(a_n) - k]\,[f(b_n) - k] < 0$; $(n = 1; 2; 3; \cdots)$ führt dann nach unseren Grenzwertsätzen zu $[f(c) - k]^2 \leqq 0$. Da die linke Seite nicht negativ sein kann, so bleibt nur die Möglichkeit $f(c) = k$. Damit ist gezeigt, *daß eine stetige Funktion beim Übergang von einem Wert zum anderen alle Zwischenwerte annimmt.*

Satz von Weierstraß. ***Wenn die Funktion $f(x)$ im geschlossenen Intervall $a \ldots b$ stetig ist, so gibt es unter ihren Werten einen größten und einen kleinsten.*** Wenn m der kleinste Wert von $f(x)$ ist, so hat offenbar $-f(x)$ den größten Wert $-m$. Daher genügt es, die Existenz des größten Wertes zu beweisen. Mein Beweis stützt sich auf den Begriff des *ausgezeichneten Teilintervalls*. Das Intervall $\alpha \cdots \beta$ sei ganz in $a \cdots b$ enthalten. Ich nenne es ein ausgezeichnetes Teilintervall von $a \cdots b$, wenn darin mindestens ebenso große Funktionswerte auftreten, wie in $a \cdots b$, so daß es also in $a \cdots b$ keinen Funktionswert gibt, der alle Funktionswerte in $\alpha \cdots \beta$, einschließlich $f(\alpha)$ und $f(\beta)$, übertrifft. Zerlegt man nun $a \cdots b$ in seine Hälften $a \cdots (a+b)/2$ und $(a+b)/2 \cdots b$, so ist wenigstens eine dieser Hälften ein ausgezeichnetes Teilintervall von $a \cdots b$. Wäre dies nicht der Fall, so gäbe es in $a \cdots b$ einen Funktionswert f_1, der alle $f(x)$ in dem geschlossenen Intervall $a \cdots (a+b)/2$, und einen Funktionswert f_2, der alle $f(x)$ in dem geschlossenen Intervall $(a+b)/2 \cdots b$ übertrifft. Der größere der beiden Werte f_1, f_2 würde dann alle $f(x)$ im geschlossenen Intervall $a \cdots b$ übertreffen, was ganz unmöglich ist, weil er dann sich selbst übertreffen müßte. So gibt es also in $a \cdots b$ eine ausgezeichnete Hälfte $a_1 \cdots b_1$, in dieser wieder eine ausgezeichnete Hälfte $a_2 \cdots b_2$ usw. Die Intervalle $a \cdots b$; $a_1 \cdots b_1$; $a_2 \cdots b_2$; $\cdots$ verschrumpfen auf einen Punkt c, und $f(c)$ ist das größte $f(x)$ in $a \cdots b$.

Greift man nämlich aus $a \cdots b$ irgendeinen Funktionswert $f(x_0)$ heraus, so gibt es in $a_1 \cdots b_1$ einen Funktionswert $f(x_1)$, mindestens so groß wie $f(x_0)$, ebenso in $a_2 \cdots b_2$ einen Funktionswert $f(x_2)$, mindestens so groß wie $f(x_1)$, usw. Da x_n in $a_n \cdots b_n$ enthalten ist, so wird es von den nach c konvergierenden a_n, b_n mitgerissen. Wegen der Stetigkeit läßt sich dann aus $\lim x_n = c$ folgern:

$$\lim f(x_n) = f(c).$$

Andererseits ersieht man aus $f(x_0) \leqq f(x_1) \leqq f(x_2) \leqq \cdots$, daß $f(x_0) \leqq f(x_n)$; woraus sich bei unendlich zunehmendem n ergibt:

$$f(x_0) \leqq f(c).$$

§ 12. Mittelwertsätze

Wir schicken das *Rolle*sche Theorem voraus, das von seinem Urheber nur für Polynome bewiesen wurde. Es besagt, daß zwischen zwei Wurzeln eines Polynoms $P(x)$ mindestens eine Wurzel der Ableitung $P'(x)$ liegt. Das allgemeine Rollesche Theorem lautet: *Wenn $f(x)$ im geschlossenen Intervall $a \cdots b$ stetig ist, an den Grenzen verschwindet und im Innern überall eine Ableitung $f'(x)$ hat, so gibt es zwischen a und b eine Nullstelle von $f'(x)$.* Nach dem Weierstraßschen Satze ist unter den Funktionswerten ein größter und ein kleinster vorhanden. Würden diese an den Grenzen des Intervalls $a \cdots b$ liegen, so wären sie beide gleich Null, und man hätte im ganzen Intervall $f(x) = 0$, folglich $f'(x) = 0$. Es liegt dann also zwischen a und b nicht nur *eine* Nullstelle von $f'(x)$, sondern es sind dort überhaupt nur solche Nullstellen anzutreffen. Das Rollesche Theorem hat demnach seine Gültigkeit. Sind der größte und der kleinste Wert nicht beide gleich Null, so wird mindestens einer von beiden im Innern von $a \cdots b$ angenommen, etwa an der Stelle c. Dann haben $f(c+h) - f(c)$ und $f(c-h) - f(c)$ beide dasselbe Zeichen und $[f(c+h) - f(c)]/h$ und $[f(c-h) - f(c)]/(c-h)$ entgegengesetzte Zeichen, jedenfalls nicht übereinstimmende Zeichen. Läßt man nun das positiv gedachte h zur Null konvergieren, so streben beide Quotienten nach $f'(c)$. Wäre $f'(c)$ von Null verschieden, so müßten sie schließlich im Zeichen mit $f'(c)$ übereinstimmen, was doch gerade ausgeschlossen ist. Somit bleibt nur die Möglichkeit:

$$f'(c) = 0.$$

Wir gehen jetzt zur Herleitung des sog. Mittelwertsatzes über. Dabei halten wir die Voraussetzungen des Rolleschen Theorems aufrecht und lassen nur die Forderung $f(a) = f(b) = 0$ fallen. Wir bilden unter Erinnerung an die Interpolationsformel ein Polynom ersten Grades, das an den Stellen a und b die Werte $f(a)$, $f(b)$ annimmt. Es lautet in der Newtonschen Schreibweise:

$$f(a) + (x-a)\,[f(b) - f(a)] \,/\, (b-a).$$

Die Differenz $F(x) = f(x) - f(a) - (x-a)\,[f(b) - f(a)] \,/\, (b-a)$ erfüllt alle Voraussetzungen des Rolleschen Theorems. Daher gibt es im Innern von $a \cdots b$ eine Nullstelle c der Ableitung $F'(x) = f'(x) - [f(b) - f(a)]/(b-a)$. Dort gilt dann die Gleichung

$$[f(b) - f(a)] \,/\, (b-a) = f'(c) \tag{45}$$

Irgendwo im Innern von $a \cdots b$ wird also die Ableitung gleich dem Differenzenquotienten über $a \cdots b$. Das ist der *Mittelwertsatz*, auch *Satz vom Differenzenquotienten* genannt. Er stellt eine neue Beziehung zwischen dem Differenzenquotienten und der Ableitung her. Bisher lernten wir nur die Limesbeziehung kennen, wonach bei zusammenrückenden Füßen der Differenzenquotient die Ableitung zum Grenzwert hat.

Abb. 14 gibt die geometrische Deutung des Mittelwertsatzes: $f'(c)$ ist die Steigung der Tangente an der Stelle c und $[f(b) - f(a)]/(b-a)$ die der Sehne. Die im Mittelwertsatz ausgesprochene Gleichheit beider Steigungen be-

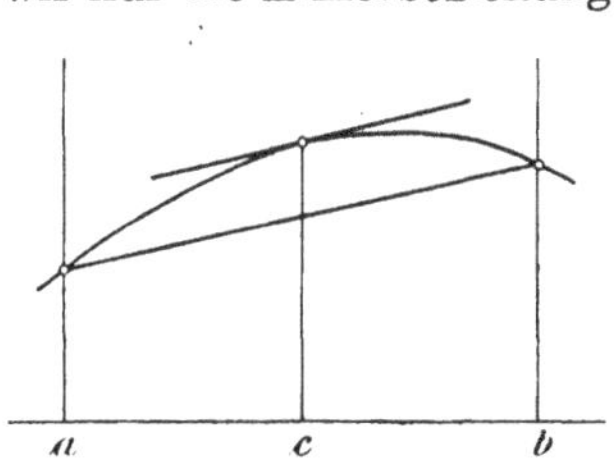

Abb. 14.

deutet, daß Tangente und Sehne zueinander parallel sind. Es gibt also nach dem Mittelwertsatz auf dem Kurvenbogen über $a \cdots b$ eine Stelle, wo die Tangente zur Sehne des Bogens parallel läuft. Der Rollesche Satz ist offenbar nichts anderes als ein Spezialfall des Mittelwertsatzes. Nehmen wir zu $f(x)$ noch eine Funktion $g(x)$ hinzu, die ebenfalls die Bedingungen des Mittelwertsatzes erfüllt, so gilt dies auch von der Funktion

$$\varphi(x) = f(x)\,[g(b) - g(a)] \,/\, (b - a) \;-\; g(x)\,[f(b) - f(a)] \,/\, (b - a).$$

Bildet man $[\varphi(b) - \varphi(a)] \,/\, (b - a)$, so kommt Null heraus. Daher muß es nach dem Mittelwertsatz zwischen a und b eine Stelle c geben, wo die Ableitung $\varphi'(x)$ verschwindet. Dort gilt also die Gleichung

$$f'(c)\,[g(b) - g(a)] \,/\, (b - a) - g'(c)\,[f(b) - f(a)] \,/\, (b - a) = 0.$$

Ist $g'(x)$ zwischen a und b nirgends gleich Null, so kann auch $[g(b) - g(a)] \,/\, (b - a)$ nach dem Mittelwertsatz nicht verschwinden. Dann dürfen wir also schreiben:

$$\frac{f(b) - f(a)}{b - a} : \frac{g(b) - g(a)}{b - a} = f'(c) : g'(c),$$

oder auch:

$$[f(b) - f(a)] : [g(b) - g(a)] = f'(c) : g'(c) \tag{46}$$

Das ist der *verallgemeinerte Mittelwertsatz*. Setzt man $g(x) = x$, so ergibt sich der Satz (45).

$P(x)$ sei das Polynom n-ten Grades, das an den aufsteigend numerierten Stellen $x_0, x_1, \cdots, x_n$, mit $y = f(x)$ zusammenfällt. $P(x)$ lautet in Newtons Schreibweise:

$$y_0 + \begin{bmatrix} y_0\, y_1 \\ x_0\, x_1 \end{bmatrix} (x - x_0) + \cdots + \begin{bmatrix} y_0\, y_1 \cdots y_n \\ x_0\, x_1 \cdots x_n \end{bmatrix} (x - x_0) \cdots (x - x_{n-1}).$$

Wir wollen annehmen, daß sich $f(x)$ in dem geschlossenen Intervall $x_0 \cdots x_n$ stetig verhält und innerhalb dieses Intervalls die Ableitungen $f'(x), \cdots, f^{(n)}(x)$ besitzt. Da die Differenz $f(x) - P(x)$ an den Stellen $x_0, x_1, \cdots, x_n$ zu Null wird, so verschwindet die Ableitung $f'(x) - P'(x)$ irgendwo zwischen x_0 und x_1, zwischen x_1 und $x_2, \cdots$, zwischen x_{n-1} und x_n. Zwischen diesen n-Nullstellen von $f'(x) - P'(x)$ gibt es $n - 1$ Nullstellen von $f''(x) - P''(x)$ usw. Schließlich kommt man zu einer Nullstelle c von $f^{(n)}(x) - P^{(n)}(x)$, die jedenfalls zwischen x_0 und x_n enthalten ist. Für $P^{(n)}(x)$ findet man den Wert $n! \begin{bmatrix} y_0\, y_1 \cdots y_n \\ x_0\, x_1 \cdots x_n \end{bmatrix}$, so daß sich folgende Gleichung ergibt:

$$\begin{bmatrix} y_0\, y_1 \cdots y_n \\ x_0\, x_1 \cdots x_n \end{bmatrix} = \frac{f^{(n)}(c)}{n!} \tag{47}$$

Ein $(n + 1)$-füßiger Newtonscher Differenzenquotient ist also gleich einem durch $n!$ dividierten Wert der n-ten Ableitung, den diese irgendwo zwischen den Füßen annimmt. Im Falle $n = 1$ kommt man zur Formel (45) des Mittelwertsatzes. Auch der Satz (46) läßt sich auf höhere Differenzenquotienten übertragen. Sind $y = f(x)$ und $z = g(x)$ im geschlossenen Intervall $x_0 \cdots x_n$ stetig und im Innern n-mal differentiierbar, so hat die Funktion

$$\Phi(x) = f(x) \begin{bmatrix} z_0\, z_1 \cdots z_n \\ x_0\, x_1 \cdots x_n \end{bmatrix} - g(x) \begin{bmatrix} y_0\, y_1 \cdots y_n \\ x_0\, x_1 \cdots x_n \end{bmatrix}$$

über den Füßen $x_0, x_1, \cdots, x_n$ einen verschwindenden Differenzenquotienten. Daher gibt es nach (47) eine Zwischenstelle c, wo $\Phi^{(n)}(c) = 0$, d. h.:

$$f^{(n)}(c) \begin{bmatrix} z_0\, z_1 \cdots z_n \\ x_0\, x_1 \cdots x_n \end{bmatrix} - g^{(n)}(c) \begin{bmatrix} y_0\, y_1 \cdots y_n \\ x_0\, x_1 \cdots x_n \end{bmatrix} = 0.$$

Wenn nun $g^{(n)}(z)$ zwischen x_0 und x_n nirgends verschwindet, so kann nach (47) der Ausdruck $\begin{bmatrix} z_0\, z_1 \cdots z_n \\ x_0\, x_1 \cdots x_n \end{bmatrix}$ nicht gleich Null sein. In diesem Fall dürfen wir schreiben:

$$\begin{bmatrix} y_0\, y_1 \cdots y_n \\ x_0\, x_1 \cdots x_n \end{bmatrix} : \begin{bmatrix} z_0\, z_1 \cdots z_n \\ x_0\, x_1 \cdots x_n \end{bmatrix} = f^{(n)}(c) : g^{(n)}(c). \tag{48}$$

Setzt man: $g(x) = x^n$, so wird: $g^{(n)} = n!$ und, wie man entweder direkt feststellt oder auch aus (47) entnimmt: $\begin{bmatrix} z_0\, z_1 \cdots z_n \\ x_0\, x_1 \cdots x_n \end{bmatrix} = 1$. Die obige Formel geht dann also in (47) über.

§ 13. Folgerungen aus den Mittelwertsätzen

Die Funktion $f(x)$ erfülle in $a \cdots b$ die Voraussetzungen des Mittelwertsatzes. Wenn $f'(x)$ im Innern des Intervalls *zeichenbeständig* ist, so hat das Zeichen der Ableitung auch $f(x_2) - f(x_1) / (x_2 - x_1) = f'(c)$. Dabei bedeuten x_1, x_2 irgend zwei Stellen aus dem geschlossenen Intervall $a \cdots b$, von denen c umgeben wird. Man sieht, daß $f(x_2) - f(x_1)$ im Falle einer positiven Ableitung dasselbe Zeichen hat wie $x_2 - x_1$, daß also $f(x)$ bei wachsendem x zunimmt. Im Falle einer negativen Ableitung haben $f(x_2) - f(x_1)$ und $x_2 - x_1$ entgegengesetzte Zeichen, so daß $f(x)$ bei wachsendem x abnimmt. Man kann also aus dem Vorzeichen der Ableitung erkennen, ob die Funktion bei wachsendem x steigt oder fällt. Wo sie vom Steigen zum Fallen übergeht, hat die Funktion oder ihre Bildkurve einen *Höhepunkt* oder *ein Maximum*, wo sie vom Fallen zum Steigen übergeht, einen *Tiefpunkt* oder ein *Minimum*. Hiermit ist ein Verfahren zur Bestimmung der *Höhen* und *Tiefen* oder der Maxima und Minima gegeben, die man auch mit gemeinsamem Namen als *Extrema* bezeichnet.

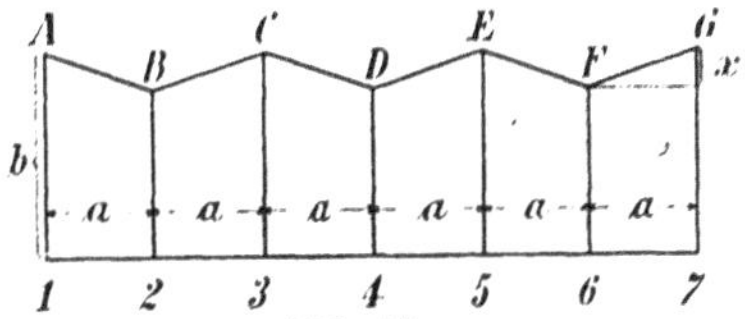

Abb. 15.

Als Beispiel behandeln wir die Aufgabe von der *Bienenzelle*. Man schneide Abb. 15 aus Papier aus, knicke das Papier längs der vertikal laufenden Striche und biege es zu einem Gefäß zurecht, so daß die Punkte 1, ···, 6 ein reguläres Sechseck bilden. An der Basis soll das Gefäß offen bleiben. Am andern Ende schließen wir es durch drei gleiche Rhomben, die in die Winkel B, D, F eingefügt werden. Wir erhalten auf diese Weise einen Becher von der Gestalt einer Bienenzelle. Bei einiger Überlegung findet man, daß der Rauminhalt des Bechers nur von a und b, aber nicht von x abhängt. Hält man also a und b fest und läßt x variieren, so entstehen lauter Bienenzellen von gleichem Inhalt. Wir fragen nun, welche von ihnen die kleinste Oberfläche hat, also mit dem geringsten Materialaufwand zu bauen ist.

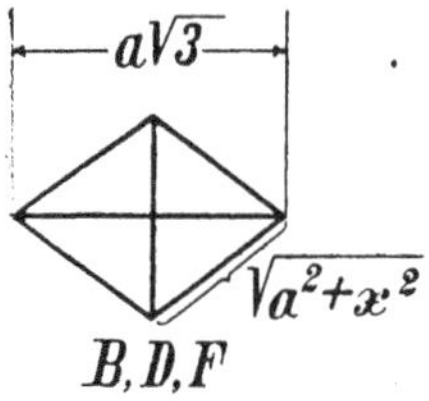

Abb. 16.

Die Wandfläche der Bienenzelle besteht aus sechs Trapezen von der Größe $a\,(2\,b - x)/2$ und aus drei Rhomben mit der Seite $\sqrt{a^2+x^2}$. Die den Punkten B, D, F gegenüberliegenden Diagonalen der drei Rhomben sind gleich $a\sqrt{3}$, also die anderen Diagonalen gleich $2\sqrt{a^2/4+x^2}$ (vgl. Abb. 16). Daher hat jeder Rhombus den Inhalt $a\sqrt{3}\cdot\sqrt{a^2/4+x^2}$. Als Wandfläche der Bienenzelle finden wir somit:

$$3\,a\,(4\,b - 2\,x)\,/\,2 + 3\,a\sqrt{3\,a^2+12\,x^2}\,/\,2 = 3\,a\,f\,(x)/2.$$

Als Ableitung von $f\,(x) = 4\,b - 2\,x + \sqrt{3\,a^2+12\,x^2}$ ergibt sich unter Benutzung der Kettenregel:

$$f'(x) = -2 + 12\,x\,/\sqrt{3\,a^2+12\,x^2} = (2\,/\sqrt{3\,a^2+12\,x^2})\,(6\,x - \sqrt{3\,a^2+12\,x^2}).$$

Solange $6\,x < \sqrt{3\,a^2+12\,x^2}$, d. h. $36\,x^2 < 3\,a^2+12\,x^2$, also $x < a\,/\sqrt{8}$, hat $f'\,(x)$ einen negativen Wert. Sobald aber $x > a/\sqrt{8}$ geworden ist, wird $f'\,(x)$ positiv sein. Daher fällt $f\,(x)$, wenn x bis $a\,/\sqrt{8}$ zunimmt. Bei weiterer Zunahme von x steigt $f\,(x)$, so daß also an der Stelle $a/\sqrt{8}$ der kleinste Funktionswert liegt. Die Diagonalen der drei Rhomben haben im Falle $x = a/\sqrt{8}$ folgende Werte: $a\sqrt{3}$ und $a\sqrt{3/2}$. Ist $2\,\varphi$ der stumpfe Winkel des Rhombus, so hat man $\tan\varphi = \sqrt{2}$. Zwölf solche Rhomben bilden das in der Krystallographie vorkommende Rhombendodekaeder. Man findet für $2\,\varphi$ den Wert $109^0\,28'$, also ungefähr 110^0, den *Maraldi* (1712) durch Messungen an wirklichen Bienenzellen feststellte. Die Zellen unserer Bienen sind also säulenförmig verlängerte Abschnitte von Rhombendodekaedern. Es greifen immer zwei Schichten solcher Zellen mit ihren rhombisch begrenzten Spitzen ineinander und bilden eine Wabe.

Im Falle einer zeichenbeständigen zweiten Ableitung kann man aus dem Mittelwertsatz

$$\begin{bmatrix} y_0\,y_1\,y_2 \\ x_0\,x_1\,x_2 \end{bmatrix} = \frac{f''\,(c)}{2\,!}$$

eine wichtige Aussage über die Gestalt der Kurve $y = f\,(x)$ herleiten. Wir erinnern uns an den Ausdruck

$$\begin{bmatrix} y_0\,y_1\,y_2 \\ x_0\,x_1\,x_2 \end{bmatrix} = \frac{y_0}{(x_0 - x_1)\,(x_0 - x_2)} + \frac{y_1}{(x_1 - x_0)\,(x_1 - x_2)} + \frac{y_2}{(x_2 - x_0)\,(x_2 - x_1)},$$

den wir in § 1 des ersten Kapitels kennen lernten. Ist die zweite Ableitung positiv, so können wir schließen, daß der obige Ausdruck positiv ist und daraus im Falle $x_0 < x_1 < x_2$ weiter folgern:

$$y_1 \leqq y_0\,(x_2 - x_1)\,/\,(x_2 - x_0) + y_2\,(x_1 - x_0)\,/\,(x_2 - x_0).$$

Rechts steht die zu x_1 gehörige Sehnenordinate, links die Kurvenordinate. Wenn also in $a \cdots b$ die zweite Ableitung beständig positiv ist, so gilt für jedes in $a \cdots b$ enthaltene $x_0 \cdots x_2$ die Aussage, daß der Kurvenbogen unterhalb der Sehne liegt. Man sagt in solchem Falle, die Kurve sei in $a \cdots b$ nach *oben konkav*. Ist die zweite Ableitung beständig negativ, so befindet sich der Kurvenbogen stets oberhalb der Sehne. Man spricht dann von *Konkavität nach unten*.

Eine der wichtigsten Anwendungen des Mittelwertsatzes ist in dem Satz zu sehen, *daß eine Funktion mit verschwindender Ableitung eine Konstante ist*. Die Umkehrung, daß eine Konstante oder eine wertbeständige Funktion die Ableitung Null hat, kennen wir bereits. Der Mittelwertsatz $\begin{bmatrix} y_0\, y_1 \\ x_0\, x_1 \end{bmatrix} = f'(c)$ zeigt uns, daß man aus $f'(c) = 0$ schließen kann: $y_0 = y_1$. Ist also in einem Intervall $a \cdots b$ überall: $f'(x) = 0$, so sind die in ihr auftretenden Funktionswerte paarweise gleich, d. h. die Funktion eine Konstante. Hieraus läßt sich weiter folgern, daß eine Funktion durch ihre Ableitung bis auf eine additive Konstante bestimmt ist.

Aus $F'(x) = f(x)$ und $G'(x) = f(x)$ ergibt sich: $G'(x) - F'(x) = 0$ oder $(G - F)' = 0$, mithin:

$$G(x) - F(x) = C \text{ oder } G(x) = F(x) + C.$$

Wie man auch die Konstante wählen mag, immer ist: $(F + C)' = 0$. Mit der Gleichung $F'(x) = f(x)$ sind zwei Probleme verknüpft. Das erste Problem, bei gegebenem F die Ableitung f zu bestimmen, wird in der *Differentialrechnung* behandelt und durch *Differentiation* gelöst. Das zweite Problem, bei gegebenem f eine *Stammfunktion* oder ein *Integral* von f zu ermitteln, gehört in die *Integralrechnung*. Die Herstellung einer solchen Stammfunktion wird als *Integration* oder auch als *Quadratur* bezeichnet. Es handelt sich bei dieser Operation um die *Umkehrung* des Differentiationsprozesses. Differentiation und Integration heben einander auf, sie sind *zueinander inverse Operationen*.

§ 14. Geometrische Bestimmung einer Stammfunktion

Die Funktion $f(x)$ sei in dem geschlossenen Intervall $a \cdots b$ stetig und durchweg positiv oder wenigstens nicht negativ. Wir betrachten das über $a \cdots x$ stehende *Kurvensegment*. Dieses wird unten durch die x-Achse, links und rechts durch die Ordinaten $f(a)$ und $f(x)$, oben durch einen Bogen der Kurve $y = f(x)$ begrenzt und ist offenbar eine Funktion $F(x)$, die für $x = a$ verschwindet. Wir werden sehen, daß $F(x)$ eine Stammfunktion von $f(x)$ ist. Um das zu erkennen, fassen wir die über $x \cdots x + h$ und $x - h \cdots x$ liegenden Segmente ins Auge ($h > 0$), im Falle $x = a$ nur das erste, im Falle $x = b$ nur das zweite. Das über $x \cdots x + h$ liegende Segment ist offenbar gleich $F(x + h) - F(x$ und liegt andererseits zwischen den beiden Rechtecken $hf(x_1)$ und $hf(x_2)$, wobei $f(x_1)$ die kleinste, $f(x_2)$ die größte Ordinate im geschlossenen Intervall $x \cdots x + h$ bezeichnet. Es bestehen also die Ungleichungen

$$hf(x_1) < F(x+h) - F(x) < hf(x_2).$$

Ebenso überzeugt man sich, daß
$hf(x_3) < F(x) - F(x-h) < hf(x_4)$, wenn $f(x_3)$ die kleinste, $f(x_4)$ die größte Ordinate im geschlossenen Intervall $x - h \cdots x$ darstellt. Obige Ungleichungen sind nun mit $f(x_1) < [F(x+h) - F(x)] / h < f(x_2)$ und $f(x_3) < [F(x-h) - F(x)] / (-h) < f(x_4)$ gleichbedeutend. Läßt man h nach Null konvergieren, so streben mit $x+h$ und $x-h$ auch x_1, x_2, x_3, x_4, nach x und wegen der Stetigkeit $f(x_1)$, $f(x_2)$, $f(x_3)$, $f(x_4)$ nach $f(x)$, so daß man schreiben kann:

$$\lim\left([F(x+h) - F(x)]/h\right) = f(x);$$
$$\lim\left([F(x-h) - F(x)]/[-h]\right) = f(x),$$

wobei im Falle $x = a$ die zweite, im Falle $x = b$ die erste Relation fortfällt. Man sieht jedenfalls, daß im geschlossenen Intervall $a \cdots b$ die Beziehung $F'(x) = f(x)$ gilt, also mit $F(x)$ eine Stammfunktion für $f(x)$ gewonnen ist. Sie wird unter allen Stammfunktionen durch die Eigenschaft $F(a) = 0$ gekennzeichnet. Da nämlich jede Stammfunktion von $f(x)$ die Form $F(x) + C$ hat, so ist ihr Wert an der Stelle a gleich C und nur dann gleich Null, wenn C verschwindet. So gibt es also in $a \cdots b$ neben $F(x)$ tatsächlich keine andere Stammfunktion mit dem *Anfangswert* $F(a) = 0$.
Ebenso ist $F(x) + C$ die einzige Stammfunktion mit dem Anfangswert C. Die Voraussetzung, $f(x)$ solle in $a \cdots b$ durchweg positiv sein, ist unwesentlich. Wenn die Funktion diese Voraussetzung nicht erfüllt und mit m ihr kleinster Wert in $a \cdots b$ bezeichnet wird, so ist $f_1(x) = f(x) - m$ nirgends negativ. $F_1(x)$ sei das über $a \cdots x$ liegende Segment der Kurve $y = f_1(x)$, dann hat offenbar $F_1(x) + m(x-a)$ die Ableitung $f_1(x) + m = f(x)$, und den Anfangswert Null.

§ 15. Limesdarstellung der Stammfunktionen

Man kann Integrale stetiger Funktionen mittels eines besonderen Grenzüberganges berechnen. Um das zu zeigen, brauchen wir eine Eigenschaft der stetigen Funktionen, von der man früher glaubte, sie werde nicht von allen diesen Funktionen geteilt, weshalb man ein besonderes Beiwort einführte und von *gleichmäßiger Stetigkeit* sprach. Wenn $f(x)$ im geschlossenen Intervall $a \cdots b$ stetig ist, so folgt nicht nur aus $\lim x = x_0$ stets: $\lim f(x) = f(x_0)$, sondern allgemeiner aus $\lim(x - x^*) = 0$, wenn x und x^* irgendwie im Intervall variieren:

$$\lim[f(x) - f(x^*)] = 0.$$

Einer schwindenden Abszissendifferenz entspricht also eine schwindende Ordinatendifferenz. Träfe dies nicht zu, so ließen sich in $a \cdots b$ zwei Folgen $x_1, x_2, x_3, \cdots$ und $x_1^*, x_2^*, x_3^*, \cdots$ derart wählen, daß zwar $x_n - x_n^*$ nach Null konvergiert, aber nicht $f(x) - f(x^*)$. Letzteres spricht sich darin aus, spricht sich darin aus, daß *unendlich viele* dieser Ordinatendifferenzen sich außerhalb einer gewissen Umgebung der Null halten, also ihrem Betrage nach größer sind als ein gewisses ε. Wenn wir alle anderen Differenzen streichen, so bleibt eine Folge

$$f(\mathfrak{x}_1) - f(\mathfrak{x}_1^*);\ f(\mathfrak{x}_2) - f(\mathfrak{x}_2^*);\ f(\mathfrak{x}_3) - f(\mathfrak{x}_3^*);\ \cdots$$

übrig, deren Glieder alle größer als ε sind, während $\mathfrak{x}_n - \mathfrak{x}_n^*$ nach Null konvergiert. Wir brauchen hier nicht von den Beträgen der Ordinatendifferenzen zu reden, weil es uns freisteht, einzelne $\mathfrak{x}_n$, $\mathfrak{x}_n^*$ auszuwechseln und dadurch $f(\mathfrak{x}_n) - f(\mathfrak{x}_n^*)$ positiv zu machen. Eine genauere Prüfung dieses Tatbestandes. $\lim(\mathfrak{x}_n - \mathfrak{x}_n^*) = 0$; $f(x_n) - f(\mathfrak{x}_n^*) > \varepsilon$ wird zeigen, daß ein Widerspruch darin liegt. Wenn jedes der beiden Halbintervalle $a \cdots (a+b)/2$ und $(a+b)/2 \cdots b$ nur endlich viele Paare $\mathfrak{x}_n$, $\mathfrak{x}_n^*$ enthielte, so würden diese, wie ich zu sagen pflege, *fast alle* (d. h. alle mit endlich vielen Ausnahmen) in beide Hälften von $a \cdots b$ eindringen und $(a+b)/2$ umschließen. Man hätte alsdann: $\lim \mathfrak{x}_n = \lim \mathfrak{x}_n^* = (a+b)/2$, also wegen der Stetigkeit:

$$\lim f(\mathfrak{x}_n) = \lim f(\mathfrak{x}_n^*) = f[(a+b)/2],$$

mithin: $\lim [f(\mathfrak{x}_n) - f(\mathfrak{x}_n^*)] = 0$ im Gegensatz zu $f(\mathfrak{x}_n) - f(\mathfrak{x}_n^*) > \varepsilon$. Hieraus ersehen wir, daß wenigstens eine Hälfte von $a \cdots b$, die wir $a_1 \cdots b_1$ nennen wollen, unendlich viele Paare $\mathfrak{x}_n$, $\mathfrak{x}_n^*$ enthalten muß. Streicht man alle anderen Paare, so steht man bei $a_1 \cdots b_1$ derselben Sachlage gegenüber, wie soeben bei $a \cdots b$, und kann schließen, daß es in $a_1 \cdots b_1$ eine Hälfte $a_2 \cdots b_2$ gibt, die unendlich viele Paare $\mathfrak{x}_n$, $\mathfrak{x}_n^*$ aufnimmt, usw. Ist man zu dieser Einsicht gelangt, so kann man aus der Folge der $\mathfrak{x}_n$, $\mathfrak{x}_n^*$ eine Teilfolge X_1, X_1^*; X_2, X_2^*; $\cdots$ durch die Festsetzung herausheben, daß X_n, X_n^* das n-te in $a_n \cdots b_n$ hineinfallende Paar sein soll. Wir wissen, daß die Intervalle $a \cdots b$, $a_1 \cdots b_1$, $a_2 \cdots b_2$, $\cdots$ auf ein Nullintervall, d. h. einen Punkt c hinschrumpfen. Aus $\lim a_n = \lim b_n = c$ folgt, da X_n, X_n^* von a_n und b_n umschlossen werden:

$\lim X_n = \lim X_n^* = c$, also wegen der Stetigkeit:
$\lim f(X_n) - \lim f(X_n^*) = f(c)$, mithin:
$\lim [f(X_n) - f(X_n^*)] = 0$ im Widerspruch zu $f(X_n) - f(X_n^*) > \varepsilon$.

Um nun die angekündigte Limesdarstellung einer Stammfunktion zu gewinnen, wollen wir unter α und β irgend zwei Stellen in $a \cdots b$ verstehen und zwischen ihnen von α nach β gehend $x_1, x_2, \cdots x_{n-1}$ einschalten. Für α und β benutzen wir die Nebenbenennungen x_0 und x_n. Ist $F(x)$ eine Stammfunktion von $f(x)$, also $F'(x) = f(x)$, so hat man nach dem Mittelwertsatz:

$$F(x_\nu) - F(x_{\nu-1}) = (x_\nu - x_{\nu-1})\, f(\xi_\nu),$$

wobei ξ_ν zwischen $x_{\nu-1}$ und x_ν liegt. Setzt man $\nu = 1; 2; \cdots, n$ und summiert die entstehenden Gleichungen, so ergibt sich: $F(\beta) - F(\alpha) = \Sigma (x_\nu - x_{\nu-1})\, f(\xi_\nu)$. Wenn man nun aus den einzelnen Intervallen $x_{\nu-1} \cdots x_\nu$ irgendwelche anderen Werte ξ_ν^* herausgreift und die Summe $S = \Sigma (x_\nu - x_{\nu-1})\, f(\xi_\nu^*)$ bildet, so wird:

$$F(\beta) - F(\alpha) - S = \Sigma (x_\nu - x_{\nu-1}) [f(\xi_\nu) - f(\xi_\nu^*)]. \qquad (49)$$

Unter den Differenzen $f(\xi_1) - f(\xi_1^*)$; $f(\xi_2) - f(\xi_2^*)$; $\cdots$; $f(\xi_n) - f(\xi_n^*)$ möge nun $f(\xi) - f(\xi^*)$ den größten Betrag haben. Dann folgt aus (49):

$$|F(\beta) - F(\alpha) - S| < |\beta - \alpha| \, |f(\xi) - f(\xi^*)|. \tag{50}$$

Diese Ungleichung gilt für jede Zerlegung des Intervalls $\alpha \cdots \beta$, und ξ, ξ^* sind beide in demselben Teilintervall enthalten.

Jetzt kommt der für die Integralrechnung charakteristische Grenzübergang, die *unendliche Verfeinerung der Zerlegung.* Um ihn klar zu erfassen, denke man sich eine Folge von Zerlegungen des Intervalls $\alpha \cdots \beta$, die wir mit $\mathfrak{Z}_1, \mathfrak{Z}_2, \mathfrak{Z}_3, \cdots$ bezeichnen. Ist dann δ_n die Maximallänge der Teilintervalle von $\mathfrak{Z}_n$, so bedeutet die unendliche Verfeinerung nichts anderes als $\lim \delta_n = 0$.

Da nun in der Ungleichung (50) ξ und ξ^* beide in demselben Teilintervall liegen, so ist, wenn wir mit δ die Länge des größten Teilintervalls bezeichnen, $|\xi - \xi^*| \leqq \delta$. Bei unendlicher Verfeinerung der Zerlegung wird: $\lim \delta = 0$, also auch: $\lim (\xi - \xi^*) = 0$ und auf Grund der gleichmäßigen Stetigkeit: $\lim [f(\xi) - f(\xi^*)] = 0$, mithin: $\lim S = F(\beta) - F(\alpha)$ oder in ausführlicher Schreibweise:

$$\lim \Sigma (x_\nu - x_{\nu-1}) f(\xi_\nu) = F(\beta) - F(\alpha).$$

Die Summe $\Sigma (x_\nu - x_{\nu-1}) f(\xi_\nu)$ ist auf Grund einer Zerlegung $\mathfrak{Z}$ des Intervalls $\alpha \cdots \beta$ in besonderer Weise gebildet, und zwar so, daß jedes Δx mit einem Funktionswert $f(\xi)$ multipliziert wird, der dem betreffenden Teilintervall willkürlich entnommen ist. Dann vereinigt man alle diese Produkte, die als Rechtecke gedeutet werden können, zu einer „Rechtecksumme". Die Rechtecke haben hier bestimmte Zeichen. Da wir nichts darüber sagen, ob $\alpha < \beta$ oder $\alpha > \beta$, so können die Δx positiv oder negativ sein. Ferner wirkt noch $f(\xi)$ auf das Zeichen von $f(\xi) \Delta x$ ein. Das Ergebnis unserer Betrachtungen läßt sich dahin aussprechen, *daß eine zu $\alpha \cdots \beta$ gehörige Rechtecksumme der stetigen Funktion $f(x)$ bei unendlicher Verfeinerung der Zerlegung dem Grenzwert $F(\beta) - F(\alpha)$ zustrebt, wobei $F(x)$, eine Stammfunktion von $f(x)$ bedeutet.* Ist ein Einzelwert von $F(x)$ gegeben, etwa $F(\alpha)$, so sind durch diese Limesbeziehung alle Werte von $F(x)$ im Intervall $a \cdots b$ bestimmt. Es hat sich aus der Leibnizschen Zeit eine besondere Schreibweise für $\lim \Sigma f(\xi) \Delta x$ erhalten, die darauf beruht, daß man für diesen Limesprozeß, bei dem die Einteilung unendlich verfeinert wird oder kurz gesagt, alle Δx nach Null konvergieren, einen *Endzustand* fingiert, der genau genommen gar nicht existiert. Bei diesem Endzustand ist $\alpha \cdots \beta$ in „unendlich viele unendlich kleine" Teilintervalle dx zerlegt. Jedes dx wird mit dem zugehörigen $f(x)$ multipliziert. Es gibt bei der unendlichen Kleinheit des dx keinen Unterschied zwischen $f(\xi)$ und $f(x)$. Die Summe aller dieser Produkte $f(x)\,dx$, „summa omnium $f(x)\,dx$", wird $\int f(x)\,dx$ geschrieben; „$\int$", das heutige *Integralzeichen,* ist nichts anderes als ein stilisiertes „S", der Anfangsbuchstabe des Wortes „summa". Weil die Summation von $x = \alpha$ bis $x = \beta$ geht, schreibt man ausführlicher:

$\int_\alpha^\beta f(x)\,dx$, „Summe aller $f(x)\,dx$ von α bis β" oder, wie man heute liest:

„Integral $f(x)\,dx$ von α bis β".

Wir haben gezeigt, daß man setzen kann:

$$\int_\alpha^\beta f(x)\,dx = F(\beta) - F(\alpha), \tag{51}$$

sobald eine Stammfunktion $F(x)$ von $f(x)$ bekannt ist. Wir wissen ferner, daß im Falle $f(x) > 0$ durch $F(\beta) - F(\alpha)$ das über $\alpha \cdots \beta$ liegende Kurvensegment ausgedrückt wird, positiv oder negativ, je nachdem $\alpha < \beta$ oder $\alpha > \beta$. Da man zu Leibniz' Zeiten das Kurvensegment als Summe „unendlich vieler unendlich schmaler" Streifen betrachtete, die gleich $f(x)\,dx$ gesetzt werden können, so galt es als fast selbstverständlich, daß $\int_\alpha^\beta f(x)\,dx$ das Segment darstellt. Man soll diese alte Auffassung nicht verachten, aber zugleich bedenken, daß der Versuch, die höhere Mathematik lediglich mit diesen Hilfsmitteln verständlich zu machen, nur dazu führen kann, eine falsch verstandene höhere Mathematik zu verbreiten. Für uns ist $\int_\alpha^\beta f(x)\,dx$ der Grenzwert der Rechtecksumme $\Sigma f(\xi)\,\Delta x$ bei hinschwindenden Δx.

Man hat es vielfach als störend empfunden, daß eine Rechtecksumme $\Sigma f(\xi)\,\Delta x$ durch die Zerlegung des Intervalls nicht vollkommen bestimmt ist, sondern noch in jedem Teilintervall ein Funktionswert $f(\xi)$ gewählt werden muß. *Kronecker* hat diesen Übelstand dadurch beseitigt, daß er $\alpha \cdots \beta$ von vorneherein in eine *gerade Anzahl* von Teilintervallen zerlegt durch Einschalten der Stellen $x_1, x_2, \cdots, x_{2n-1}$ zwischen $\alpha = x_0$ und $\beta = x_{2n}$ und dann die Summe bildet:

$$(x_2 - x_0)\,f(x_1) + (x_4 - x_2)\,f(x_3) + \cdots + (x_{2n} - x_{2n-2})\,f(x_{2n-1}).$$

Sie hängt einzig und allein von der Zerlegung ab und strebt bei hinschwindenden Teilintervallen dem Grenzwert $\int_\alpha^\beta f(x)\,dx$ zu. Mit den Worten: „bei hinschwindenden Teilintervallen" verbinde ich eine ganz konkrete Vorstellung. Ich denke mir, daß eine Folge von Zerlegungen durchlaufen wird: $\mathfrak{Z}_1, \mathfrak{Z}_2, \mathfrak{Z}_3, \cdots$. In dieser Folge denke ich mir jedes $\mathfrak{Z}$ durch die Differenzen $x_1 - x_0$; $x_2 - x_1$; $\cdots$; $x_{2n} - x_{2n-1}$ ersetzt. Wenn die so entstehende Folge eine Nullfolge ist, also die Null zum Grenzwert hat, so sage ich, daß die Teilintervalle nach Null konvergieren.

Aus der grundlegenden Formel (51) lassen sich einige naheliegende Schlüsse ziehen. Zunächst folgt aus

$\int_\alpha^\beta f(x)\,dx = F(\beta) - F(\alpha)$ und $\int_\beta^\alpha f(x)\,dx = F(\alpha) - F(\beta)$ die Beziehung

$\int_\beta^\alpha f(x)\,dx = -\int_\alpha^\beta f(x)\,dx$. Das Integral wechselt also sein Zeichen, wenn man die Integrationsgrenzen vertauscht. Dies läßt sich auch aus der Limesdarstellung $\int_\alpha^\beta f(x)\,dx = \lim \Sigma (x_\nu - x_{\nu-1}) f(\xi_\nu)$ entnehmen, wonach

$$\int_\beta^\alpha f(x)\,dx = \lim \Sigma (x_{\nu-1} - x_\nu) f(\xi_\nu).$$

Schaltet man nämlich von α nach β gehend $x_1, x_2, \cdots x_{n-1}$ ein, so trifft man diese Werte beim Übergang von β zu α in der Reihenfolge $x_{n-1}, x_{n-2}, \cdots, x_1$ an. Die Teilintervalle lauten also nicht mehr $x_{\nu-1} \cdots x_\nu$, sondern $x_\nu \cdots x_{\nu-1}$. Die herausgegriffenen Funktionswerte kann man beibehalten. Sind α, β, γ drei beliebige Stellen in $a \cdots b$, so ergibt sich aus

$$\int_\alpha^\beta f(x)\,dx = F(\beta) - F(\alpha);\quad \int_\beta^\gamma f(x)\,dx = F(\gamma) - F(\beta) \text{ und}$$

$$\int_\gamma^\alpha f(x)\,dx = F(\alpha) - F(\gamma)$$

folgende Beziehung:

$$\int_\alpha^\beta f(x)\,dx + \int_\beta^\gamma f(x)\,dx + \int_\gamma^\alpha f(x)\,dx = 0$$

oder in anderer Schreibweise:

$$\int_\alpha^\gamma f(x)\,dx = \int_\alpha^\beta f(x)\,dx + \int_\beta^\gamma f(x)\,dx.$$

Auch diese Beziehung, die sich sofort auf mehr als zwei Summenden überträgt, läßt sich aus der Limesdarstellung der Integrale herleiten. Dasselbe gilt von den Sätzen

$$\int_\alpha^\beta c f(x)\,dx = c\int_\alpha^\beta f(x)\,dx \quad\text{und}\quad \int_\alpha^\beta [f(x) \pm g(x)]\,dx = \int_\alpha^\beta f(x)\,dx \pm \int_\alpha^\beta g(x)\,dx.$$

Hierbei ist $g(x)$ wie $f(x)$ stetig. Sind $F(x)$, $G(x)$ Stammfunktionen von $f(x)$, $g(x)$, so hat man nach der Leibnizschen Produktregel

$$[F(x)\,G(x)]' = F(x)\,g(x) + G(x)\,f(x),$$

woraus folgt:

$$\int_\alpha^\beta F(x)\,g(x)\,dx + \int_\alpha^\beta G(x)\,f(x)\,dx = F(\beta)\,G(\beta) - F(\alpha)\,G(\alpha)$$

oder in etwas anderer Schreibweise:

$$\int_\alpha^\beta F(x)\,G'(x)\,dx = \Big(FG\Big)_\alpha^\beta - \int_\alpha^\beta F'(x)\,G(x)\,dx. \tag{52}$$

wobei $F(\beta)\,G(\beta) - F(\alpha)\,G(\alpha) = \Big(FG\Big)_\alpha^\beta$ gesetzt ist, eine allgemein übliche Abkürzung. Durch Formel (52) wird das Integral $\int_\alpha^\beta FG'\,dx$ zurückgeführt auf $\int_\alpha^\beta GF'\,dx$, was manchmal eine Vereinfachung bedeutet. Auf der rechten Seite begegnet uns FG, was aus FG' dadurch entsteht, daß man den zweiten Faktor G' durch sein Integral G ersetzt. Daher bezeichnet man das durch (52) vorgeschriebene Verfahren als *Faktorintegration* oder auch *partielle Integration*.

Will man z. B. das Integral $\int\limits_{\alpha}^{\beta} x e^x \, dx$ auswerten, so geht dies nicht ohne weiteres nach der Fundamentalformel (51), d. h. nach der *Methode der Stammfunktion,* weil man nicht sofort eine Funktion mit der Ableitung xe^x wird angeben können, wenigstens solange man noch ein Anfänger ist. Durch partielle Integration ergibt sich aber, setzt man $F(x) = x$; $G'(x) = e^x$:

$$\int\limits_{\alpha}^{\beta} x e^x \, dx = \left(x e^x\right)_{\alpha}^{\beta} - \int\limits_{\alpha}^{\beta} e^x \, dx.$$

Nach der Fundamentalformel (51) ist nun: $\int\limits_{\alpha}^{\beta} e^x \, dx = \left(e^x\right)_{\alpha}^{\beta}$, also folgt:

$$\int\limits_{\alpha}^{\beta} x e^x \, dx = \left(x e^x - e^x\right)_{\alpha}^{\beta}.$$

Differentiiert man $xe^x - e^x$, so ergibt sich xe^x, so daß unser Ergebnis mit der Fundamentalformel im Einklang steht. Hätten wir schon zu Anfang gewußt, daß $(x - 1)\, e^x$ eine Stammfunktion von xe^x ist, so wäre es ohne die partielle Integration gegangen.

Das Integral $\int\limits_{\alpha}^{\beta} P(x)\, e^x \, dx$, worinnen $P(x)$ ein Polynom n-ten Grades sein soll, kann man durch wiederholte Anwendung der partiellen Integration in folgender Weise berechnen:

$$\int\limits_{\alpha}^{\beta} P(x)\, e^x \, dx = \left[P(x)\, e^x\right]_{\alpha}^{\beta} - \int\limits_{\alpha}^{\beta} P'(x)\, e^x \, dx;$$

$$\int\limits_{\alpha}^{\beta} P'(x)\, e^x \, dx = \left[P'(x)\, e^x\right]_{\alpha}^{\beta} - \int\limits_{\alpha}^{\beta} P''(x)\, e^x \, dx;$$

$$\cdots\cdots\cdots\cdots\cdots\cdots\cdots\cdots$$

$$\int\limits_{\alpha}^{\beta} P^{(n-1)}(x)\, e^x \, dx = \left[P^{(n-1)}(x)\, e^x\right]_{\alpha}^{\beta} - \int\limits_{\alpha}^{\beta} P^{(n)}(x)\, e^x \, dx;$$

$$\int\limits_{\alpha}^{\beta} P^{(n)}(x)\, e^x \, dx = \left[P^{(n)}(x)\, e^x\right]_{\alpha}^{\beta}.$$

Bei jeder Differentiation sinkt der Grad des Polynoms um 1, so daß $P^{(n)}(x)$ konstant und $P^{(n+1)}(x) = 0$ ist. Aus obigen Gleichungen entnimmt man:

$$\int\limits_{\alpha}^{\beta} P(x)\, e^x \, dx = \left(\left[P(x) - P'(x) + P''(x) - \cdots + (-1)^n P^{(n)}(x)\right] e^x\right)_{\alpha}^{\beta}.$$

Es zeigt sich, daß $\left[P(x) - P'(x) + P''(x) - \cdots + (-1)^n P^{(n)}(x)\right] e^x$ die Ableitung $P(x)\, e^x$ hat. Das Ergebnis steht also im Einklang mit der Fundamentalformel (51).

§ 16. Der Taylorsche Lehrsatz

Nach der Fundamentalformel ist:

$$f(\beta) - f(\alpha) = \int\limits_{\alpha}^{\beta} f'(x)\, dx.$$

Faßt man den *Integranden*, d. h. die Funktion hinter dem Integralzeichen, als Produkt aus $f'(x)$ und $(x-\beta)'$ auf, so ergibt sich mittels partieller Integration:

$$\int_a^\beta f'(x)\,dx = f'(\alpha)\,\frac{\beta-\alpha}{1!} + \int_a^\beta f''(x)\,\frac{\beta-x}{1!}\,dx.$$

Durch nochmalige partielle Integration erhält man, da $(\beta-x)/1!$ die Ableitung von $-(\beta-x)^2/2!$ ist:

$$\int_a^\beta f''(x)\,\frac{\beta-x}{1!}\,dx = f''(\alpha)\,\frac{(\beta-\alpha)^2}{2!} + \int_a^\beta f'''(x)\,\frac{(\beta-x)^2}{2!}\,dx.$$

So kann man fortfahren bis zur Gleichung

$$\int_a^\beta f^{(n-1)}(x)\,\frac{(\beta-x)^{n-2}}{(n-2)!}\,dx = f^{(n-1)}(\alpha)\,\frac{(\beta-\alpha)^{n-1}}{(n-1)!} + \int_a^\beta f^{(n)}(x)\,\frac{(\beta-x)^{n-1}}{(n-1)!}\,dx.$$

Durch Addition ergibt sich dann:

$$f(\beta) = f(\alpha) + f'(\alpha)\,(\beta-\alpha) + f''(\alpha)\,\frac{(\beta-\alpha)^2}{2!} + \cdots$$
$$+ f^{(n-1)}(\alpha)\,\frac{(\beta-\alpha)^{n-1}}{(n-1)!} + \int_a^\beta f^{(n)}(x)\,\frac{(\beta-x)^{n-1}}{(n-1)!}\,dx. \qquad (53)$$

Das ist die *Taylorsche Formel.* Nach ihr kann man aus den auf die Stelle α bezüglichen Werten $f(\alpha)$, $f'(\alpha)$, $\cdots$, $f^{(n-1)}(\alpha)$ den Funktionswert $f(\beta)$ an einer andern Stelle β berechnen, wenn man im Intervall $\alpha \cdots \beta$ die n-te Ableitung $f^{(n)}(x)$ zur Verfügung hat. Die Werte von $f^{(n)}(x)$ bilden gewissermaßen die Brücke, die von α nach β führt. Ist $f(x)$ ein Polynom $(n-1)$-ten Grades, so wird $f^{(n)}(x) = 0$, und es gilt die Beziehung:

$$f(\beta) = f(\alpha) + f'(\alpha)\,\frac{\beta-\alpha}{1!} + f''(\alpha)\,\frac{(\beta-\alpha)^2}{2!} + \cdots + f^{(n-1)}(\alpha)\,\frac{(\beta-\alpha)^{n-1}}{(n-1)!}.$$

Hier ist $f(\beta)$ durch $f(\alpha)$, $f'(\alpha)$, $\cdots$, $f^{(n-1)}(\alpha)$ ohne irgendeine Vermittlung bestimmt. Im Falle $f(x) = x^{n-1}$ hat man den binomischen Lehrsatz vor sich. Man nennt

$$f(a) + f'(a)\,(x-\alpha)/1! + \cdots + f^{(n-1)}(\alpha)\,(x-\alpha)^{n-1}/(n-1)!$$

das Taylorsche Polynom $(n-1)$-ten Grades an der Stelle α. Es entsteht aus dem Newtonschen Polynom

$$y_1 + \begin{bmatrix} y_1\, y_2 \\ x_1\, x_2 \end{bmatrix}(x-x_1) + \cdots + \begin{bmatrix} y_1\, y_2 \cdots y_n \\ x_1\, x_2 \cdots x_n \end{bmatrix}(x-x_1)\,(x-x_2)\cdots(x-x_{n-1}),$$

wenn man $x_1, x_2, \cdots, x_n$ alle nach α konvergieren läßt. Da sich die Differenzenquotienten $\begin{bmatrix} y_1\, y_2 \\ x_1\, x_2 \end{bmatrix}, \cdots, \begin{bmatrix} y_1\, y_2 \cdots y_n \\ x_1\, x_2 \cdots x_n \end{bmatrix}$, wie wir wissen, in der Form $f'(\xi_1)/1!$, $\cdots$, $f^{(n-1)}(\xi_{n-1})/(n-1)!$ schreiben lassen und $\xi_1, \cdots, \xi_{n-1}$ mit $x_1, \cdots, x_n$ nach α konvergieren, so kommt bei stetigen $f, f', \cdots, f^{(n-1)}$ tatsächlich das Taylorsche Polynom als Grenzwert heraus. Will man nun etwas über den Unterschied zwischen $f(x)$ und diesem Taylorschen Polynom wissen,

z. B. an der Stelle β, so kann man mit *Cauchy* diese Differenz als einen Einzelwert der Funktion

$$\varphi(x) = f(\beta) - f(x) - f'(x)(\beta - x)/1! - \cdots - f^{(n-1)}(x)(\beta - x)^{n-1}/(n-1)!$$

betrachten, und zwar ist es der Einzelwert $\varphi(\alpha)$. Da offenbar $\varphi(\beta) = 0$ wird und, wie man nachrechnen möge, die Ableitung lautet:

$$\varphi'(x) = -f^{(n)}(x)(\beta - x)^{n-1}/(n-1)!,$$

so ergibt sich:

$$\varphi(\alpha) = \int_\alpha^\beta f^{(n)}(x)\frac{(\beta - x)^{n-1}}{(n-1)!}\,dx.$$

Das ist aber die Taylorsche Formel in der Schreibweise (53). Man nennt obiges Integral das *Restglied* der Taylorschen Formel. Cauchys Herleitung dieser Formel setzt voraus, daß $f(x)$ im geschlossenen Integral $\alpha \cdots \beta$ bis zur n-ten Ordnung stetig differentiierbar ist, daß sich dort also $f(x)$ nebst seinen n ersten Ableitungen stetig verhält. Stellt sich heraus, daß das Restglied bei unendlich zunehmendem n nach Null konvergiert, so kann man schreiben:

$$f(\beta) = f(\alpha) + f'(\alpha)(\beta - \alpha)/1! + f''(\alpha)(\beta - \alpha)^2/2! + \cdots$$

Die hier auftretende unendliche Reihe wird als *Taylorsche Reihe* bezeichnet. Gewöhnlich schreibt man die Taylorsche Formel so, daß α und β durch x und $x + h$ ersetzt werden. $f'(x)\,h$ ist das Differential $df(x)$. Das Differential von $df(x)$, bei festem h gebildet, wird mit $d^2 f(x)$ bezeichnet und heißt das „zweite Differential von $f(x)$". In ähnlicher Weise sind die Differentiale $d^3 f(x), \cdots$ erklärt. Unter Benutzung dieser Symbole $df = f'(x)\,h$; $d^2 f = f''(x)\,h^2, \cdots$ lautet die Taylorsche Formel:

$$\Delta f = df/1! + d^2 f/2! + \cdots + d^{n-1} f/(n-1)! + R_n,$$

und das Restglied R_n wird durch $\int_x^{x+h} f^{(n)}(z)\frac{(x + h - z)^{n-1}}{(n-1)!}\,dz$ ausgedrückt, wobei wir die *Integrationsvariable* mit z benannt haben. Im Falle $\lim R_n = 0$ gilt für Δf die Darstellung

$$\Delta f = df/1! + d^2 f/2! + d^3 f/3! + \cdots.$$

Die Differenz Δf ist also gleich der Summe der mit Fakultätnennern versehenen Differentiale $df, d^2 f, d^3 f, \cdots$. Die Taylorsche Formel belehrt uns über die Abweichung einer Partialsumme der Taylorschen Reihe von Δf.

§ 17. Potenzreihen für e^x, cos x, sin x, Cos x, Sin x.

Wenn wir in der Taylorschen Formel für $f(\beta) - f(\alpha)$ statt α und β die Einsetzung 0 und x machen, entsteht die *Maclaurinsche Formel:*

$$f(x) = f(0) + f'(0)\,x/1! + \cdots + f^{(n-1)}(0)\,x^{n-1}/(n-1)! + R_n$$

mit dem Restausdruck

$$R_n = \int_0^x f^{(n)}(z)\frac{(x - z)^{n-1}}{(n-1)!}\,dz.$$

Wendet man die Formel auf $f(x) = e^x$ an, so sind alle Ableitungen gleich e^x, und $f(0)$, $f'(0)$, $\cdots$ sind sämtlich gleich 1. Um zu einer Aussage über R_n zu gelangen, kann man sich auf den verallgemeinerten Mittelwertsatz stützen. Es liege ein Integral vor von der Form: $\int\limits_\alpha^\beta \varphi(z)\,\psi(z)\,dz$, in welchem ein Faktor des Integranden, etwa $\psi(z)$, zeichenbeständig ist. Ψ und F seien Stammfunktionen von ψ und $\varphi\psi$. Dann hat man:

$$\int\limits_\alpha^\beta \varphi(z)\,\psi(z)\,dz = F(\beta) - F(\alpha) \quad \text{und} \quad \int\limits_\alpha^\beta \psi(z)\,dz = \Psi(\beta) - \Psi(\alpha).$$

Nach dem verallgemeinerten Mittelwertsatz gilt nun folgende Beziehung:

$$\frac{F(\beta)-F(\alpha)}{\Psi(\beta)-\Psi(\alpha)} = \frac{F'(\xi)}{\Psi'(\xi)} = \frac{\varphi(\xi)\,\psi(\xi)}{\psi(\xi)} = \varphi(\xi),$$

wobei ξ zwischen α und β enthalten ist. Wegen der Zeichenbeständigkeit von $\psi(z)$ kann man sicher sein, daß die Nenner nicht verschwinden. Setzt man links die Integralausdrücke ein, so ergibt sich:

$$\int\limits_\alpha^\beta \varphi(z)\,\psi(z)\,dx = \varphi(\xi)\int\limits_\alpha^\beta \psi(z)\,dz.$$

Man nennt dies auch den *ersten Mittelwertsatz der Integralrechnung*. Im Falle $\psi(z) = 1$ lautet er, nebenbei bemerkt:

$$\int\limits_\alpha^\beta \varphi(z)\,dz = (\beta - \alpha)\,\varphi(\xi).$$

Wendet man den Mittelwertsatz auf das Integral $R_n = \int\limits_0^x e^z \frac{(x-z)^{n-1}}{(n-1)!}\,dz$ an, wo $\psi(z) = \frac{(x-z)^{n-1}}{(n-1)!}$ im Intervall $0 \cdots x$ zeichenbeständig ist, so gelangt man zu der Feststellung:

$$R_n = e^\xi \int\limits_0^x \frac{(x-z)^{n-1}}{(n-1)!}\,dz = e^\xi \left[-\frac{(x-z)^n}{n!}\right]_0^x = e^\xi \frac{x^n}{n!}.$$

Hiernach liegt R_n zwischen den Grenzen $x^n/n!$ und $e^x\, x^n/n!$. Gelingt es zu zeigen, daß $x^n/n!$ bei wachsendem n nach Null konvergiert, so folgt: $\lim R_n = 0$. Wählt man p so groß, daß $|x| : p < 1 : 2$ ist, so wird beim Durchlaufen der Folge

$$x^p/p!, \quad x^{p+1}/(p+1)!, \quad x^{p+2}/(p+2)!, \cdots$$

bei jedem Schritt der Betrag des Gliedes unter seine Hälfte herabsinken. Es liegt also der schon von Eudoxus betrachtete Fall vor, und man kann sicher sein, daß $x^n/n!$ der Null zustrebt. Es gilt somit für jeden Wert von x, wenn man die allgemein übliche Festsetzung $0! = 1$ macht:

$e^x = 1 + \frac{x}{1} + \frac{x^2}{2!} + \cdots = \sum\limits_0^\infty \frac{x^n}{n!}$. Demnach ist e^x die Summe der mit Fakultätnennern versehenen Potenzen x^0, x^1, x^2, $\cdots$. Daß aus $s = a_1 + a_2 + \cdots$

und $t = b_1 + b_2 + \cdots$ folgt: $s + t = (a_1 + b_1) + (a_2 + b_2) + \cdots$, und aus $s = a_1 + a_2 + \cdots$ entsprechend $ks = ka_1 + ka_2 + \cdots$, kann man mit Hilfe der Grenzwertsätze ohne Schwierigkeit erkennen. Daher läßt sich aus

$$e^x = 1 + x/1! + x^2/2! + \cdots, \quad \text{und} \quad e^{-x} = 1 - x/1! + x^2/2! - \cdots,$$

entnehmen:

$$\mathrm{Cos}\, x = 1 + x^2/2! + x^4/4! + \cdots, \quad \text{und} \quad \mathrm{Sin}\, x = x + x^3/3! + x^5/5! + \cdots.$$

Um nun auch noch die Potenzreihen für cos x und sin x zu gewinnen, erinnern wir uns, daß die n-ten Ableitungen dieser Funktionen $\cos(x + n\pi/2)$; $\sin(x + n\pi/2)$ lauten, also die Restglieder

$$\int_0^x \cos\left(z + \frac{n\pi}{2}\right) \frac{(x-z)^{n-1}}{(n-1)!}\, dx = \cos\left(\xi + \frac{n\pi}{2}\right) \frac{x^n}{n!}, \text{ und}$$

$$\int_0^x \sin\left(z + \frac{n\pi}{2}\right) \frac{(x-z)^{n-1}}{(n-1)!}\, dz = \sin\left(\xi^* + \frac{n\pi}{2}\right) \frac{x}{n!}.$$

Sie liegen zwischen den nach Null konvergierenden Grenzen $-x^n/n!$ und $x^n/n!$, streben also ebenfalls der Null zu. Daher gelten folgende Darstellungen:

$$\cos x = \sum_0^\infty \frac{x^n \cos(n\pi/2)}{n!}; \quad \sin x = \sum_0^\infty \frac{x^n \sin(n\pi/2)}{n!}.$$

oder in ausführlicher Schreibweise:

$$\cos x = 1 - x^2/2! + x^4/4! - \cdots; \quad \sin x = x/1! - x^3/3! + x^5/5! - \cdots.$$

Aus den Reihen für cos x und sin x ergibt sich durch Zusammenfassung mit Hilfe der Faktoren 1 und i:

$$\cos x + i \sin x = \sum_0^\infty \frac{x^n [\cos(n\pi/2) + i \sin(n\pi/2)]}{n!}.$$

Nach der Moivreschen Formel ist:

$$\cos(n\pi/2) + i \sin(n\pi/2) = [\cos(\pi/2) + i \sin \pi/2)]^n = i^n.$$

Man kann also schreiben: $\cos x + i \sin x = \sum_0^\infty \frac{(i x)^n}{n!}$, oder, wenn man für die rechte Seite das naheliegende Symbol e^{ix} benutzt: $\cos x + i \sin x = e^{ix}$. Ebenso ist: $\cos x - i \sin x = e^{-ix}$. Demnach gelten für cos x und sin x folgende von *Euler* gefundene Darstellungen:

$$\cos x = (e^{ix} + e^{-ix}) / 2; \quad \sin x = (e^{ix} - e^{-ix}) / (2\, i).$$

Wenn man also mittels der Potenzreihe die Erklärung der Exponentialfunktion aufs komplexe Gebiet ausdehnt, so kann man cos x und sin x durch sie ausdrücken. Wenn eine Reihe mit komplexen Gliedern vorliegt, $(a_1 + ib_1) + (a_2 + ib_2) + \cdots$, so gilt als ihre Summe der Grenzwert von

$(a_1 + ib_1) + \cdots + (a_n + ib_n)$ bei unbegrenzt zunehmendem n. Dieser Grenzwert ist nichts anderes als die komplexe Zahl

$$\lim (a_1 + \cdots + a_n) + i \lim (b_1 + \cdots + b_n).$$

Er existiert dann und nur dann, wenn die beiden hier auftretenden reellen Grenzwerte vorhanden sind. Wenn eine komplexe Größe $x + iy$ dem Grenzwert $x_0 + iy_0$ zustrebt, so bedeutet dies, daß die beiden Limesbeziehungen $x \to x_0$; $y \to y_0$ gelten. Sie lassen sich in $\sqrt{(x - x_0)^2 + (y - y_0)^2} \to 0$ zusammenfassen oder, da die linke Seite den Betrag von $(x - x_0) + i(y - y_0)$ angibt, in:

$$|(x + iy) - (x_0 + iy_0)| \to 0.$$

Somit konvergiert also $x + iy$ nach $x_0 + iy_0$, wenn die Entfernung des Punktes x, y von x_0, y_0 der Null zustrebt; x_0, y_0 wird als *Grenzlage* von x, y bezeichnet.

§ 18. Einige andere Maclaurinsche Reihen

Die Ableitungen von $y = \operatorname{arc\,tan} x$ lassen sich in folgender Weise berechnen. Zunächst ist:

$y' = 1/(1 + x^2) = \sin^2 (y - \pi/2)$. Hieraus folgt weiter:
$y'' = 2 \sin (y - \pi/2) \cos (y - \pi/2) \cdot y' = \sin 2 (y - \pi/2) \sin^2 (y - \pi/2)$,
$y''' = [2 \sin 2 (y - \pi/2) \sin (y - \pi/2) \cos (y - \pi/2) + 2 \cos 2 (y - \pi/2) \sin^2 (y - \pi/2)]\, y'$, d. h.
$y''' = 2 \sin 3 (y - \pi/2) \sin^3 (y - \pi/2)$. Man kann hieraus erraten:
$y^{(n)} = (n - 1)! \sin n (y - \pi/2) \sin^n (y - \pi/2)$ und dies durch nochmalige Differentiation bestätigen. Nun lautet das Restglied R_n, wenn $w = \operatorname{arc\,tan} z$,

$$\int_0^x \sin n \left(w - \frac{\pi}{2}\right) \sin^n \left(w - \frac{\pi}{2}\right) (x - z)^{n-1}\, dz$$

und kann in dieser Form geschrieben werden:

$$\sin n \left(\eta - \frac{\pi}{2}\right) \sin^n \left(\eta - \frac{\pi}{2}\right) \int_0^x (x - z)^{n-1}\, dz$$

Es liegt zwischen $-x^n/n$ und x^n/n, konvergiert also im Falle $|x| \leqq 1$ mit $1/n$ nach Null. Da für $x = 0$ auch $y = 0$ wird, so hat man:
$y^{(n)}(0) = (n - 1)! (-1)^{n-1} \sin (n\pi/2)$, mithin:

$$\operatorname{arc\,tan} x = \sum_1^\infty (-1)^{n-1} \frac{x^n \sin (n\pi/2)}{n}$$

oder in ausführlicher Schreibweise:

$$\operatorname{arc\,tan} x = x/1 - x^3/3 + x^5/5 - \cdots; \quad (|x| \leqq 1).$$

Im Falle $|x| > 1$ wird die Reihe divergent, weil $|x|^n/n$ mit n über alle Grenzen wächst, während bei einer konvergenten Reihe das allgemeine Glied mit wachsendem Index der Null zustreben muß. Das allgemeine Glied ist nämlich die Differenz zweier benachbarter Partialsummen, die beide die Reihensumme zum Grenzwert haben. Daß unsere Behauptung über $|x|^n/n$ zutrifft, erkennt man mittels der Einsetzung $|x| = 1 + k$. Es wird dann:

$$\frac{(1+k)^n}{n} = \frac{1}{n}\left[1 + \binom{n}{1} k + \binom{n}{2} k^2 + \cdots\right] > \frac{n-1}{2} k^2.$$

Im Falle $x = 1$ liefert die Arcustangensreihe die Leibnizsche Formel: $\pi/4 = 1 - 1/3 + 1/5 - \cdots$, die aber für die numerische Berechnung von π höchst ungeeignet ist. Setzt man arc tan $1/5 = \alpha$, so hat man: $\tan \alpha = 1/5$; $\tan 2\alpha = 5/12$; $\tan 3\alpha = 37/55$; $\tan 4\alpha = 120/119$. Demnach ist also 4α das erste Vielfache von α, das über $\pi/4$ hinausgeht. Nun wird:

$$\tan(4\alpha - \pi/4) = (\tan 4\alpha - 1) / (\tan 4\alpha + 1) = 1/239.$$

Man hat daher: $4\alpha - \pi/4 = \operatorname{arc\,tan}(1/239)$; $\alpha = \operatorname{arc\,tan} 1/5$ und daraus:

$$\pi/4 = 4 \operatorname{arc\,tan} 1/5 - \operatorname{arc\,tan}(1/239),$$

d. h. $$\pi/4 = 4\,[1/5 - 1/(3.5^3) + \cdots] - [1/239 - 1/3.239^3) + \cdots].$$

Nach dieser Formel kann man ohne große Mühe die Zahl π bis auf eine stattliche Dezimalenzahl berechnen.

Wollte man in ähnlicher Weise, wie es oben geschehen ist, die Maclaurinsche Reihe für ar Tan x aufstellen, so würde man auf erhebliche Schwierigkeiten stoßen. Es gibt aber noch ein anderes Verfahren, das oft bequemer zum Ziele führt. Wir wissen, daß ar Tan x die Ableitung $1/(1 - x^2)$ hat. Schreiben wir nun:

$(\text{ar Tan } z)' = 1/(1 - z^2) = 1 + z^2 + \cdots + z^{2(n-1)} + z^{2n}/(1 - z^2)$, so ergibt sich, wenn von $z = 0$ bis $z = x$ integriert wird:

$$\text{ar Tan } x = \frac{x}{1} + \frac{x^3}{3} + \cdots + \frac{x^{2n-1}}{2n-1} + \int_0^x \frac{z^{2n}\,dz}{1 - z^2}.$$

Da hier $-1 < x < 1$, so liegt $1/(1 - z^2)$ zwischen 1 und $1/(1 - x^2)$, das Integral also zwischen $\int_0^x z^{2n}\,dz$ und $\frac{1}{1-x^2}\int_0^x z^{2n}\,dz$. Da $\int_0^x z^{2n}\,dz = \frac{x^{2n+1}}{2n+1}$ bei wachsendem n nach Null konvergiert, weil der Betrag des Zählers kleiner als 1 ist, so ergibt sich:

$$\text{ar Tan } x = x/1 + x^3/3 + x^5/5 + \cdots.$$

Wir wissen, daß die Beziehung gilt: ar Tan $x = (1/2) \ln [(1 + x) / (1 - x)]$. So haben wir also zugleich folgendes Ergebnis gewonnen, das an die Voraussetzung $|x| < 1$ geknüpft ist:

$$(1/2) \ln [(1 + x) / (1 - x)] = x/1 + x^3/3 + x^5/5 + \cdots.$$

Im Falle $x = 1/(2p + 1)$, wobei $p = 1, 2, 3, \cdots$ gedacht wird, findet man:

$$1/2\,[\ln(p+1) - \ln p] = 1/(2p+1) + 1/[3 \cdot (2p+1)^3] + 1/[5 \cdot (2p+1)^5] + \cdots$$

Mit Hilfe dieser Formel kann man der Reihe nach die Logarithmen von 2, 3, $\cdots$ berechnen. Für $p = 1$ erhält man

$$(1/2)\ln 2 = 1/3 + 1/(3 \cdot 3^3) + 1/(5 \cdot 3^5) + \cdots.$$

Handelt es sich um die Funktion $\ln(1 + x)$, so erhält man aus

$$[\ln(1+z)]' = 1/(1+z) = 1 - z + z^2 - \cdots + (-1)^{n-1} z^{n-1} + (-1)^n z^n/(1+z)$$

durch Integration von 0 bis x:

$$\ln(1+x) = x - \frac{x^2}{2} + \frac{x^3}{3} - \cdots + (-1)^{n-1}\frac{x^n}{n} + (-1)^n \int_0^x \frac{z^n\,dz}{1+z}.$$

Wir legen x die Bedingung $-1 < x \leqq 1$ auf und schreiben:

$$\int_0^x \frac{z^n\,dz}{1+z} = \frac{1}{1+\xi}\int_0^x z^n\,dz = \frac{1}{1+\xi}\cdot\frac{x^{n+1}}{n+1}.$$

Der zweite Faktor hat die Betragschranke $1/(n+1)$, der erste liegt zwischen 1 und $1/(1+x)$, so daß als Grenzwert bei wachsendem n jedenfalls Null herauskommt. Damit ist unter der Voraussetzung $-1 < x \leqq 1$ bewiesen:

$$\ln(1+x) = x - x^2/2 + x^3/3 - \cdots.$$

Wir wissen bereits, daß im Falle $|x| > 1$ diese Reihe nicht konvergiert. Aber auch für $x = -1$ erweist sie sich als divergent. Wäre die Reihe $1 + 1/2 + 1/3 + \cdots$ konvergent und ihre Summe gleich s, so hätte man für $0 < z < 1$ die Ungleichung: $z + z^2/2 + \cdots + z^n/n < 1 + 1/2 + \cdots + 1/n$, woraus bei unendlich zunehmendem n folgen würde: $z + z^2/2 + \cdots \leqq s$, d. h.

$$\ln 1/(1-z)] \leqq s.$$

Läßt man nun z nahe genug an 1 heranrücken, so wird die Ungleichung durchbrochen. Daher muß die Reihe $1 + 1/2 + \cdots$ divergent sein.

Wir schließen mit dem Beispiel $y = (1+x)^p$, wobei p irgendein Exponent ist und $1 + x > 0$ vorausgesetzt wird, damit wir $(1+x)^p$ durch $e^{p\ln(1+x)}$ erklären können. Die Fälle $p = 0, 1, 2, \cdots$ lassen wir beiseite. Es ist nun: $y^{(n)} = p(p-1)\cdots(p-n+1)(1+x)^{p-n}$,

also $\dfrac{y^{(n)}(0)}{n!} = \dbinom{p}{n}$, so daß sich $1 + \dbinom{p}{1}x + \dbinom{p}{2}x^2 + \cdots$ als Maclaurinsche Reihe ergibt. Zunächst wollen wir prüfen, wann diese Reihe konvergiert. Beim Übergang von $\dbinom{p}{n-1}x^{n-1}$ zu $\dbinom{p}{n}x^n$ tritt der Faktor $x(p+1-n)/n$ hinzu, der bei wachsendem n dem Grenzwert $-x$ zustrebt. Ist $|x| > 1$, so wird von einer bestimmten Stelle an der hinzutretende Faktor ebenso wie sein Grenzwert $-x$ einen größeren Betrag als 1 haben, so daß der Betrag des Reihengliedes beständig zunimmt, anstatt der Null zuzustreben. Hier kann von Konvergenz keine Rede sein. Die vorliegende Reihe ist also außerhalb des Intervalls $-1 \cdots 1$ divergent. Im Falle $x > 0$ schreiben wir den Maclaurinschen Rest

$$R_n = p\,(p-1)\cdots(p-n+1)\int_0^x (1+z)^{p-n}\cdot\frac{(x-z)^{n-1}}{(n-1)!}\,dz$$

in der Form: $$(1+\xi)^{p-n}\binom{p}{n}x^n;\ (0<\xi<x).$$

Da der Exponent $p-n$ schließlich negativ wird, ist dann $(1+\xi)^{p-n}\leqq 1$ und man kommt zu der Feststellung, daß im Falle $0<x\leqq 1$ die Summe der Binomialreihe gleich $(1+x)^p$ sein wird, *vorausgesetzt,* daß $\binom{p}{n}x^n$ *der Null zustrebt.*

Wenn $-1<x<0$, dann wird folgende Schreibweise von R_n zweckmäßig:

$$R_n = \binom{p-1}{n-1}\int_0^x p\,(1+z)^{p-1}\left(\frac{x-z}{1+z}\right)^{n-1}dz.$$

Da $(1+z)$ zwischen 1 und $1+x$ variiert, also positiv ist, kann man unter Anwendung des Mittelwertsatzes schreiben:

$$R_n = \binom{p-1}{n-1}\left(\frac{x-\xi}{1+\xi}\right)^{n-1}\cdot[(1+x)^p-1];\ (x<\xi<0).$$

Da $(x-z)/(1+z)$, die negative Ableitung $-(1+x)/(1-z)^2$ hat, wenn z von 0 bis x geht, so variiert es monoton von x bis 0.

Daher liegt $[(x-\xi)/(1+\xi)]^{n-1}$ zwischen x^{n-1} und 0, und R_n zwischen 0 und $\binom{p-1}{n-1}x^{n-1}[(1+x)^p-1]$.

Es wird demnach $\lim R_n = 0$ sein, *sobald* $\binom{p-1}{n}x^n$ *der Null zustrebt.* Den Fall $x=-1$ werden wir nachher gesondert behandeln. Wenn $|x|<1$, so tritt beim Übergang zu $n+1$ sowohl im Falle $\binom{p}{n}x^n$ als auch im Falle $\binom{p-1}{n}x^n$ ein Faktor hinzu, der bei wachsendem n noch $-x$ konvergiert. Von einer bestimmten Stelle an, etwa für $n>\nu$, wird dieser Faktor seinem Betrage nach kleiner als k sein, wobei $|x|<k<1$ gedacht ist. Macht man N Schritte über ν hinaus, so treten Faktoren hinzu, deren Produkt die Betragschranke k^N hat. Bei zunehmendem N strebt k^N nach Null, so daß man schließen kann:

$\binom{p}{n}x^n \to 0$ und $\binom{p-1}{n}x^n \to 0$, mithin: $\lim R_n = 0$.

Im Falle $|x|<1$ gilt also die Gleichung: $(1+x)^p = \sum_0^\infty \binom{p}{n}x^n$, wobei $\binom{p}{0}=1$ zu setzen ist. Im Falle $x=1$ müssen wir feststellen, wann $\binom{p}{n}$ der Null zustrebt.

Beim Übergange von $\binom{p}{n-1}$ zu $\binom{p}{n}$ reiht sich $\frac{p+1-n}{n}$ oder $-\left(1-\frac{p+1}{n}\right)$ als neuer Faktor an. Wäre nun $p+1\leqq 0$, so hätte dieser augenscheinlich negative Faktor einen Betrag, der mindestens gleich 1 ist. Dann würde $\binom{p}{n}$ überhaupt keinem Grenzwert zustreben. Wir müssen also $p+1>0$ annehmen. Tun wir dies, so wird $\binom{p}{n}$ der Null zustreben. Man kann nämlich wenn $\nu > p+1$, feststellen, daß das Produkt

$$[1-(p+1)/\nu]\,[1-(p+1)/(\nu+1)]\cdots[1-(p+1)/(\nu+m)]$$

kleiner ist als

$$1/([1+(p+1)/\nu]\,[1+(p+1)/(\nu+1)]\;\cdots\;[1+(p+1)/(\nu+m)]),$$

und zwar deshalb, weil für ein zwischen 0 und 1 liegendes h stets $1-h<1/(1+h)$, eine Ungleichung, die dasselbe bedeutet wie $1-h^2<1$. Der Nenner des obigen Bruches ist aber größer als

$$1+(p+1)\,(1/\nu+1/(\nu+1)+\cdots+1/(\nu+m)),$$

und wir wissen, daß der Faktor von $p+1$ mit m über alle Grenzen wächst. Hiermit ist die Aussage, daß $\binom{p}{n}$ bei positiven $p+1$ der Null zustrebt, gesichert. Wir wissen jetzt also, daß die Gleichung $(1+1)^p = \sum\limits_0^\infty \binom{p}{n}$ dann und nur dann gilt, wenn $p+1>0$.

Zuletzt wäre nun noch der Fall $x=-1$ zu erörtern. Da lautet die Binomialreihe $1-\binom{p}{1}+\binom{p}{2}\cdots$. Ihre Partialsumme $s_0, s_1, s_2\cdots$ lassen sich in folgender Weise ausdrücken:

$$s_0 = 1;\; s_1 = -(p-1);\; s_2 = p\,(p-1)/2-(p-1) = (p-1)\,(p-2)/(1\cdot 2);$$
$$s_3 = -p\,(p-1)\,(p-2)/(1\cdot 2\cdot 3)+(p-1)\,(p-2)/(1\cdot 2) =$$
$$= -(p-1)\,(p-2)\,(p-3)/(1\cdot 2\cdot 3)\cdots.$$

Es ist also: $s_n = (-1)^n\binom{p-1}{n} = \left(1-\frac{p}{1}\right)\left(1-\frac{p}{2}\right)\cdots\left(1-\frac{p}{n}\right).$

Im Falle $p<0$ wächst s_n mit n über alle Grenzen, während es im Falle $p>0$ dem Gegenwert Null zustrebt. Hiernach gilt die Gleichung:

$$(1-1)^p = 1-\binom{p}{1}+\binom{p}{2}-\cdots$$

dann und nur dann, wenn p positiv ist, und zwar muß man dem Symbol $(1-1)^p$ den Wert 0 beilegen. Im Falle $p=0$ ist die Summe der obigen Reihe gleich 1. Man kann aber mit dem Symbol $(1-1)^0$ oder 0^0 nichts anfangen. Zusammenfassend können wir sagen, daß die Gleichung $(1+x)^p = 1+\binom{p}{1}x+\binom{p}{2}x^2+\cdots$ im Falle $|x|<1$ für beliebiges p, im Falle $x=1$ nur für $p>-1$, im Falle $x=-1$ nur für $p>0$ gilt.

Als Beispiel betrachten wir $\sqrt{1+x}$ oder $(1+x)^{1/2}$. Hier gilt im ganzen Intervall $-1\cdots+1$ einschließlich der Grenzen die Entwicklung: $\sqrt{1+x} = 1+\frac{1}{2}x-\frac{1}{2\cdot 4}x^2+\frac{1\cdot 3}{2\cdot 4\cdot 6}x^3-\cdots$. Will man z. B. $\sqrt{11}$ berechnen, so kann man schreiben: $3\sqrt{11} = \sqrt{99} = \sqrt{100 - 1} = 10\sqrt{1 - 1/100}$ also:

$\sqrt{11} = (10/3)\ [1 - 1/(2 \cdot 100) - 1/(2 \cdot 4 \cdot 100^2) - 1 \cdot 3/(2 \cdot 4 \cdot 6 \cdot 100^3) - \cdots]$.

§ 19. Das Restglied der Interpolationsformel

Wir betrachten im geschlossenen Intervall $a \cdots b$ eine Funktion $f(x)$, die n stetige Ableitungen $f'(x)$, $f''(x)$, $\cdots$, $f^{(n)}(x)$ besitzt. Aus $a \cdots b$ heben wir n Stellen a_1, a_2, $\cdots$, a_n gemäß den Ungleichungen $a \leqq a_1 < a_2 < \cdots < a_n \leqq b$ heraus und stellen das Näherungspolynom $(n-1)$-ten Grades auf:

$$f(a_1) L_1(x) + \cdots + f(a_n) L_n(x) = L(x).$$

Dabei sind

$$L_1(x) = \frac{(x - a_2) \cdots (x - a_n)}{(a_1 - a_2) \cdots (a_1 - a_n)}; \quad \cdots; \quad L_n(x) = \frac{(x - a_1) \cdots (x - a_{n-1})}{(a_n - a_1) \cdots (a_n - a_{n-1})}$$

die Lagrangeschen Grundpolynome. Wir wollen die Abweichung zwischen $f(x)$ und $L(x)$ genauer bestimmen. Hierzu brauchen wir eine von *Cauchy* hervorgehobene Eigenschaft der Lagrangeschen Grundpolynome. Wie wir wissen, gibt es nur ein Polynom $(n-1)$-ten oder niedrigeren Grades, das an n verschiedenen Stellen vorgeschriebene Werte annimmt. Ist also $Q(x)$ ein Polynom, dessen Grad unterhalb n liegt, so hat man:

$$Q(x) = Q(a_1) L_1(x) + \cdots + Q(a_n) L_n(x).$$

Wendet man diese Gleichung auf die Polynome 1, $x - z$, $(x - z)^2$, $\cdots$, $(x - z)^{n-1}$ an, wobei z irgendein fester Wert ist, so ergeben sich die Aussagen:

$$\begin{aligned} 1 &= L_1(x) + \cdots + L_n(x); \\ x - z &= (a_1 - z) L_1(x) + \cdots + (a_n - z) L_n(x); \\ &\cdots\cdots\cdots\cdots \\ (x - z)^{n-1} &= (a_1 - z)^{n-1} L_1(x) + \cdots + (a_n - z)^{n-1} L_n(x). \end{aligned}$$

Die Einsetzung $z = x$ führt nun zu den *Cauchyschen Relationen*:

$$\begin{aligned} 1 &= L_1(x) + \cdots + L_n(x); \\ 0 &= (a_1 - x) L_1(x) + \cdots + (a_n - x) L_n(x); \\ &\cdots\cdots\cdots\cdots \\ 0 &= (a_1 - x)^{n-1} L_1(x) + \cdots + (a_n - x)^{n-1} L_n(x), \end{aligned}$$

die für $L_1(x)$, $\cdots$, $L_n(x)$ kennzeichnend sind, da man diese Polynome durch Auflösung obiger Gleichungen erhalten kann.

Nun bestehen nach der Taylorschen Formel folgende Beziehungen:

$$f(a_1) = f(x) + f'(x) \frac{a_1 - x}{1!} + \cdots + f^{(n-1)}(x) \frac{(a_1 - x)^{n-1}}{(n-1)!} + \int_x^{a_1} f^{(n)}(z) \frac{(a_1 - z)^{n-1}}{(n-1)!} dz,$$

$$\cdots\cdots\cdots\cdots\cdots\cdots\cdots\cdots$$

$$f(a_n) = f(x) + f'(x) \frac{a_n - x}{1!} + \cdots + f^{(n-1)}(x) \frac{(a_n - x)^{n-1}}{(n-1)!} + \int_x^{a_n} f^{(n)}(z) \frac{(a_n - z)^{n-1}}{(n-1)!} dz.$$

Faßt man diese Gleichungen mit Hilfe der Faktoren $L_1(x), \cdots, L_n(x)$ zusammen, so ergibt sich auf Grund der Cauchyschen Relationen:

$$\Sigma f(a_\nu) L_\nu(x) = f(x) + \Sigma L_\nu(x) \int\limits_x^{a_\nu} f^{(n)}(z) \frac{(a_\nu - z)^{n-1}}{(n-1)!} dz. \quad (54)$$

Links steht das Polynom $L(x)$, das an den Stellen $a_1, \cdots, a_n$ mit $f(x)$ zusammenfällt. Wir sehen, daß man aus $L(x)$ den Unterschied von $f(x)$ zu $L(x)$ erhält, indem man jedes $f(a_\nu)$ ersetzt durch:

$$\int\limits_x^{a_\nu} f^{(n)}(z) \frac{(a_\nu - z)^{n-1}}{(n-1)!} dz.$$

Wenn man in Formel (54) die Umformung

$$\int\limits_x^{a_\nu} = \int\limits_x^{c} + \int\limits_c^{a_\nu} = -\int\limits_c^{x} + \int\limits_c^{a_\nu}$$

vornimmt und im Integrationsintervall $c \cdots x$ die Beziehung
$\Sigma L_\nu(x)(a_\nu - z)^{n-1}/(n-1) = (x-z)^{n-1}/(n-1)!$ ausnutzt, so ergibt sich:

$$\Sigma f(a_\nu) L_\nu(x) = f(x) - \int\limits_c^{x} f^{(n)}(z) \frac{(x-z)^{n-1}}{(n-1)!} dz + \Sigma L_\nu(x) \int\limits_c^{a_\nu} f^{(n)}(z) \frac{(a_\nu - z)^{n-1}}{(n-1)!} dz.$$

Hier ist nun:

$$f(x) - \int\limits_c^{x} f^{(n)}(z) \frac{(x-z)^{n-1}}{(n-1)!} dz = f(c) + f'(c) \frac{(x-c)}{1!} + \cdots + f^{(n-1)}(c) \frac{(x-c)^{n-1}}{(n-1)!}$$

das Taylorsche Polynom $(n-1)$-ten Grades an der Stelle c. Nennen wir dieses Polynom $T(x)$, so gibt unsere Formel, die jetzt

$$L(x) = T(x) + \Sigma L_\nu(x) \int\limits_c^{a_\nu} f^{(n)}(z) \frac{(a_\nu - z)^{n-1}}{(n-1)!} dz \quad (55)$$

lautet, Aufschluß über die Abweichung zwischen dem Taylorschen und dem Newtonschen Polynom. Der Unterschied von $T(x)$ zu $L(x)$, d. h. das, was man zu $T(x)$ addieren muß, um $L(x)$ zu erhalten, ist ein Polynom $(n-1)$-ten Grades, das an den Stellen a_ν die Werte annimmt:

$$\int\limits_c^{a_\nu} f^{(n)}(z) \frac{(a_\nu - z)^{n-1}}{(n-1)!} dz; \quad (\nu = 1, \cdots, n).$$

§ 20. Newtons Quadraturformeln

Newton hat für die Berechnung des Integrals $\int\limits_a^b f(x)\,dx$ ein Näherungsverfahren angegeben, das sein Schüler *Cotes* weiter ausbaute und in seinen

Quadraturformeln zum endgültigen Ausdruck brachte. Die Berechnung eines solchen Integrals, das geometrisch ein Kurvensegment darstellt, wird wie jede Flächenbestimmung als eine *Quadratur* bezeichnet. Newtons Grundgedanke ist der, daß man $\int_a^b L(x)\,dx$ als eine Annäherung an $\int_a^b f(x)\,dx$ betrachtet. Da $L(x)$ ein Polynom ist, kann man das Näherungsintegral ohne Schwierigkeit auswerten. Über die Abweichung zwischen beiden Integralen finden wir bei Newton keine Angabe. Auf Grund unserer Formel (55) können wir diese Lücke ausfüllen.

Wenn $\int_a^b L_\nu(x)\,dx = L_\nu$ gesetzt wird, so ergibt sich aus (55):

$$\int_a^b L(x)\,dx = \int_a^b T(x)\,dx + \Sigma L_\nu \int_c^{a_\nu} f^{(n)}(z)\,\frac{(a_\nu - z)^{n-1}}{(n-1)!}\,dz. \tag{56}$$

Ist nun $F(x)$ eine Stammfunktion von $f(x)$, also $F'(x) = f(x)$, so kann man schreiben:

$$T(x) = F'(c) + F''(c)(x-c)/1! + \cdots + F^{(n)}(c)(x-c)^{n-1}/(n-1)!$$

Offenbar hat nun $T(x)$ die Stammfunktion:

$$F'(c)(x-c)/1! + F''(c)(x-c)^2/2! + \cdots + F^{(n)}(c)(x-c)^n/n! =$$

$$= F(x) - F(c) - \int_c^x F^{(n+1)}(z)\,\frac{(x-z)^n}{n!}\,dz.$$

Demnach wird:

$$\int_a^b T(x)\,dx = \left[F(x) - \int_c^x F^{(n+1)}(z)\,\frac{(x-z)^n}{n!}\,dz\right]_a^b =$$

$$= \int_a^b f(x)\,dx - \int_a^c f^{(n)}(z)\,\frac{(a-z)^n}{n!}\,dz - \int_c^b f^{(n)}(z)\,\frac{(b-z)^n}{n!}\,dz.$$

Wenn wir dies in (56) einsetzen, so ergibt sich:

$$\int_a^b f(x)\,dx = \Sigma L_\nu f(a_\nu) + \int_a^c f^{(n)}(z)\,\frac{(a-z)^n}{n!}\,dz + \int_c^b f^{(n)}(z)\,\frac{(b-z)^n}{n!}\,dz -$$

$$- \Sigma L_\nu \int_c^{a_\nu} f^{(n)}(z)\,\frac{(a_\nu - z)^{n-1}}{(n-1)!}\,dz. \tag{57}$$

Diese Formel belehrt uns über die Abweichung zwischen $\int_a^b f(x)\,dx$ und $\int_a^b L(x)\,dx$ oder $\Sigma L\ f(a_\nu)$. Läßt man c mit a oder mit b zusammenfallen, so verwandelt sich (57) in

$$\int_a^b f(x)\,dx = \Sigma L_\nu f(a_\nu) + \int_a^b f^{(n)}(z)\,\frac{(b-z)^n}{n!}\,dz - \Sigma L_\nu \int_a^{a_\nu} f^{(n)}(z)\,\frac{(a_\nu - z)^{n-1}}{(n-1)!}\,dz$$

oder in

$$\int_a^b f(x)\,dx = \Sigma L_\nu f(a_\nu) + \int_a^b f^{(n)}(z)\,\frac{(a-z)^n}{n!} + \Sigma L_\nu \int_{a_\nu}^b f^{(n)}(z)\,\frac{(a_\nu - z)^{n-1}}{(n-1)!}\,dz.$$

Die Differenz $a_\nu - z$ ist positiv im Integral $\int_a^{a_\nu} f^{(n)}(z)\,\frac{(a_\nu - z)^{n-1}}{(n-1)!}\,dz$, dagegen negativ in $\int_{a_\nu}^b f^{(n)}(z)\,\frac{(a_\nu - z)^{n-1}}{(n-1)!}\,dz$.

Versteht man also unter sgn u („Signum u") die positive oder negative Einheit, je nachdem $u > 0$ oder $u < 0$, so kann man schreiben:

$$\int_a^{a_\nu} f^{(n)}(z)\,\frac{(a_\nu - z)^{n-1}}{(n-1)!}\,dz = \int_a^{a_\nu} f^{(n)}(z)\,\frac{(a_\nu - z)^{n-1}}{(n-1)!}\,\operatorname{sgn}(a_\nu - z)\,dz;$$

$$\int_{a_\nu}^b f^{(n)}(z)\,\frac{(a_\nu - z)^{n-1}}{(n-1)!}\,dz = -\int_{a_\nu}^b f^{(n)}(z)\,\frac{(a_\nu - z)^{n-1}}{(n-1)!}\,\operatorname{sgn}(a_\nu - z)\,dz.$$

Setzt man dies in die beiden obigen Formeln ein, so erscheinen sie in folgender Schreibweise:

$$\int_a^b f(z)\,dx = \Sigma L_\nu f(a_\nu) + \int_a^b f^{(n)}(z)\,\frac{(b-z)^n}{n!}\,dz - $$
$$- \Sigma L_\nu \int_a^{a_\nu} f^{(n)}(z)\,\frac{(a_\nu - z)^{n-1}}{(n-1)!}\,\operatorname{sgn}(a_\nu - z)\,dz,$$

$$\int_a^b f(z)\,dx = \Sigma L_\nu f(a_\nu) + \int_a^b f^{(n)}(z)\,\frac{(a-z)^n}{n!}\,dz - $$
$$- \Sigma L_\nu \int_{a_\nu}^b f^{(n)}(z)\,\frac{(a_\nu - z)^{n-1}}{(n-1)!}\,\operatorname{sgn}(a_\nu - z)\,dz.$$

Bildet man aus beiden Ausdrücken das Mittel, so ergibt sich:

$$\int_a^b f(x)\,dx = \Sigma L_\nu f(a_\nu) +$$
$$+ \frac{1}{2}\int_a^b f^{(n)}(z)\left[\frac{(a-z)^n + (b-z)^n}{n!} - \Sigma L_\nu \frac{(a_\nu - z)^{n-1}}{(n-1)!}\,\operatorname{sgn}(a_\nu - z)\right] dz.$$

Der Sinn dieser Formel tritt noch deutlicher zutage, wenn man die mit dem Parameter z behaftete Funktion $(x-z)^{n-1}\operatorname{sgn}(x-z)/(n-1)!$ einführt. Ihr Integral lautet, da $x=z$ von $x=a$ bis $x=z$ negativ, von $x-z$ bis $x=b$ aber positiv ist:

$$-\int_a^z \frac{(x-z)^{n-1}}{(n-1)!}\,dx+\int_z^b \frac{(x-z)^{n-1}}{(n-1)!}\,dx=\frac{(a-z)^n+(b-z)^n}{n!}.$$

Demnach läßt sich der Quadraturformel schließlich folgende Gestalt geben:

$$\int_a^b f(x)\,dx-\Sigma L_\nu f(a_\nu)=$$

$$=\frac{1}{2}\int_a^b f^{(n)}(z)\left[\int_a^b \frac{(x-z)^{n-1}\operatorname{sgn}(x-z)}{(n-1)!}\,dx-\Sigma L_\nu \frac{(a_\nu-z)^{n-1}\operatorname{sgn}(a_\nu-z)}{(n-1)!}\right]dx. \quad (58)$$

Der Faktor von $f^{(n)}(z)$ hat dieselbe Form wie die linke Seite der Gleichung, nur ist an die Stelle von $f(x)$ die mit dem Parameter z behaftete Funktion $(x-z)^{n-1}\operatorname{sgn}(x-z)/(n-1)!$ getreten. Das Fehlerproblem, das die Abweichung zwischen dem Integral und der Newtonschen Approximation betrifft, wird hier auf einen Sonderfall zurückgeführt.

Bei geradem n ist: $(x-z)^{n-1}\operatorname{sgn}(x-z)/(n-1)!=|x-z|^{n-1}/(n-1)!$, wodurch eine kleine Vereinfachung in der Schreibweise der Formel entsteht. Im Falle $n=2$ hat die Quadraturformel folgendes Aussehen:

$$\int_a^b f(x)\,dx-[L_1 f(a_1)+L_2 f(a_2)]=$$

$$=\frac{1}{2}\int_a^b f''(z)\left[\int_a^b |x-z|\,dx-(L_1|a_1-z|+L_2|a_2-z|)\right]dz.$$

L_1 und L_2 sind die Integrale $\int_a^b \frac{x-a_2}{a_1-a_2}\,dx$ und $\int_a^b \frac{x-a_1}{a_2-a_1}\,dx$.

Setzt man $a_1=a$ und $a_2=b$, so wird $L_1=L_2=(b-a)/2$, ferner wird: $|a-z|=z-a$, $|b-z|=b-z$, also: $L_1|a_1-z|+L_2|a_2-z|=(b-a)^2/2$. Außerdem ist, wie ein Blick auf Abb. 17 zeigt:

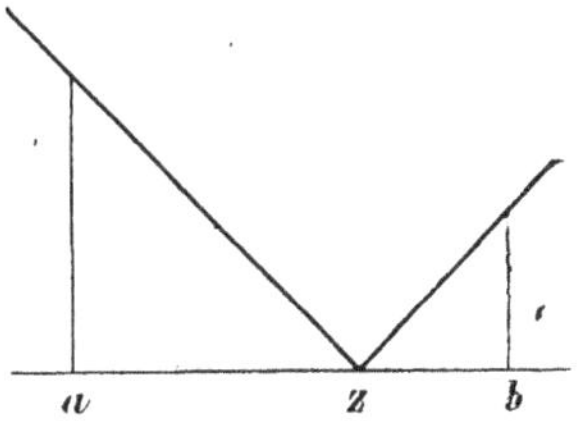

Abb. 17.

$\int_a^b |x-z|\,dx=[(z-a)^2+(z-b)^2]/2$, mithin:

$$\int_a^b |x-z|\,dx-(L_1|a_1-z|+L_2|a_2-z|)=$$

$$=[(z-a)^2+(z-b)^2-(b-a)^2]/2=(z-a)(z-b),$$

also

$$\int_a^b f(x)\,dx = (b-a)\,\frac{f(a)+f(b)}{2} + \frac{1}{2}\int_a^b f''(z)\,(z-a)\,(z-b)\,dz. \tag{59}$$

Setzt man $a_1 = a + (b-a)/4$ und $a_2 = b - (b-a)/4$, so werden L_1 und L_2 auch diesmal beide gleich $(b-a)/2$. Im Intervall $a \cdots a_1$ hat man:

$$\int_a^b |x-z|\,dx - (L_1\,|a_1-z| + L_2\,|a_2-z|) =$$

$$= \frac{(z-a)^2+(z-b)^2}{2} - \frac{(a+b-2z)\,(b-a)}{2} = (z-a)^2;$$

in $a_1 \cdots a_2$ findet man:
$(z-a)^2/2 + (z-b)^2/2 - (b-a)^2/4 = [z-(a+b)/2]^2$, endlich in $a_2 \cdots b$: $(z-a)^2/2 + (z-b)^2/2 - (2z-a-b)\,(b-a)/2 = (z-b)^2$. Man kann hiernach schreiben:

$$\int_a^b f(x)\,dx = (b-a)\,\frac{f(a_1)+f(a_2)}{2} + \frac{1}{2}\int_a^{a_1} f''(z)\,(z-a)^2\,dz +$$

$$+ \frac{1}{2}\int_{a_1}^{a_2} f''(z)\left(z-\frac{a+b}{2}\right)^2 dz + \frac{1}{2}\int_{a_2}^{b} f''(z)\,(z-b)^2\,dz. \tag{60}$$

Ist nun in $a \cdots b$ die zweite Ableitung $f''(x)$ positiv, so kann man, da $(z-a)\,(z-b)$ in $a \cdots b$ negativ ist, aus (59) und (60) schließen, daß das Integral $\int_a^b f(x)\,dx$ kleiner ist als

$$(b-a)\,[f(a)+f(b)]/2 \tag{61}$$

und größer ist als
$(b-a)\,(f[a+(b-a)/4] + f[b-(b-a)/4])/2 = (b-a)\,[f(a_1)+f(a_2)]/2,$
daß also das Integral bei positiven $f''(x)$ einem Flächeninhalt zwischen den Inhalten der beiden in Abb. 18 angedeuteten Trapeze entspricht. Ist $f''(x)$ negativ, so liegt (61) unter und (62) über dem Integral. Wenn man weiß, daß in einem gewissen Intervall $\alpha \cdots \beta$ die zweite Ableitung $f''(x)$ ein festes Zeichen hat, so zerlege man $\alpha \cdots \beta$ in $4n$ gleiche Teile, indem man von α nach β aufsteigend die Zwischenwerte $x_1, x_2, \cdots, x_{4n-1}$ einschaltet; α und β kann man x_0 und x_{4n} nennen. Wendet man nun auf $x_0 \cdots x_4$; $x_4 \cdots x_8$; $\cdots$; $x_{4n-4} \cdots x_{4n}$ das oben für $a \cdots b$ gewonnene Ergebnis an, so erkennt man, daß $\int_\alpha^\beta f(x)\,dx$ zwischen den Schranken

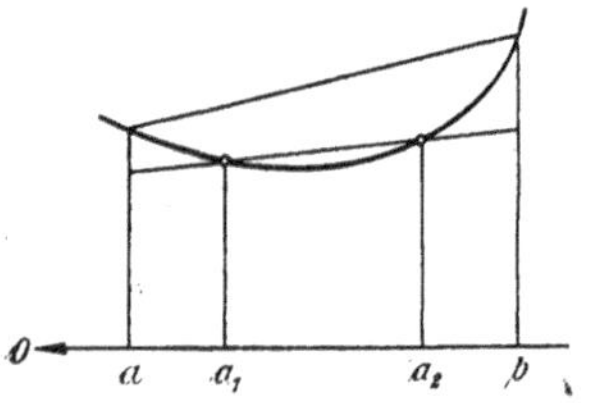

Abb. 18.

$$(y_0 + 2\,y_4 + 2\,y_8 + \cdots + 2\,y_{4n-4} + y_{4n})\,(\beta-\alpha)\,/\,(2\,n)$$
$$\text{und } (y_1 + y_3 + y_5 + \cdots + y_{4n-1})\,(\beta-\alpha)\,/\,(2\,n)$$

liegt. Im Falle $f''(x) > 0$ ist die erste Schranke die obere, im Falle $f''(x) < 0$ die zweite. Je mehr man die Einteilung verfeinert, je größer man also n wählt, desto näher rücken die Schranken zusammen, desto besser approximieren sie das Integral. Ich nenne diesen Einschließungssatz die *verbesserte Trapezregel*. Der Fortschritt gegenüber der alten Formulierung, die nur mit dem Ausdruck
$(y_0 + 2\,y_4 + \cdots + 2\,y_{4n-4} + y_{4n})\,(\beta - \alpha)\,/\,(2\,n)$ allein arbeitete, liegt in der Einschließung des Integralwertes zwischen zwei Schranken. In der praktischen Anwendung wird man bei der rechnerischen Herstellung der unteren (oberen) Schranke nach unten (oben) abrunden.

§ 21. Die Gaußsche Approximation

Ist $f(x)$ ein Polynom unterhalb des Grades n, so wird $f^{(n)}(x) = 0$. Daher verschwindet in der Quadraturformel (58) das Fehlerglied, und man erhält die Darstellung:

$$\int_a^b f(x)\,d\,x = \Sigma\, L_\nu\, f(a_\nu).$$

Setzt man in dieser Formel: $f(x) = 1;\ x;\ \cdots;\ x^{n-1}$, so ergeben sich zur Bestimmung von $L_1, \cdots, L_n$ die Gleichungen:

$$\int_a^b d\,x = \Sigma\, L_\nu; \cdots; \int_a^b x^{n-1}\,d\,x = \Sigma\, L_\nu\, a_\nu^{\,n-1}. \tag{63}$$

Löst man sie nach der Cramerschen Regel auf und benutzt dabei das früher eingeführte Symbol für ein Differenzenprodukt, so ergibt sich:

$$L_1 = \int_a^b \frac{[x\,a_2 \cdots a_n]}{[a_1\,a_2 \cdots a_n]}\,d\,x; \cdots; L_n = \int_a^b \frac{[a_1\,a_2 \cdots x]}{[a_1\,a_2 \cdots a_n]}\,d\,x.$$

Wenn man die gemeinsamen Faktoren im Zähler und Nenner streicht, so erweisen sich die hier auftretenden Quotienten als identisch mit $L_1(x); \cdots; L_n(x)$, den Lagrangeschen Grundpolynomen.
Bei der Gaußschen Approximation wird der Umstand benutzt, daß über die Größen $a_1, \cdots, a_n$ noch keine Verfügung getroffen ist. Man kann ihnen n Bedingungen auflegen. Dies geschieht bei Gauß in der Weise, daß außer den Gleichungen (63) noch n andere sich anschließende gefordert werden, nämlich

$$\int_a^b x^n\,d\,x = \Sigma\, L_\nu\, a_\nu^{\,n}, \cdots, \int_a^b x^{2n-1}\,d\,x = \Sigma\, L_\nu\, a_\nu^{\,2-1}. \tag{64}$$

Es wird mit anderen Worten verlangt, daß die Approximation in Gleichheit übergehen soll, wenn $f(x)$ ein Polynom unterhalb $2\,n$ ist. Aus den Gleichungen (64) ergeben sich für $L_1, \cdots, L_n$ die Werte

$$L_1 = \int_a^b \frac{x^n\,[x\,a_2 \cdots a_n]}{a_1^{\,n}\,[a_1\,a_2 \cdots a_n]}\,d\,x, \cdots, L_n = \int_a^b \frac{x^n\,[a_1\,a_2 \cdots x]}{a_n^{\,n}\,[a_1\,a_2 \cdots a_n]}\,d\,x.$$

Sollen diese Werte mit den aus (63) gewonnenen übereinstimmen, so müssen folgende Gleichungen bestehen:

$$\int_a^b (x^n - a_1^n) L_1(x)\, dx = 0; \quad \cdots; \quad \int_a^b (x^n - a_n^n) L_n(x)\, dx = 0.$$

Da nun $L_\nu(x)$ bis auf einen konstanten Faktor gleich $(x - a_1) \cdots (x - a_n) / (x - a_\nu) = P(x) / (x - a_\nu)$, so kann man schreiben:

$$\int_a^b \frac{x^n - a_\nu^n}{x - a_\nu} \cdot P(x)\, dx = 0 \text{ oder}$$

$$\int_a^b x^{n-1} P(x)\, dx + a_\nu \int_a^b x^{n-2} P(x)\, dx + \cdots + a_\nu^{n-1} \int_a^b P(x)\, dx = 0; \quad (\nu = 1, \cdots, n).$$

Da die Determinante dieses Gleichungssystems das Differenzenprodukt $[a_1 \cdots a_n]$, also ungleich Null ist, so folgt:

$$\int_a^b P(x)\, dx = 0; \quad \int_a^b x P(x)\, dx = 0; \quad \cdots; \quad \int_a^b x^{n-1} P(x)\, dx = 0. \tag{65}$$

Durch lineare Zusammenfassung erkennt man, daß $P(x)$ mit jedem Polynom $Q(x)$, dessen Grad unterhalb n liegt, ein verschwindendes Integral liefert: $\int_a^b Q(x) P(x) (dx = 0$. Diese Bedingung muß also $P(x) = (x - a_1) \cdots (x - a_n)$ erfüllen. Es kann nur ein Polynom n-ten Grades geben, das ihr genügt. Wäre nämlich $P^*(x) = x^n + c_1 x^{n-1} + \cdots + c_n$ ein zweites Polynom dieser Art, so würde aus $\int_a^b Q(x) P(x)\, dx = 0$ und $\int_a^b Q(x) P^*(x)\, dx = 0$ folgen:

$$\int_a^b Q(x) [P(x) - P^*(x)]\, dx = 0.$$

Da nun der Grad von $P(x) - P^*(x)$ kleiner als n ist und diese Gleichung für jedes Polynom unterhalb des Grades n gilt, so darf man insbesondere $Q(x) = P(x) - P^*(x)$ setzen und erhält dann:

$$\int_a^b [P(x) - P^*(x)]^2\, dx = 0.$$

Hieraus folgt aber, daß $P(x) - P^*(x)$ im ganzen Intervall $a \cdots b$ verschwindet. Es gilt nämlich folgender Satz: *Wenn $\varphi(x)$ im geschlossenen Intervall $a \cdots b$ stetig ist, so kann man aus $\int_a^b \varphi^2(x)\, dx = 0$ schließen: $\varphi(x) = 0$.* Gäbe es in $a \cdots b$ irgendeine Stelle c, wo $\varphi(x)$ nicht verschwindet, so teile man $a \cdots b$ in n gleiche Teile $a \cdots x_1; \cdots; x_{n-1} \cdots b$ und bezeichne a und b mit x_0 und x_n. Dann ist:

$$\int_a^b \varphi^2(x)\, dx = \sum_1^n \int_{x_{\nu-1}}^{x_\nu} \varphi^2(x)\, dx = \sum_1^n \varphi^2(\xi_\nu)(x_\nu - x_{\nu-1}).$$

Da das Integral verschwinden soll, so müssen $\varphi^2(\xi_1), \cdots, \varphi^2(\xi_n)$ alle gleich Null sein. Eine der Stellen $\xi_1, \cdots, \xi_n$ fällt mit c in dasselbe Teilintervall, ist also von c um weniger als $(b-a)/n$ entfernt. Nennen wir diese Stelle c_n, so würde bei wachsendem n offenbar $\lim c_n = c$ sein, also wegen der Stetigkeit
$\lim \varphi^2(c_n) = \varphi^2(c)$. Da nun $\varphi^2(c_n) = 0$, so kann $\varphi^2(c)$ nicht von Null verschieden sein.

Nun müssen wir noch sehen, ob es wirklich ein Polynom n-ten Grades gibt, welches den Forderungen (65) genügt. *Legendre* hat gezeigt, daß die n-te Ableitung von $(x-a)^n(x-b)^n$ ein solches Polynom ist. Um dies zu erkennen, stützt man sich am besten auf eine Formel von Johann Bernoulli, die als Verallgemeinerung der Leibnizschen Produktregel $(uv)' = uv' + u'v$ zu betrachten ist. Es schließt sich an diese Leibnizsche Aussage, wie Bernoulli feststellte, eine ganze Reihe ähnlicher Aussagen, die man sofort mittels der Leibnizschen Regel beweisen kann, nämlich:

$$(uv' - u'v)' = uv'' - u''v;$$
$$(uv'' - u'v' + u''v)' = uv''' + u'''v.$$
$$\cdots\cdots\cdots\cdots\cdots\cdots$$

Allgemein ist:

$$(uv^{(n-1)} - u'v^{(n-2)} + \cdots + (-1)^{n-1}u^{(n-1)}v)' = uv^{(n)} + (-1)^{n-1}u^{(n)}v.$$

Man ersieht aus dieser Bernoullischen Formel, daß $uv^{(n-1)} - u'v^{(n-2)} + \cdots + (-1)^{n-1}u^{(n-1)}v$ eine Stammfunktion von $uv^{(n)} + (-1)^{n-1}u^{(n)}v$ ist. Daher gilt folgende Beziehung, „*Bernoullische Integralformel*“ genannt:

$$\int_a^b uv^{(n)}\,dx = (uv^{(n-1)} - u'v^{(n-2)} + \cdots + (-1)^{n-1}u^{(n-1)}v)_a^b + (-1)^n\int_a^b u^{(n)}v\,dx.$$

Im Falle $n = 1$ erhält man die Formel der partiellen Integration, von der hier also eine Verallgemeinerung vorliegt, die man übrigens auch durch n-malige Anwendung der partiellen Integration auf $\int_a^b uv^{(n)}\,dx$ herleiten könnte. Setzt man in obiger Formel $v = (x-a)^n(x-b)^n$, so verschwinden $v, v', \cdots, v^{(n-1)}$ an den Stellen a und b. Ist nämlich ein Polynom $G(x)$ durch $(x-x_0)^p$ und durch keine höhere Potenz von $x-x_0$ teilbar, hat es also, wie man sagt, *die p-fache Wurzel* x_0, so folgt aus $G(x) = (x-x_0)^p G_1(x)$ als Ableitung:

$$G'(x) = (x-x_0)^{p-1}[pG_1(x) + (x-x_0)G_1'(x)].$$

Der zweite Faktor geht für $x = x_0$ in $pG_1(x_0) \neq 0$ über. Für $G'(x)$ ist daher x_0 eine $(p-1)$-fache Wurzel.

Da nun $v = (x-a)^n(x-b)^n$ die n-fachen Wurzeln a und b hat, so sind sie $(n-1)$-fache Wurzeln für v', $(n-2)$-fache für v'', $\cdots$, einfache für $v^{(n-1)}$. Der integralfreie Bestandteil in Bernoullis Integralformel wird also im Falle $v = (x-a)^n(x-b)^n$ gleich Null. Setzt man außerdem für u ein Polynom $(n-1)$-ten oder niedrigeren Grades ein, so wird $u^{(n)} = 0$ und man erhält

$\int\limits_a u\, v^{(n)}\, dx = 0$. Damit ist Legendres Feststellung bewiesen. Durch wiederholte Anwendung des Rolleschen Theorems erkennt man: die Ableitung v' läßt außer den $(n-1)$-fachen Wurzeln a und b noch eine Wurzel zwischen a und b zu; v'' außer den $(n-2)$-fachen Wurzeln a und b zwei Zwischenwurzeln; $\cdots$; $v^{(n-1)}$ außer den einfachen Wurzeln a und b noch $n-1$ Zwischenwurzeln; $v^{(n)}$ schließlich n Zwischenwurzeln. Diese n Wurzeln des Legendreschen Polynoms $[(x-a)^n (x-b)^n]^{(n)}$ sind die Stellen $a_1, \cdots, a_n$, die Gauß für seine genäherte Integration braucht. Benutzt er diese Stellen, so gilt die Gleichung $\int\limits_a^b f(x)\, dx = \Sigma L_\nu f(a_\nu)$ nicht nur für Polynome unterhalb des Grades n, sondern der Grad darf noch um n Einheiten hinaufgehen, so daß $f(x)$ ein Polynom $(2n-1)$-ten oder niedrigeren Grades ist. Ist $f(x)$ kein solches Polynom, sondern irgendeine in $a \cdots b$ stetige Funktion, so stellt der Näherungsausdruck $\Sigma L_\nu f(a_\nu)$ das Integral nicht genau dar, sondern mit einem Fehler, über den wir jetzt eine Aussage herleiten wollen. Dabei stützen wir uns auf die Formel (57), wobei wir wie damals $c = a$ oder $c = b$ setzen. Im Falle $c = a$ lautete das Fehlerglied:

$$\int\limits_a^b f^{(n)}(z)\, \frac{(b-z)^n}{n!}\, dz - \Sigma L_\nu \int\limits_a^{a_\nu} f^{(n)}(z)\, \frac{(a_\nu - z)^{n-1}}{(n-1)!}\, dz.$$

Bemerken wir im Hinblick auf Bernoullis Integralformel, daß

$$-\left[\frac{f^{(n)}(z)\,(b-z)^{n+1}}{(n+1)!} + \frac{f^{(n+1)}(z)\,(b-z)^{n+2}}{(n+2)!} + \cdots + \frac{f^{(2n-1)}(z)\,(b-z)^{2n}}{(2n)!}\right]$$

die Ableitung $f^{(n)}(z)\,(b-z)^n/(n!) - f^{(2n)}(z)\,(b-z)^{2n}/(2n)!$ hat, ebenso:

$$-\left[\frac{f^{(n)}(z)\,(a_\nu - z)^n}{n!} + \frac{f^{(n+1)}(z)\,(a_\nu - z)^{n+1}}{(n+1)!} + \cdots + \frac{f^{(2n-1)}(z)\,(a_\nu - z)^{2n-1}}{(2n-1)!}\right]$$

die Ableitung

$$\frac{f^{(n)}(z)\,(a_\nu - z)^{n-1}}{(n-1)!} - \frac{f^{(2n+1)}(z)\,(a_\nu - z)^{2n-1}}{(2n-1)!},$$

so ist das Fehlerglied in die beiden Bestandteile zerlegbar:

$$\int\limits_a^b f^{(2n)}(z)\, \frac{(b-z)^{2n}}{(2n)!}\, dz - \Sigma L_\nu \int\limits_a^{a_\nu} f^{(2n)}(z)\, \frac{(a_\nu - z)^{2n-1}}{(2n-1)!}\, dz \quad \text{und}$$

$$\begin{aligned} & f^{(n)}(a)\,(b-a)^{n+1}/(n+1)! + \\ & \quad + f^{(n+1)}(a)\,(b-a)^{n+2}/(n+2)! + \cdots + f^{(2n-1)}(a)\,(b-a)^{2n}/(2n)! - \\ & \quad - \Sigma L_\nu [f^{(n)}(a)\,(a_\nu - a)^n/n! + \\ & \quad + f^{(n+1)}(a)(a_\nu - a)^{n+1}/(n+1)! + \cdots + f^{(2n-1)}(a)(a_\nu - a)^{(2n-1)}/(2n-1)!]. \end{aligned}$$

Der zweite Bestandteil hat die Form

$$\int\limits_a^b \varphi(x)\, dx - \Sigma L_\nu \varphi(a_\nu),$$

wenn man setzt: $\varphi(x) = f^{(n)}(a)(x-a)^n/n! +$
$+ f^{(n+1)}(a)(x-a)^{n+1}/(n+1)! + \cdots + f^{(2n-1)}(a)(x-a)^{2n-1}/(2n-1)!$
Da für Polynome $(2n-1)$-ten Grades die Gaußsche Approximation exakt ist, so muß er verschwinden.

Genau entsprechend zeigt man, daß sich das Fehlerglied der Formel (57) im Falle $c = b$ in

$$\int_a^b f^{(2n)}(z)\frac{(a-z)^{2n}}{(2n)!}\,dz + \Sigma L_\nu \int_{a_\nu}^b f^{(2n)}(z)\frac{(a_\nu-z)^{2n-1}}{(2n-1)!}\,dz$$

umformen läßt. So gelten also im Gaußschen Falle die Aussagen

$$\int_a^b f(x)\,dx = \Sigma L_\nu f(a_\nu) + \int_a^b f^{(2n)}(z)\frac{(b-z)^{2n}}{(2n)!}\,dz - \\ - \Sigma L_\nu \int_a^{a_\nu} f^{(2n)}(z)\frac{(a_\nu-z)^{2n-1}}{(2n-1)!}\,dz;$$

$$\int_a^b f(x)\,dx = \Sigma L_\nu f(a_\nu) + \int_a^b f^{(2n)}(z)\frac{(a-z)^{2n}}{(2n)!}\,dz + \\ + \Sigma L_\nu \int_{a_\nu}^b f^{(2n)}(z)\frac{(a_\nu-z)^{2n-1}}{(2n-1)!}\,dz.$$

In der ersten Gleichung kann man schreiben:

$$\int_a^{a_\nu} f^{(2n)}(z)\frac{(a_\nu-z)^{2n-1}}{(2n-1)!}\,dz = \int_a^{a_\nu} f^{(2n)}(z)\frac{|a_\nu-z|^{2n-1}}{(n-1)!}\,dz$$

in der zweiten:

$$\int_{a_\nu}^b f^{(2n)}(z)\frac{(a_\nu-z)^{2n-1}}{(2n-1)!}\,dz = -\int_{a_\nu}^b f^{(2n)}(z)\frac{|a_\nu-z|^{2n-1}}{(2n-1)!}\,dz.$$

Macht man hiervon Gebrauch, so ergibt sich aus beiden Gleichungen durch Mittelbildung:

$$\int_a^b f(x)\,dx = \Sigma L_\nu f(a_\nu) + \\ + \frac{1}{2}\int_a^b f^{(2n)}(z)\left[\frac{(a-z)^{2n}+(b-z)^{2n}}{(2n)!} - \Sigma L_\nu \frac{|a_\nu-z|^{2n-1}}{(2n-1)!}\right]dz. \quad (66)$$

Da nun $\frac{(a-z)^{2n}+(b-z)^{2n}}{(2n)!} = \int_a^b \frac{|x-z|^{2n-1}}{(2n-1)!}\,dx$, so läßt sich also die Gaußsche Näherungsformel schreiben:

$$\int_a^b f(x)\,dx = \Sigma L_\nu f(a_\nu) +$$

$$+\frac{1}{2}\int_a^b f^{(2n)}(z)\left[\int_a^b \frac{|x-z|^{2n-1}}{(2n-1)!}\,dx - \Sigma L_\nu \frac{|a_\nu - z|^{2n-1}}{(2n-1)!}\right]dz.$$

Die $a_1, \cdots, a_n$ sind, um daran zu erinnern, die Wurzeln des Legendreschen Polynoms: $[(x-a)^n (x-b)^n]^{(n)}$. Im Falle $n=1$ wird das Legendresche Polynom gleich $[(x-a)(x-b)]'$, d. h. $2x-(a+b)$. Seine Wurzel liegt in der Mitte des Intervalls $a \cdots l$. Formel (66) lautet daher im Falle $n=1$ mit Rücksicht auf $L_1(x)=1$ und $L_1 = b-a$:

$$\int_a^b f(x)\,dx = (b-a)\,f\left(\frac{a+b}{2}\right) +$$

$$+\frac{1}{2}\int_a^{(a+b)/2} f''(z)\left[\frac{(a-z)^2+(b-z)^2}{2} - (b-a)\left(\frac{a+b}{2}-z\right)\right]dz +$$

$$+\frac{1}{2}\int_{(a+b)/2}^b f''(z)\left[\frac{(a-z)^2+(b-z)^2}{2} - (b-a)\left(z-\frac{a+b}{2}\right)\right]dz.$$

oder:

$$\int_a^b f(x)\,dx = (b-a)\,f\left(\frac{a+b}{2}\right) + \int_a^{(a+b)/2} f''(z)\,\frac{(z-a)^2}{2}\,dz + \int_{(a+b)/2}^b f''(z)\,\frac{(z-b)^2}{2}\,dz$$

Man kann diese Formel zusammen mit

$$\int_a^b f(x)\,dx = (b-a)\,\frac{f(a)+f(b)}{2} + \int_a^b f''(z)\,\frac{(z-a)(z-b)}{2}\,dz$$ zur Einschließung

eines Integrals benutzen. Weiß man, daß $f''(x)$ im Intervall $\alpha \cdots \beta$ zeichenbeständig ist, so zerlege man dieses in $2n$ gleiche Teilintervalle, indem man von α nach β fortschreitend zwischen $\alpha = x_0$ und $\beta = x_{2n}$ die Werte $x_1, x_2, \cdots, x_{2n-1}$ einschaltet.

Wendet man in jedem der n Intervalle $x_0 \cdots x_2, \cdots, x_{2n-2} \cdots x_{2n}$ die Näherungen $(b-a)f[(a+b)/2]$ und $(b-a)[f(a)/2+f(b)/2]$ an, so ergibt sich, daß $\int_\alpha^\beta f(x)\,dx$ von $(y_0 + 2y_2 + \cdots + 2y_{2n-2} + y_{2n})(\beta-\alpha)/(2n)$ und von $(y_1+y_3+\cdots+y_{2n-1})(\beta-\alpha)/n$ umschlossen wird, und zwar liegt bei positivem $f''(x)$ der zweite Wert unterhalb, bei negativem $f''(x)$ oberhalb des Integrals. Man bezeichnet die zweite Approximation als *Maclaurinsche Rechtecksregel.*

§ 22. Bogenlängen, Rotationsflächen und Rotationskörper, Schwerpunkte, Sektoren

Um den zu $a \cdots b$ gehörigen Bogen der Kurve $y = f(x)$ zu berechnen, stellen wir uns auf den archimedischen Standpunkt, daß die Bogenlänge der Grenzwert eines einbeschriebenen Streckenzuges ist, dessen Einzelstrecken der Null zustreben. Wir teilen das Intervall $a \cdots b$ oder $x_0 \cdots x_n$ in n Teile $x_0 \cdots x_1$, $\cdots$, $x_{n-1} \cdots x_n$. Zu $x_{\nu-1} \cdots x_\nu$ gehört die Sehne

$$\sqrt{(x_\nu - x_{\nu-1})^2 + (y_\nu - y_{\nu-1})^2} = (x_\nu - x_{\nu-1}) \sqrt{1 + [f'(\xi_\nu)]^2}.$$

Dabei ist ξ_ν der durch den Mittelwertsatz $(y_\nu - y_{\nu-1}) / (x_\nu - x_{\nu-1}) = f'(\xi_\nu)$ hineinkommende Zwischenwert innerhalb $x_{\nu-1} \cdots x_\nu$. Setzt man $\nu = 1, \cdots, n$, so erhält man n solche Sehnen. Sie bilden den einbeschriebenen Streckenzug, der bei unendlicher Verfeinerung der Einteilung die Bogenlänge zum Grenzwert hat. Da nun

$$\lim \Sigma (x_\nu - x_{\nu-1}) \sqrt{1 + [f'(\xi_\nu)]^2} = \int_a^b \sqrt{1 + [f'(x)]^2} \cdot dx,$$

so mißt das Integral den hier betrachteten Bogen. Damit ist die Bogenberechnung oder *Rektifikation* auf eine Quadratur zurückgeführt. Wenn man $f'(x)$ als stetig voraussetzt, so ist auch $\sqrt{1 + [f'(x)]^2}$ stetig. Über die Existenz des obigen Grenzwertes kann es dann kein Bedenken geben. Daß mit der Funktion φ auch $\sqrt{1 + \varphi^2}$ stetig ist, erkennt man leicht mittels der Umformung:

$$\sqrt{1 + \varphi_2^2} - \sqrt{1 + \varphi_1^2} = (\varphi_2^2 - \varphi_1^2) / (\sqrt{1 + \varphi_2^2} + \sqrt{1 + \varphi_1^2}).$$

Zwei Werte von $\sqrt{1 + \varphi^2}$ differieren hiernach um weniger als die entsprechenden Werte von φ^2. Da nun φ^2 ebenso wie φ stetig ist, so sieht man, daß bei $\sqrt{1 + \varphi^2}$ zwei Abszissen mit hinschwindendem Unterschied stets Ordinaten mit derselben Eigenschaft entsprechen. Darin liegt aber die Stetigkeit.

Der zu $a \cdots x$ gehörige Bogen ist eine Funktion von x, die dargestellt wird durch $s(x) = \int_a^x \sqrt{1 + [f'(z)]^2} \cdot dz$. Wir wissen, daß ein Kurvensegment über $v \cdots x$ die bewegliche Ordinate zur Ableitung hat. Daher ist:

$$s'(x) = \sqrt{1 + [f'(x)]^2} \text{ und } ds = \sqrt{1 + [f'(x)]^2} \cdot dx = \sqrt{dx^2 + dy^2}.$$

Leibniz und seine Schule gingen bei der Berechnung der Kurvenbögen von dieser Gleichung aus. Sie betrachteten nach dem Vorgange von *Pascal* ein unendlich kleines Bogenstück als Hypotenuse eines rechtwinkligen Dreiecks mit den Katheten dx und dy. Soll z. B. ein Bogen der Parabel $y = x^2/(2p)$ berechnet werden, so ist hier $y' = x/p$. Der über $0 \cdots b$ liegende Bogen wird also durch

$$\int_0^b \sqrt{1 + \left(\frac{x}{p}\right)^2} \, dx \tag{67}$$

gemessen. Bei der Ermittelung einer Stammfunktion ist der Leibnizsche Satz von der Invarianteneigenschaft des Differentials sehr wertvoll. Wenn man in eine Funktion und ihr Differential eine neue Veränderliche einführt, so erhält man wieder eine Funktion und ihr Differential. Das ist der Inhalt jenes grundlegenden Leibnizschen Satzes. Im vorliegenden Falle setzen wir $x = p \operatorname{Sin} u$. Dann wird $dx = p \operatorname{Cos} du$ und

$$\sqrt{1 + (x/p)^2} \cdot dx = p \sqrt{1 + \operatorname{Sin}^2 u} \cdot \operatorname{Cos} u\, du = p \operatorname{Cos}^2 u\, du.$$

Nun entnimmt man der Moivreschen Formel:

$$(\operatorname{Cos} u + \varepsilon \operatorname{Sin} u)^2 = \operatorname{Cos} 2\,u + \varepsilon \operatorname{Sin} 2\,u; \quad (\varepsilon = \pm 1)$$

die Gleichung: $\operatorname{Cos}^2 u + \operatorname{Sin}^2 u = \operatorname{Cos} 2\,u$. Mit $\operatorname{Cos}^2 u - \operatorname{Sin}^2 u = 1$ zusammengefaßt gibt diese Gleichung: $\operatorname{Cos}^2 u = (1 + \operatorname{Cos} 2\,u)/2$. Demnach ist: $\sqrt{1 + (x/p)^2} \cdot dx = (p/2)\,(1 + \operatorname{Cos} 2\,u)\,du$. Dies ist nun das Differential von $pu/2 + p\,(\operatorname{Sin} 2\,u)/4$ oder $pu/2 + p\,(\operatorname{Sin} u \operatorname{Cos} u)/2$. Nach dem Leibnizschen Satz muß also $(p/2) \cdot \operatorname{ar} \operatorname{Sin}(x/p) + (x/2)\sqrt{1 + (x/p)^2}$ das Differential $\sqrt{1 + (x/p)^2}\, dx$ haben.

Man kann dies durch Nachrechnen bestätigen. Das Integral (67) ist nun der Zuwachs der Stammfunktion beim Übergange von 0 zu b, also: $(p/2) \cdot \operatorname{ar} \operatorname{Sin}(b/p) + (b/2)\sqrt{1 + (b/p)^2}$. Dabei ist (b/p) die Richtungskonstante der Tangente im Endpunkt des Parabelbogens, also (vgl. Fig. 19) $\tan \vartheta$. Danach lautet der zweite Summand des Bogens: $(b/2)/\cos \vartheta$; er ist gleich dem Tangentenabschnitt zwischen Berührungspunkt und x-Achse. Der Parabelbogen übertrifft diesen Tangentenabschnitt um $(p/2) \cdot \operatorname{ar} \operatorname{Sin}(b/p)$. Wenn man den über $a \cdots b$ liegenden Bogen der Kurve $y = f(x)$, wobei $f(x)$ positiv ist, um die x-Achse rotieren läßt, so beschreibt er den Mantel eines Rotationskörpers. Um diesen Mantel zu berechnen, wird in den Bogen ein Sehnenzug einbeschrieben, dem eine Einteilung des Intervalls $a \cdots b$ in n Teile $x_{\nu-1} \cdots x_\nu$ zugrunde liegt. Die zu $x_{\nu-1} \cdots x_\nu$ gehörige Sehne beschreibt bei der Rotation den Mantel eines Kegelstumpfes, der nach den Regeln der Elementargeometrie durch $M_\nu = \pi\,(y_{\nu-1} + y_\nu)\sqrt{(x_\nu - x_{\nu-1})^2 + (y_\nu - y_{\nu-1})^2}$ gemessen wird. Als Mantelfläche des betrachteten Rotationskörpers definiert man in naheliegender Weise den Grenzwert von ΣM_ν bei unendlicher Verfeinerung der Intervallteilung. Da $y_\nu - y_{\nu-1} = (x_\nu - x_{\nu-1})\, f'(\xi_\nu)$, so kann man ΣM_ν in zwei Bestandteile zerlegen:

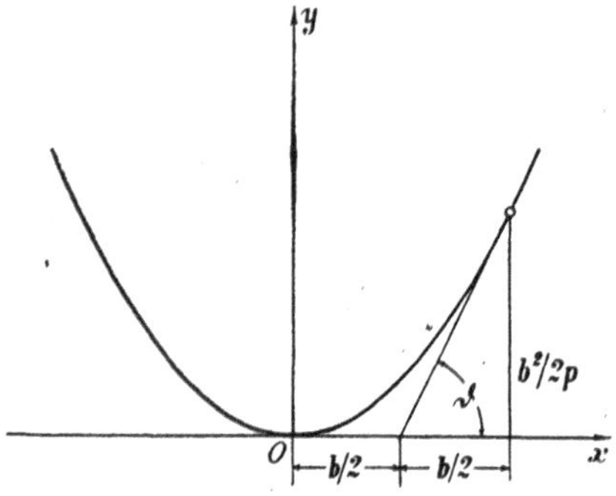

Abb. 19.

$$2\pi\,\Sigma\,(x_\nu - x_{\nu-1})\, f(\xi_\nu)\sqrt{1 + [f'(\xi_\nu)]^2} +$$
$$+ \pi\,\Sigma\,[f(x_{\nu-1}) + f(x_\nu) - 2 f(\xi_\nu)]\,(x_\nu - x_{\nu-1})\sqrt{1 + [f'(\xi_\nu)]^2}.$$

Der erste Bestandteil (obere Zeile) strebt dem Grenzwert

$$2\pi\int f(x)\sqrt{1+[f'(x)]^2}\cdot dx \text{ zu,} \tag{68}$$

der zweite (untere Zeile) konvergiert nach Null, was man durch folgende Überlegung erkennt: Unter den n Werten $[f(x_{\nu-1})-f(\xi_\nu)]+[f(x_\nu)-f(\xi_\nu)]$ habe $[f(x^*)-f(\xi)]+[f(x_*)-f(\xi)]$ den größten Betrag. Dann hat der zweite Bestandteil einen kleineren Betrag als

$$([f(x^*)-f(\xi)]+[f(x_*)-f(\xi)])\ \Sigma(x_\nu-x_{\nu-1})\sqrt{1+[f'(\xi_\nu)]^2}.$$

Diese Größe höheren Betrages konvergiert nach Null, weil der zweite Faktor dem Bogen über $a\cdots b$ zustrebt, der erste Faktor aber der Null, da x^*, x_*, ξ demselben Teilintervall angehören und daher hinschwindende Differenzen haben. Das Integral (68), das man auch kurz in der Form:

$$2\pi\int_{x=a}^{x=b} y\,ds$$

schreiben kann, gibt also die Mantelfläche des betrachteten Rotationskörpers. Nach dieser Formel kann man z. B. eine Kugelzone berechnen. Dabei muß man $y=\sqrt{R^2-x^2}$ setzen. Hier wird $y'=-x/\sqrt{R^2-x^2}$, also $ds=R\,dx/\sqrt{R^2-x^2}$, so daß die zu $a\cdots b$ gehörige Kugelzone durch

$2\pi\int_a^b R\,dx=2\pi R(b-a)$ ausgedrückt wird, das bekannte archimedische Theorem.

Ist $f(\xi_\nu)$ der kleinste, $f(\xi_\nu^*)$ der größte Wert von $f(x)$ in $x_{\nu-1}\cdots x_\nu$, so erzeugt das über diesem Teilintervall liegende Kurvensegment um die x-Achse rotierend einen Körper, der von dem Zylinder $\pi[f(\xi_\nu^*)]^2(x_\nu-x_{\nu-1})$ umschlossen wird und selbst den Zylinder $\pi[f(\xi_\nu)]^2(x_\nu-x_{\nu-1})$ umschließt. Der zu $a\cdots b$ gehörige Rotationskörper hat hiernach ein Volumen, das zwischen den Schranken $\pi\,\Sigma[f(\xi_\nu)]^2(x_\nu-x_{\nu-1})$ und $\pi\,\Sigma[f(\xi_\nu^*)]^2(x_\nu-x_{\nu-1})$ liegt. Da beide nach $\pi\int_a^b[f(x)]^2\,dx$ konvergieren, so ist das erwähnte Volumen gleich diesem Integral. Hiernach kann man z. B. das Volumen einer Kugelschicht berechnen und erhält $\pi\int_a^b(R^2-x^2)\,dx$. Da hier $R^2x-(x^3/3)$ als Stammfunktion dienen kann, ist das obige Integral gleich $(R^2x-x^3/3)_a{}^b$, d. h. $\pi[R^2(b-a)-(b^3-a^3)/3]$ oder $\pi(b-a)[R^2-(a^2+ab+b^2)/3]$, wofür man auch schreiben kann:

$$[\pi(b-a)/6]\,[(R^2-a^2)+(R^2-b^2)+4(R^2-[(a+b)/2]^2)];$$

$\pi(R^2-a^2)$ und $\pi(R^2-b^2)$ sind die Flächen der beiden Begrenzungskreise der Kugelschicht, $\pi(R^2-[(a+b)/2]^2)$ die Fläche des mittleren Kreises. Nennt man sie K_a, K_b und $K_{(a+b)/2}$, so ergibt sich als Volumen der Kugelschicht:

$$[K_a+4\,K_{(a+b)/2}+K_b]\,(b-a)/6.$$

Man denke sich das über $a \cdots b$ zwischen $f(a)$ und $f(b)$ liegende Segment gleichförmig mit der Masse σ belegt. Es soll der Schwerpunkt dieser Massenverteilung berechnet werden, wobei wir $f(x) > 0$ annehmen. Wenn man $a \cdots b$ in n Teilintervalle $x_{\nu-1} \cdots x_\nu$ zerlegt, so steht über $x_{\nu-1} \cdots x_\nu$ ein Teilsegment mit der Masse σ_ν. Der Schwerpunkt dieses Teilsegments sei ξ_ν, η_ν. Wir wissen zunächst nicht, wie wir ihn rechnerisch bestimmen sollen; denn es handelt sich hierbei um dasselbe Problem, das für $a \cdots b$ gelöst werden soll. Trotzdem können wir immerhin schon einiges über ξ_ν und η_ν aussagen: ξ_ν ist auf alle Fälle in $x_{\nu-1} \cdots x_\nu$ enthalten. Wenn wir ferner über $x_{\nu-1} \cdots x_\nu$ zwei Rechtecke r_ν und R_ν errichten, deren Höhen das kleinste und das größte $f(x)$ in $x_{\nu-1} \cdots x_\nu$ sind, so wird der Schwerpunkt von σ_ν höher liegen als der von r_ν, dagegen tiefer als der von R_ν. Dies beruht darauf, daß man von r_ν zu σ_ν gelangt, indem man oben ein Stück ansetzt, und von R_ν zu σ_ν, indem man oben etwas fortnimmt.

Da der Schwerpunkt eines Rechtecks im Mittelpunkt liegt, so gelten folgende Ungleichungen: $(1/2) f(\xi_\nu^*) < \eta_\nu < (1/2) f(\xi_\nu^{**})$. Dabei sind ξ_ν^* und ξ_ν^{**} die Stellen in $x_{\nu-1} \cdots x_\nu$, wo $f(x)$ am kleinsten oder am größten ist. Um nun den Schwerpunkt des Segments über $a \cdots b$ zu finden, denken wir uns die Masse jedes Teilsegments σ_ν in dessen Schwerpunkt ξ_ν, η_ν konzentriert und bilden für die so entstehenden n Massenpunkte den Schwerpunkt nach den bekannten Formeln: $\xi = (\Sigma\, \xi_\nu\, \sigma_\nu) / \Sigma\, \sigma_\nu$; $\eta = (\Sigma\, \eta_\nu\, \sigma_\nu)/\Sigma\, \sigma_\nu$. Bezeichnet man mit ε die Dichtigkeit der Massenbelegung, so ist:

$$\sigma_\nu = \varepsilon \int\limits_{x_{\nu-1}}^{x_\nu} f(x)\, d\, x.$$

Man sieht, daß sich bei Bildung der Quotienten ξ, η das ε heraushebt, und kann es daher gleich 1 setzen. Offenbar liegt nun $\Sigma\, \eta_\nu\, \sigma_\nu$ zwischen $(1/2)\, \Sigma\, (x_\nu - x_{\nu-1})\, f^2(\xi_\nu^*)$ und $(1/2)\, \Sigma\, (x_\nu - x_{\nu-1})\, f^2(\xi_\nu^{**})$. Bei unendlicher Verfeinerung der Zerlegung streben beide Ausdrücke dem Grenzwert $(1/2) \int\limits_a^b f^2(x)\, d\, x$ zu, so daß $\eta = [(1/2) \int\limits_a^b f^2(x)\, d\, x] / \int\limits_a^b f(x)\, d\, x$ sein muß. Nach dem Mittelwertsatz ist: $\sigma_\nu = (x_\nu - x_{\nu-1})\, f(\bar{\xi}_\nu)$, also

$$\Sigma\, \xi_\nu\, \sigma_\nu = \Sigma\, (x_\nu - x_{\nu-1})\, \xi_\nu\, f(\bar{\xi}_\nu).$$

Diese Summe unterscheidet sich von $\Sigma\, \bar{\xi}_\nu\, \sigma_\nu = \Sigma\, (x_\nu - x_{\nu-1})\, \bar{\xi}_\nu\, f(\bar{\xi}_\nu)$ um $\Sigma\, (\xi_\nu - \bar{\xi}_\nu)\, \sigma_\nu$, also um weniger als $\Sigma\, (x_\nu - x_{\nu-1})\, \sigma_\nu$ und, wenn δ die größte der Differenzen $x_\nu - x_{\nu-1}$ bezeichnet, um weniger als $\sigma\delta$. Bei unendlicher Verfeinerung der Zerlegung strebt δ der Null zu und $\Sigma\, \bar{\xi}_\nu\, \sigma_\nu$ dem Grenzwert $\int\limits_a^b x\, f(x)\, d\, x$. Daher muß sein:

$$\xi = [\int\limits_a^b x\, f(x)\, d\, x] / \int\limits_a^b f(x)\, d\, x.$$

Trotzdem wir über ξ_ν, η_ν nur Schätzungen machen konnten, sind wir doch zum Ziele gelangt und haben den Schwerpunkt ξ, η des Segments σ bestimmt. Die unendliche Verfeinerung der Einteilung hat mit milder Hand alle Unzulänglichkeiten unserer Angaben über die Teilsegmente ausgelöscht.

Wir wissen, daß $\pi \int_a^b f^2(x)\,dx$ das Volumen V des vom Segment σ erzeugten Rotationskörpers angibt. Offenbar können wir jetzt schreiben:

$$V = 2\pi\eta \int_a^b f(x)\,dx.$$

Hiernach ist dieses Volumen gleich dem erzeugenden Segment mal dem Weg, den dessen Schwerpunkt bei einer vollen Umdrehung beschreibt (Guldinsche Regel).

Soll der Schwerpunkt eines Bogens der Kurve $y = f(x)$ bestimmt werden, den wir uns gleichförmig mit der Masse s belegt denken, so zerlegen wir das zugehörige Intervall $a \cdots b$ in n Teilintervalle $x_{\nu-1} \cdots x_\nu$. Über $x_{\nu-1} \cdots x_\nu$ liegt dann ein Teilbogen mit der Masse s_ν. Im Schwerpunkt ξ_ν, η_ν dieses Teilbogens denken wir uns die Masse s_ν konzentriert und haben dann n Massenpunkte vor uns, deren Schwerpunkt sich nach den Formeln $\xi = (\Sigma\,\xi_\nu\,s_\nu)/\Sigma\,s_\nu$; $\eta = (\Sigma\,\eta_\nu\,s_\nu)/\Sigma\,s_\nu$ bestimmen läßt. Über ξ_ν, η_ν können wir keine genauen Angaben, sondern nur Schätzungen machen. Sind $f(\xi_\nu^*)$ und $f(\xi_\nu^{**})$ das größte und kleinste $f(x)$ in $x_{\nu-1} \cdots x_\nu$, so liegt s_ν in einem Rechteck, das durch die Geradenpaare $x = x_{\nu-1}$, $x = x_\nu$ und $y = f(\xi_\nu^*)$, $y = f(\xi_\nu^{**})$ begrenzt wird. In diesem Rechteck — dürfen wir behaupten — liegt der Schwerpunkt ξ_ν, η_ν von s_ν. Trotz der erschrecklichen Dürftigkeit dieser Angaben werden wir auch hier durch verfeinerte Zerlegungen unser Ziel erreichen. Wenn wir den Dichtigkeitsfaktor, der sich ohnedies wieder heraushebt, gleich 1 setzen, so können wir schreiben:

$$s_\nu = \int_{x_{\nu-1}}^{x_\nu} \sqrt{1 + [f'(x)]^2}\cdot dx = (x_\nu - x_{\nu-1})\sqrt{1 + [f'(\bar{\xi}_\nu)]^2}.$$

Nun unterscheidet sich $\Sigma\,\xi_\nu\,s_\nu$ von $\Sigma\,(x_\nu - x_{\nu-1})\,\bar{\xi}_\nu\sqrt{1 + [f'(\bar{\xi}_\nu)]^2}$ um $\Sigma\,(\xi_\nu - \bar{\xi}_\nu)\,s_\nu$, d. h. um weniger als $s\,\delta$, eine Größe, die bei unendlicher Verfeinerung der Zerlegung nach Null konvergiert. Hieraus ergibt sich:

$$\xi = \left(\int_a^b x\sqrt{1 + [f'(x)]^2}\cdot dx\right)\Big/\int_a^b \sqrt{1 + [f'(x)]^2}\cdot dx.$$

Da η_ν zwischen dem größten und kleinsten $f(x)$ in $x_{\nu-1} \cdots x_\nu$ enthalten ist und eine stetige Funktion jeden Zwischenwert annimmt, so kann man $\eta_\nu = f(\tilde{\xi}_\nu)$ setzen, wobei $\tilde{\xi}_\nu$ den Teilintervall $x_{\nu-1} \cdots x_\nu$ angehört. Nun unterscheidet sich $\Sigma\,\eta_\nu\,s_\nu$ oder $\Sigma f(\tilde{\xi}_\nu)\,s_\nu$ von $\Sigma f(\xi)_\nu\,s_\nu$, d. h. von $\Sigma\,(x_\nu - x_{\nu-1})\,f(\bar{\xi}_\nu)\sqrt{1 + [f'(\bar{\xi})_\nu]^2}$ um $\Sigma\,[f(\tilde{\xi}_\nu) - f(\xi_\nu)]\,s_\nu$. Hat unter den ersten Faktoren der Faktor $f(\tilde{\xi}) - f(\xi)$ den größten Betrag, so ist jener Unterschied von kleinerem Betrage als $[f(\tilde{\xi}) - f(\xi)]\,s$, eine Größe, die bei unendlich verfeinerter Einteilung nach Null konvergiert. Wir können hieraus schließen:

$$\eta = \left(\int_a^b f(x)\sqrt{1 + [f'(x)]^2}\cdot dx\right)\Big/\int_a^b \sqrt{1 + [f'(x)]^2}\,dx.$$

Erinnern wir uns an die Formel für die Mantelfläche eines Rotationskörpers, so können wir jetzt für diese Fläche den Ausdruck $2\pi\eta s$ angeben. Sie ist also gleich dem erzeugenden Bogen s mal den Weg, den dessen Schwerpunkt bei einer vollen Umdrehung beschreibt (Guldinsche Regel).

Zum Schluß sei noch die Berechnung eines *Sektors* dargelegt. Wir betrachten eine Kurve mit der *Polargleichung* $r = f(\varphi)$. Dabei ist r der *Radiusvektor* eines Kurvenpunktes P, d. h. dessen Entfernung vom *Pol* O, und φ die Neigung von $\overline{OP}$ gegen eine feste Achse, die *Polarachse*. Man muß also die Polarachse der Drehung φ unterwerfen, um sie in die Richtung $\overline{OP}$ zu bringen. Linksdrehungen werden positiv, Rechtsdrehungen negativ gerechnet. Macht man die Polarachse zur x-Achse, so sind Polarkoordinaten und rechtwinklige Koordinaten durch die Gleichungen

$x = r\cos\varphi$; $y = r\sin\varphi$ verknüpft. Wenn φ von α bis β zunimmt, so überstreicht der Radiusvektor $\overline{OP}$ ein Flächenstück S, das man einen *Sektor* der betrachteten Kurve nennt. Will man diesen Sektor ausmessen, so zerlegt man $\alpha \cdots \beta$ oder $\varphi_0 \cdots \varphi_n$ in n Teilintervalle $\varphi_{\nu-1} \cdots \varphi_\nu$. Der Sektor zerfällt dann in n Teilsektoren, für die wir zwar nicht genaue Maße, aber doch wenigstens Schätzungen geben können. Wird die Funktion $f(\varphi)$ als stetig vorausgesetzt, so gibt es im Intervall $\varphi_{\nu-1} \cdots \varphi_\nu$ einen kleinsten und einen größten Funktionswert, $f(\varphi_\nu{}^*)$ und $f(\varphi_\nu{}^{**})$. Beschreibt man im Winkelraum $\varphi_{\nu-1} \cdots \varphi_\nu$ um O zwei Kreisbögen, deren Radien diese Extremwerte sind, so enthält offenbar der zu $\varphi_{\nu-1} \cdots \varphi_\nu$ gehörige Kurvensektor S_ν den kleineren der beiden Kreissektoren, während er in dem größeren enthalten ist. Es gelten demnach folgende Ungleichungen:

$(1/2)(\varphi_\nu - \varphi_{\nu-1}) f^2(\varphi_\nu{}^*) < S_\nu < (1/2)(\varphi_\nu - \varphi_{\nu-1}) f^2(\varphi_\nu{}^{**})$, aus denen man sofort entnimmt

$$(1/2)\,\Sigma(\varphi_\nu - \varphi_{\nu-1}) f^2(\varphi_\nu{}^*) < S < (1/2)\,\Sigma(\varphi_\nu - \varphi_{\nu-1}) f^2(\varphi_\nu{}^{**}).$$

Bei unendlicher Verfeinerung der Zerlegung ergibt sich: $S = (1/2)\int_\alpha^\beta f^2(\varphi)\,d\varphi$.

Der zu $\alpha \cdots \vartheta$ gehörige Sektor $S(\vartheta) = (1/2)\int_\alpha^\vartheta f^2(\varphi)\,d\varphi$ hat die Ableitung $S'(\vartheta) = (1/2) f^2(\vartheta)$ und das Differential $(1/2) f^2(\vartheta)\,d\vartheta$. Durch die Beziehung $r = p/(1 + \varepsilon\cos\varphi)$ wird eine Ellipse, Parabel oder ein Hyperbelast dargestellt, je nachdem die positive Konstante ε kleiner, gleich oder größer als 1 ist. Schreibt man die Gleichung in der Form

$r + \varepsilon r\cos\varphi = p$ oder $r = \varepsilon(p/\varepsilon - x)$, so erkennt man, daß $x < p/\varepsilon$ sein muß, so daß alle Punkte der Kurve links von der Geraden $x = p/\varepsilon$ der sog. *Leitlinie*, liegen. Man sieht, daß die Abstände eines solchen Punktes vom Pol und von der Leitlinie sich zueinander wie ε und 1 verhalten. Will man übrigens im Falle der Hyperbel auch den zweiten Ast erfassen, so muß man sich entschließen, auch negative Radienvektoren zuzulassen. Die Punkte mit den Polarkoordinaten r, φ und $-r, (\varphi + \pi)$ fallen zusammen. Bleibt man bei positiven Radienvektoren, so ist im Falle der Hyperbel, d. h. im Falle $\varepsilon < 1$, die Bedingung $1 + \varepsilon \cos\varphi > 0$ einzuhalten. $\cos\varphi$ darf also nicht unter $-1/\varepsilon$ herabsinken. Der zu $\alpha \cdots \beta$ gehörige Sektor wird hier gemessen durch

$$\frac{1}{2}\int_{\alpha}^{\beta} \frac{p^2\, d\varphi}{(1+\varepsilon\cos\varphi)^2}.$$

Im Falle der Parabel ($\varepsilon = 1$) nimmt das Integral die Form an:

$$\frac{p^2}{4}\int_{\alpha}^{\beta} \frac{d\varphi}{2\cos^4(\varphi/2)}.$$

Setzt man $\tan(\varphi/2) = u$, so wird, wenn man im Zähler noch $1 = \cos^2(\varphi/2) + \sin^2(\varphi/2)$ als Faktor einfügt: $(2\cos^4(\varphi/2))^{-1}\, d\varphi = (1 + u^2)\, du$. Hier sieht man sofort die Stammfunktion $u + u^3/3$ und kann auf Grund des Leibnizschen Satzes schließen, daß $\tan(\varphi/2) + [\tan(\varphi/2)]^3/3$ das Differential $(2\cos^4(\varphi/2))^{-1}\, d\varphi$ hat. Der zu berechnende Sektor ist also gleich

$$(p^2/4)\,[\tan(\varphi/2) + (1/3)\tan^3(\varphi/2)]_{\alpha}^{\beta}.$$

Insbesondere wird der zu $0 \cdots \varphi$ gehörige Sektor durch

$$(p^2/4)\,[\tan(\varphi/2) + (1/3)\tan^3(\varphi/2)]$$

ausgedrückt (vgl. Abb. 20).

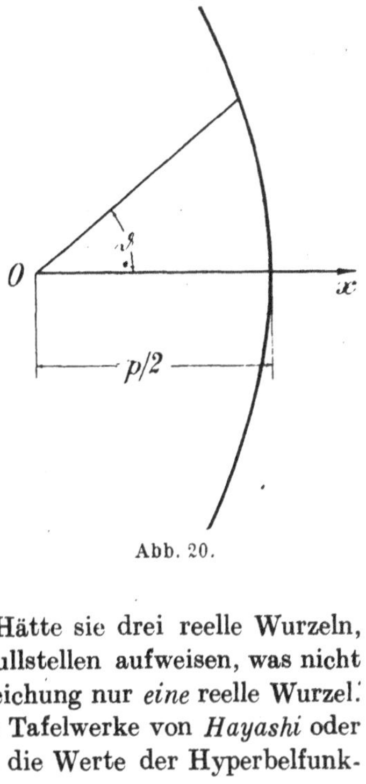

Abb. 20.

Will man bei gegebenem Sektor S den Winkel φ berechnen, so hat man, wenn $\tan(\varphi/2) = z$ und $S = (p^2/4)\, A$ gesetzt wird, die kubische Gleichung $z + (1/3)\, z^3 = A$ zu lösen. Hätte sie drei reelle Wurzeln, so müßte die Ableitung $1 + z^2$ zwei reelle Nullstellen aufweisen, was nicht zutrifft. So gibt es also bei jener kubischen Gleichung nur *eine* reelle Wurzel. Diese Wurzel läßt sich sehr bequem mittels der Tafelwerke von *Hayashi* oder *Jahnke-Emde* auffinden, in welchen man u. a. die Werte der Hyperbelfunktionen nachschlagen kann.

Setzt man $z = 2\mathfrak{z}$, so nimmt die Gleichung dritten Grades die Gestalt an: $3\mathfrak{z} + 4\mathfrak{z}^3 = 3A/2$. Nun ist: $(\mathrm{Cos}\, v \pm \mathrm{Sin}\, v)^3 = \mathrm{Cos}\, 3v \pm \mathrm{Sin}\, 3v$, woraus man entnimmt: $3\,\mathrm{Cos}^2 v\, \mathrm{Sin}\, v + \mathrm{Sin}^3 v = \mathrm{Sin}\, 3v$, oder nach Einsetzung von $\mathrm{Cos}^2 v = 1 + \mathrm{Sin}^2 v$ schließlich:

$$3\,\mathrm{Sin}\, v + 4\,\mathrm{Sin}^3 v = \mathrm{Sin}\, 3v.$$

Sucht man also in der Tafel den Wert $3v$ auf, der den hyperbolischen Sinus $3A/2$ liefert, so wird $\mathfrak{z} = \mathrm{Sin}\, v$ sein. Diese Wurzelbestimmung ist zweifellos bequemer als die Anwendung der cardanischen Formel, die mit Quadrat- und Kubikwurzeln belastet ist.

Bei der Ellipse ($\varepsilon < 1$) kommt man folgendermaßen zum Ziel: Man formt um:

$$(1/2)\,[1/(1+\varepsilon\cos\varphi)^2]\,d\varphi =$$

$$= \frac{[\cos^2(\varphi/2)+\sin^2(\varphi/2)]\,d\varphi/2}{[(1+\varepsilon)\cos^2(\varphi/2)+(1-\varepsilon)\sin^2(\varphi/2)]^2} - \frac{[1+\tan^2(\varphi/2)]\,d\tan(\varphi/2)}{[(1+\varepsilon)+(1-\varepsilon)\tan^2(\varphi/2)]^2}.$$

Mit Hilfe von

$$\sqrt{(1-\varepsilon)/(1+\varepsilon)}\cdot\tan(\varphi/2) = \tan(u/2) \qquad (69)$$

erreicht man die weitere Umwandlung in:

$$\frac{[1-\varepsilon+(1+\varepsilon)\tan^2(u/2)]\,d\tan(u/2)}{(1-\varepsilon^2)\,3/2\,[1+\tan^2(u/2)]^2} = \frac{(1-\varepsilon\cos u)\,d\,u}{2\,(1-\varepsilon^2)^{3/2}}.$$

Hier sieht man sofort die Stammfunktion: $(u-\varepsilon\sin u)\,/\,[2\,(1-\varepsilon^2)^{3/2}]$. Dabei ist u das, was in der Astronomie als *exzentrische Anomalie* bezeichnet wird im Unterschied zur *wahren Anomalie* φ. Nimmt man die Achsen 2a und 2b zu Hilfe, so kann man den zu $0\cdots\varphi$ gehörigen Ellipsensektor S in der Form schreiben:

$(al/2)\,(u-\varepsilon\sin u)$, wobei u mit φ durch (69) zusammenhängt. Ist der Sektor S gegeben, so findet man φ dadurch, daß man zuerst aus der *Keplerschen Gleichung* $u-\varepsilon\sin u = 2\,S/(a\,b)$ das v berechnet und dann φ aus (69). Der Wert $2\,S/(a\,b)$ heißt in der Astronomie die *mittlere Anomalie*. Bei der Hyperbel ($\varepsilon > 1$) empfiehlt sich das folgende Verfahren: Man schreibt:

$$\frac{1}{2}\,\frac{d\varphi}{(1+\varepsilon\cos\varphi)^2} = \frac{[1+\tan^2(\varphi/2)]\,d\tan(\varphi/2)}{[\varepsilon+1-(\varepsilon-1)\tan^2(\varphi/2)]^2}$$ und führt eine neue Variable v ein, indem man setzt:

$$\sqrt{(\varepsilon-1)/(\varepsilon+1)}\cdot\tan(\varphi/2) = \operatorname{Tan}(v/2). \qquad (70)$$

Die Werte des hyperbolischen Tangens sind auf das Intervall $-1\cdots+1$ beschränkt. Man muß also zusehen, ob diese Bedingung hier nicht durchbrochen wird. Da die Ungleichung

$1+\varepsilon\cos\varphi > 0$, d. h. $(\varepsilon+1)\cos^2(\varphi/2)-(\varepsilon-1)\sin^2(\varphi/2) > 0$ gilt, so hat man:

$$[(\varepsilon-1)/(\varepsilon+1)]\cdot\tan^2(\varphi/2) < 1.$$

Es ist also alles in Ordnung. Mit Hilfe der Variablen v gelangen wir zu $[(\varepsilon\operatorname{Cos}v-1)\,dv]\,/\,[2\,(\varepsilon^2-1)^{3/2}]$. Hier sieht man sofort die Stammfunktion:

$$(\varepsilon\operatorname{Sin}v - v)\,/\,[2\,(\varepsilon^2-1)^{3/2}].$$

Nimmt man die Achsen zu Hilfe und bedenkt, daß $p = b^2/a$ und $\varepsilon^2-1 = b^2/a^2$, so kann man den zu $0\cdots\varphi$ gehörigen Hyperbelsektor S in der Form schreiben: $(ab)/2\,(\varepsilon\operatorname{Sin}v - v)$, wobei v mit φ durch (70) zusammenhängt. Ist der Sektor S gegeben, so findet man φ dadurch, daß man zunächst das v berechnet, aus $\varepsilon\operatorname{Sin}v - v = 2\,S/(ab)$ und dann φ aus (70).

Über die Auflösung der Gleichungen $u-\varepsilon\sin u = M$ und $\varepsilon\operatorname{Sin}v - v = M$ bei gegebenen M sei noch folgendes gesagt: Im ersten Falle ist die Ableitung von $u-\varepsilon\sin u$, d. h. $1-\varepsilon\cos u$, stets positiv, da ε zwischen 0 und 1 liegt. Im zweiten Falle hat $\varepsilon\operatorname{Sin}v - v$ die Ableitung $\varepsilon\operatorname{Cos}v - 1$, die wegen $\varepsilon > 1$

ebenfalls positiv ist; $u - \varepsilon \sin u$ nimmt also, wenn u von $-\infty$ bis ∞ geht, ebenfalls von $-\infty$ bis ∞ zu, wobei wegen der Stetigkeit kein Wert ausgelassen wird. Daß auch $\varepsilon \operatorname{Sin} v - v$ gleichzeitig mit v lückenlos von $-\infty$ bis ∞ geht, erkennt man sofort, wenn man $\operatorname{Sin} v = v/1! + v^3/3! + \cdots$ einsetzt, wodurch $(\varepsilon - 1)\, v + v^3/3! + \cdots$ entsteht. Da $\varepsilon > 1$, so nimmt die Funktion $\varepsilon \operatorname{Sin} v - v$ offenbar positive und negative Werte von beliebig großem Betrag an. Man kann die Auflösung dieser Gleichungen mit Hilfe der Hayashischen Tafeln bequem durchführen, indem man durch passende Wahl von u oder v das M überbietet und unterbietet. Dann prüft man, ob das Mittel der beiden u-Werte oder v-Werte eine Überbietung oder Unterbietung bewirkt usw. Auf diese Weise nähert man sich sehr rasch den gesuchten Wurzeln.

§ 23. Grundlegende Integralformeln

Wenn $F'(x) = f(x)$, so hat man, wie wir wissen:

$$\int_a^b f(x)\, dx = F(b) - F(a).$$

Das Integral ist gleich dem Zuwachs der Stammfunktion. Wird von a bis x integriert, so schreibt man nicht $\int_a^x f(x)\, dx$, sondern besser $\int_a^x f(z)\, dz$. Soll die Wahl der unteren Grenze offen bleiben, benutzt man das Symbol $\int^x f(z)\, dz$. Schließlich kann man, wie es allgemein üblich ist, auch x fortlassen. Um alsdann anzudeuten, daß die Integration bis x gehen soll, wählt man die Schreibweise $\int f(x)\, dx$. Nach Leibnizscher Auffassung ist $f(x)\, dx$ sozusagen der letzte Summand im Integral; $\int f(x)\, dx$ bedeutet also jedenfalls eine Stammfunktion, ein Integral von $f(x)$ oder, wie manche sagen, von $f(x)\, dx$. Man nennt es ein *unbestimmtes Integral,* weil die untere Grenze beliebig wählbar ist. Die Grundergebnisse der Differentialrechnung kann man in folgende Integralformeln umsetzen, wobei rechts überall noch eine additive Konstante, die *Integrationskonstante,* anzufügen wäre:

$$\int x^n\, dx = x^{n+1}/(n+1); \quad (n \neq -1)$$

$$\int (1/x)\, dx = \ln x;$$

$$\int e^x\, dx = e^x; \qquad \int a^x\, dx = a^x/\ln a,$$

$$\int \cos x\, dx = \sin x; \qquad \int \sin x\, dx = -\cos x,$$

$$\int (1/\cos^2 x)\, dx = \tan x; \qquad \int (1/\sin^2 x)\, dx = -\cot x,$$

$$\int (1/\sqrt{1-x^2})\, dx = \arcsin x; \qquad \int (1/\sqrt{1-x^2})\, dx = -\arccos x;$$

$$\int [1/(1+x^2)]\, dx = \arctan x; \qquad \int [1/(1+x^2)]\, dx = -\operatorname{arc\,cot} x;$$

$$\int \operatorname{Cos} x\, dx = \operatorname{Sin} x; \qquad \int \operatorname{Sin} x\, dx = \operatorname{Cos} x,$$

$$\int (1/\operatorname{Cos}^2 x)\, dx = \operatorname{Tan} x; \qquad \int (1/\operatorname{Sin}^2 x)\, dx = -\operatorname{Cot} x;$$

$$\int (1/\sqrt{x^2-1})\, dx = \operatorname{ar\,Cos} x = \ln (x + \sqrt{x^2-1}),$$

$$\int (1/\sqrt{x^2+1})\,dx = \operatorname{ar}\operatorname{Sin} x = \ln(x+\sqrt{x^2+1}),$$
$$\int [1/(1-x^2)]\,dx = \operatorname{ar}\operatorname{Tan} x = (1/2)\ln[(1+x)/(1-x)]$$
$$\int [1/(1-x^2)]\,dx = \operatorname{ar}\operatorname{Cot} x = (1/2)\ln[(x+1)/(x-1)]$$
$$\int f(x)\,dx = \int f(\varphi(u))\,\varphi'(u)\,du.$$

Dann wären noch die Regeln zu vermerken:

$$[A f(x) + B g(x)]\,dr = A \int f(x)\,dx + B \int g(x)\,dx,$$
$$\int k f(x)\,dx = k f(x),$$
$$\int f(x)\,g'(x)\,dx = f(x)\,g(x) - \int g(x)\,f'(x)\,dx,$$

schließlich noch Bernoullis Verallgemeinerung der letzten Formel:

$$\int f(x)\,g^{(n)}(x)\,dx = f(x)\,g^{(n-1)}(x) - f'(x)\,g^{(n-2)}(x) + \cdots + (-1)^{n-1} f^{(n-1)}(x)\,g(x) + (-1)^n \int f^{(n)}(x)\,g\,dx.$$

Alle diese Ansagen lassen sich durch Differentiation bestätigen, wobei man beachten muß, daß $\int \varphi(x)\,dx$ als Stammfunktion von $\varphi(x)$ das Differential $\varphi(x)\,dx$ hat, daß also $d\int \varphi(x)\,dx = \varphi(x)\,dx$. Die Operationen „$d$" und „$\int$" heben einander auf, auch in der Reihenfolge $\int$, d, weil $\int d\varphi(x) = \int \varphi'(x)\,dx = \varphi(x)$, wobei allerdings noch die Integrationskonstante hinzukommt.

§ 24. Integration gewisser Klassen von Funktionen

Polynome lassen sich ohne weiteres integrieren, und zwar ist nach § 23:

$$\int (a_0 + a_1 x + \cdots + a_n x^n)\,dx = a_0 x + a_1 x^2/2 + \cdots + a_n x^{n+1}/(n+1) + C.$$

Leibniz hat gezeigt, wie man *rationale Funktionen*, d. h. Quotienten von Polynomen, integriert. Ist $P(x)$ ein Polynom unterhalb des Grades n und soll $\int (P(x)/[(x-a_1)\cdots(x-a_n)])\,dx$ berechnet werden, wobei $a_1, \cdots, a_n$ voneinander verschieden sind, so hat man:

$$P(x) = P(a_1)\,L_1(x) + \cdots + P(a_n)\,L_n(x). \tag{71}$$

Dabei sind $L_1(x), \cdots, L_n(x)$ die Lagrangeschen Grundpolynome, also:

$$L_1(x) = (x-a_2)\cdots(x-a_n)\,/\,[(a_1-a_2)\cdots(a_1-a_n)]\,;\ \cdots;$$
$$L_n(x) = (x-a_1)\cdots(x-a_{n-1})\,/\,[(a_n-a_1)\cdots(a_n-a_{n-1})].$$

Differentiiert man $L(x) = (x-a_1)\cdots(x-a_n)$, so erhält man als Ergebnis die Summe der Zähler von $L_1(x), \cdots, L_n(x)$. Da nun die Darstellung $L'(x) = L'(a_1)\,L_1(x) + \cdots + L'(a_n)\,L_n(x)$ gilt, so müssen $L'(a_1), \cdots, L'(a_n)$ mit den Nennern von $L_1(x), \cdots, L_n(x)$ zusammenfallen, so daß man schreiben kann:

$$L_1(x) = \frac{L(x)}{(x-a_1)\,L'(a_1)},\ \cdots,\ L_n(x) = \frac{L(x)}{(x-a_n)\,L'(a_n)}.$$

Setzt man diese Ausdrücke in (71) ein, so ergibt sich:

$$\frac{P(x)}{L(x)} = \frac{P(a_1)}{(x-a_1)\,L'(a_1)} + \cdots + \frac{P(a_n)}{(x-a_n)\,L'(a_n)}$$

und

$$\int \frac{P(x)\,dx}{L(x)} = \frac{P(a_1)}{L'(a_1)} \ln(x - a_1) + \cdots + \frac{P(a_n)}{L'(a_n)} \ln(x - a_n) + C.$$

Ist das Polynom $P(x)$ vom n-ten oder von höherem Grade, so kann man es durch $L(x)$ dividieren und erhält dadurch folgende Darstellung

$$P(x) = L(x)\,Q(x) + R(x). \tag{72}$$

$Q(x)$ ist der Quotient, $R(x)$ der Rest, dessen Grad unterhalb n liegt. Man hat hiernach:

$$P(x)/L(x) = Q(x) + R(x)/L(x)$$

und daher

$$\int [P(x)/L(x)]\,dx = \int Q(x)\,dx + \int [R(x)/L(x)]\,dx.$$

Das zweite Integral rechts hat nach der eben gemachten Feststellung den Wert

$$[R(a_1)/L'(a_1)] \ln(x - a_1) + \cdots + [R(a_n)/L'(a_n)] \ln(x - a_n) + C,$$

oder, da nach (72) $P(a_\nu) = R(a_\nu)$, den Wert:

$$[P(a_1)/L'(a_1)] \ln(x - a_1) + \cdots + [P(a_n)/L'(a_n)] \ln(x - a_n) + C.$$

Man braucht also nur $Q(x)$ zu ermitteln. Das geschieht am einfachsten nach der *Methode der unbestimmten Koeffizienten*. Man macht, wenn $P(x)$ den Grad m hat, folgenden Ansatz: $Q(x) = c_0\,x^{m-n} + c_1\,x^{m-n-1} + \cdots + c_{m-n}$ und bestimmt die unbekannten Koeffizienten durch die Forderung, daß in $P(x) - L(x)\,Q(x)$ die $m - n + 1$ Glieder mit x^m, x^{m-1}, $\cdots$, x^n fortfallen müssen.

Wenn im Nenner $N(x)$ der rationalen Funktion mehrfache Linearfaktoren auftreten, so schreibe man:

$N(x) = (x - a_1)^{r_1} \cdots (x - a_n)^{r_n}$ und bilde folgende Polynome:

$$N(x)/(x - a_1), \cdots, N(x)/(x - a_1)^{r_1};$$
$$\cdots\cdots\cdots\cdots\cdots\cdots$$
$$N(x)/(x - a_n), \cdots, N(x)/(x - a_n)^{r_n}.$$

Ihre Anzahl $r_1 + r_2 + \cdots + r_n$ stimmt mit dem Grad r von $N(x)$ überein. Sie liegen aber alle unterhalb des Grades r. Nennen wir sie kurz $N_1(x), \cdots$ $\cdots, N_r(x)$, so können wir schreiben:

$$N_\varrho(x) = x_{\varrho 0} + c_{\varrho_1}\,x + \cdots + c_{\varrho;\,r-1}\,x^{r-1}; \quad (\varrho = 1; \;\cdots; r).$$

Wäre die Determinante der Koeffizienten c gleich Null, so gäbe es für die Gleichungen $\sum\limits_\varrho \lambda_\varrho c_{\varrho 0} = 0; \cdots; \sum\limits_\varrho \lambda_\varrho\, c_{\varrho;\,r-1} = 0$ eine Lösung $\lambda_1, \cdots, \lambda_r$, die nicht aus lauter Nullen besteht. $N_1(x), \cdots, N_r(x)$ wären dann durch die lineare Relation

$$\lambda_1 N_1(x) + \cdots + \lambda_r N_r(x) = 0 \tag{73}$$

verknüpft. Dies erweist sich aber bei näherer Prüfung als unmöglich. Hätte z. B. irgendeines der Polynome

$N(x)/(x - a_1), \cdots, N(x)/(x - a_1)^{r_1}$ einen von Null verschiedenen Faktor, so sei etwa $N(x)/(x - a_1)^{\varrho_1}$ das letzte Polynom in dieser Reihe, das sich dieser Eigenschaft rühmen kann. Es ist mit dem Faktor $(x - a_1)^{r_1 - \varrho_1}$ behaftet, während alle anderen Polynome in der Relation (73) mit einer höheren Potenz von $x - a_1$ behaftet sind. Dividiert man also durch $(x - a_1)^{r_1 - \varrho_1}$, so werden jene anderen immer noch irgendeine Potenz von $x - a_1$ an sich tragen und mit $x - a_1$ nach Null konvergieren, während $N(x) / (x - a_1)^{r_1}$ dies nicht tut. Derselbe Widerspruch ergibt sich, wenn man die Überlegung mit irgendeinem anderen a_ν durchführt.

Da die Polynome $N_1(x), \cdots, N_r(x)$ eine von Null verschiedene Koeffizientendeterminante haben, läßt sich aus ihnen jedes Polynom $P(x) = c_0 + c_1 x + \cdots + c_{r-1} x^{r-1}$, dessen Grad unterhalb r liegt, linear aufbauen, also in der Form $\Sigma l_\varrho N_\varrho(x)$ darstellen. Die Faktoren $l_1, \cdots l_r$, sind aus den Gleichungen bestimmt:

$$\Sigma l_\varrho c_{\varrho 0} = c_0; \ \cdots; \ \Sigma l_\varrho c_{\varrho; r-1} = c_{r-1}.$$

Setzt man nun $P(x) = \Sigma l_\varrho N_\varrho(x)$, so erscheint $P(x)/N(x)$ als lineare Verbindung aus $N_1(x)/N(x), \cdots, N_r(x)/N(x)$, d. h. aus

$$\begin{array}{c} 1/(x - a_1), \cdots, 1/(x - a_1)^{r_1}; \\ \cdots\cdots\cdots\cdots ; \\ 1/(x - a_n), \cdots, 1/(x - a_n)^{v_n}. \end{array}$$

Da wir alle diese Bestandteile auf Grund unserer Differentiationsverfahren integrieren können, so ist damit $P(x)/N(x)$ integriert. Sollte $P(x)$ von höherem Grade als $N(x)$ sein, so kann man dies durch eine Division beseitigen.

Leibniz kannte noch nicht den Fundamentalsatz der Algebra, wonach, wenigstens im komplexen Gebiet, jedes Polynom in Linearfaktoren zerlegbar ist. Auf Grund dieses Satzes kann man jede rationale Funktion integrieren. Wenn dabei Integrale von der Form $\int [1/(x - a)]\, dx$ mit komplexem a auftreten, so kann dies nicht stören. Als Logarithmus einer komplexen Zahl $u + iv$ gilt derjenige komplexe Exponent $\mathfrak{u} + i\mathfrak{v}$, der die Gleichung verwirklicht $e^{\mathfrak{u} + i\mathfrak{v}} = u + iv$. Schreibt man $u = r \cos \varphi$ und $v = r \sin \varphi$, so wird (vgl. § 26): $u + iv = r(\cos \varphi + i \sin \varphi) = re^{i\varphi} = e^{\ln r + i\varphi}$, so daß

$$\mathfrak{u} + i\mathfrak{v} = \ln r + i\varphi$$

gesetzt werden kann. Da φ nur bis auf Vielfache von 2π festliegt, gibt es zu jeder Zahl unendlich viele Logarithmen, die sich voneinander um Vielfache von $2\pi i$ unterscheiden.

Ein Integral $\int f(x)\, dx$, dessen Integrand $f(x)$ sich rational aus x und aus $\sqrt{P(x)}$ aufbaut, wobei $P(x)$ ein Polynom *ersten* Grades bedeutet, läßt sich mittels der elementaren Funktionen auswerten, ist also selbst eine solche Funktion. Ist $P(x) = a + bx$, so setze man $\sqrt{a + bx} = z$, also $a + bx = z^2$, d. h.

$x = (z^2 - a)/b$; $dx = (2z/b)\, dx$. Da sich $f(x)$ rational durch x und z, d. h. durch $(z^2 - a)/b$ und durch z ausdrücken läßt, so wird: $f(x)\, dx = R(z)\, dz$, wobei $R(z)$ eine rationale Funktion ist, die man nach der oben dargelegten Methode integrieren kann.

Auch wenn $P(x)$ vom zweiten Grade ist, erweist sich das Integral $\int f(x)\,dx$, dessen Integrand sich rational aus x und $\sqrt{P(x)}$ aufbaut, als elementare Funktion. Dies beruht darauf, daß sich x und $\sqrt{P(x)}$ rational durch einen Parameter t ausdrücken lassen. Es seien x und $y = \sqrt{P(x)}$ die Koordinaten eines Punktes der durch $y^2 = P(x)$ dargestellten Kurve zweiter Ordnung. Man wähle auf dieser Kurve einen Punkt x_0, y_0.

Dann läßt sich die Kurvengleichung in die Form schreiben:

$$y_0^2 + 2\,y_0(y - y_0) + (y - y_0)^2 = P(x_0) + P'(x_0)(x - x_0) + P''(x_0)(x - x_0)^2/2.$$

Da $y_0^2 = P(x_0)$, so vereinfacht sie sich zu:

$$2\,y_0(y - y_0) + (y - y_0)^2 = P'(x_0)(x - x_0) + P''(x_0)(x - x_0)^2/2.$$

Führt man nun den Parameter $(y - y_0)/(x - x_0) = t$ ein und setzt $y - y_0 = (x - x_0)\,t$, so ergibt sich nach Abwerfen des Faktors $x - x_0$ die Gleichung:

$$2\,y_0 t + (x - x_0)\,t^2 = P'(x_0) + P''(x_0)(x - x_0)/2.$$

Hieraus entnimmt man: $x - x_0 = (P'(x_0) - 2\,y_0 t)\,/\,(t^2 - P''(x_0)/2)$

und $y - y_0 = (P'(x_0)\,t - 2\,y_0 t^2)\,/\,(t^2 - P''(x_0)/2)$.

Geometrisch bedeutet $y - y_0 = (x - x_0)\,t$ eine durch den Kurvenpunkt x_0, y_0 gelegte Gerade. Jede solche Gerade schneidet die Kurve noch in einem zweiten Punkt. Wir erhalten auf diese Weise alle Kurvenpunkte, auch den Punkt $x_0, -y_0$, der mit x_0, y_0 auf der Geraden $x - x_0 = 0$ liegt, und zwar dadurch, daß wir t unendlich werden lassen. Sind x_0, y_0 und $x_0, -y_0$ verschieden, also $y_0 \neq 0$, so finden wir für $t = P'(x_0)\,/\,(2\,y_0)$ den Punkt x_0, y_0. Die Gerade $y - y_0 = (x - x_0)\,t$ ist dann die Tangente der Kurve.

Jeder Ausdruck, der sich rational aus x und y aufbaut, wird in t rational sein. Da auch in $dx = d\,([P'(x_0) - 2\,y_0 t]\,/\,[t^2 - P''(x_0)/2])$ der Faktor von dt eine rationale Funktion ist, so verwandelt sich $\int f(x)\,dx$ in ein Integral mit rationalem Integranden.

Wenn das Polynom $P(x)$ vom dritten oder vierten Grade ist und $f(x)$ sich rational aus x und $\sqrt{P(x)}$ aufbaut, so wird $\int f(x)\,dx$ nur in Ausnahmefällen eine elementare Funktion sein und sonst außerhalb des Bereichs der elementaren Funktionen liegen. Da bei der Rektifikation der Ellipse $y = (b/a)\sqrt{a^2 - x^2}$ ein Integral von diesem Typus auftritt, nämlich

$$\int \sqrt{1 + y'^2}\,dx = \int [(a^2 - k^2\,x^2)\,/\,\sqrt{(a^2 - x^2)\,(a^2 - k^2\,x^2)}]\,dx,$$

wobei wir $(a^2 - b^2)/a^2 = k^2$ gesetzt haben, so nennt man alle Integrale, deren Integrand sich rational aus x und aus der Quadratwurzel eines Polynoms dritten oder vierten Grades aufbaut, *elliptische Integrale*. Ein berühmtes Problem, wo auch ein elliptisches Integral auftritt, ist das des mathematischen Pendels.

Eine Funktion $f(x)$, die sich rational aus $\cos x$ und $\sin x$ aufbaut, bezeichnet man als *trigonometrische Funktion*. Das Integral einer solchen Funktion ist eine elementare Funktion. Man kann nämlich schreiben:

$$\cos x = \frac{\cos^2(x/2) - \sin^2(x/2)}{\cos^2(x/2) + \sin^2(x/2)}, \text{ und } \sin x = \frac{2\sin(x/2)\cos(x/2)}{\cos^2(x/2) + \sin^2(x/2)}$$

oder, wenn $\tan(x/2) = t$ gesetzt wird:

$$\cos x = (1 - t^2) / (1 + t^2) \text{ und } \sin x = 2t/(1 + t^2).$$

Aus $x/2 = \operatorname{arc} \tan t$ entnimmt man: $dx = [2/(1 + t^2)]\, dt$.
Setzt man dies alles in das betrachtete Integral ein, so verwandelt es sich in $\int R(t)\, dt$, wo $R(t)$ eine rationale Funktion bedeutet. Hiernach ist z. B. $\int (1/\sin x)\, dx = \int (1/t)\, dt = \ln t + C = \ln \tan (x/2) + C$. Hierauf läßt sich $\int (1/\cos x)\, dx$ zurückführen:

$$\int (1/\cos x)\, dx = \int [1/\sin (x + \pi/2)]\, d(x + \pi/2) = \ln \tan (x/2 + \pi/4) + C,$$

ohne daß man genötigt ist, die Variable t nochmals in Anspruch zu nehmen. Will man $\int [1/(A \cos^2 x + 2B \cos x \sin x\, C \sin^2 x)]\, dx +$ ausrechnen, so ist die Heranziehung von $t = \tan (x/2)$ umständlich. Dividiert man Zähler und Nenner des Integranden durch $\cos^2 x$, so verwandelt sich das Integral mit Hilfe von $u = \tan x$ in

$$\int [1/(A + 2Bu + Cu^2)]\, du.$$

Oder man setzt zunächst: $\cos^2 x = (1 + \cos 2x)/2$; $2 \cos x \sin x = \sin 2x$ und $\sin^2 x = (1 - \cos 2x)/2$ ein und kommt dadurch zu:

$$\frac{1}{2} \int \frac{d(2x)}{(A + C)/2 + [(A - C)/2] \cos 2x + B \sin 2x}.$$

Läßt man den trivialen Fall $A = C$, $B = 0$ beiseite, so kann man schreiben: $(A - C)/2 = L \cos \lambda$; $-B = L \sin \lambda$.
L, λ sind die Polarkoordinaten und $(A - C)/2$, $(-B)$ die rechtwinkligen Koordinaten eines und desselben Punktes. Das Integral verwandelt sich damit und dann mit Hilfe von $u = \tan (x + \lambda/2)$ wie folgt:

$$\int \frac{d(x + \lambda/2)}{(A + C)/2 + L \cos (2x + \lambda)} = \int \frac{du}{[(A + C)/2](1 + u^2) + L(1 - u^2)} =$$
$$= \int \frac{du}{[(A + C)/2 + L] + [(A + C)/2 - L]\, u^2}.$$

Da $L^2 = [(A - C)/2]^2 + B^2$, so hat man:

$$[(A + C)/2 + L]\, [(A + C)/2 - L] = AC - B^2.$$

Wäre $AC - B^2 = 0$, so käme man auf $\int du$ oder $\int (1/u^2) \cdot du$, d. h. auf u oder $-1/u$. Ist $AC - B^2 > 0$, so setzt man:

$$u = v \sqrt{[(A + C)/2 + L] / [(A + C)/2 - L]}$$

und erhält:

$$(1/\sqrt{AC - B^2}) \int [1/(1 + v^2)]\, dv = (1/\sqrt{AC - B^2}) \operatorname{arc} \tan v + C.$$

Ist dagegen $AC - B^2 < 0$, so führt die Einsetzung

$$u = w\sqrt{[(A+C)/2 + L] \,/\, [(L - (A+C)/2]}$$

zum Ziele. Man findet dann:

$$(1/\sqrt{B^2 - AC}) \int [1/(1-w^2)]\, dw = (1/\sqrt{B^2 - AC} \operatorname{ar\,Tan} w + C.$$

§ 25. Allgemeine Sätze über Reihen

Wenn man aus einer Folge positiver Zahlen $u_1, u_2, u_3, \cdots$ eine endliche Anzahl von Gliedern, etwa $u_{n_1}, u_{n_2}, \cdots u_{n_p}$, herausgreift ($n_1 < n_2 < \cdots < n_p$), so heißt $u_{n_1} + u_{n_2} + \cdots + u_{n_p}$ eine *Teilsumme* der Folge. Es gibt hinsichtlich dieser Teilsummen zwei Möglichkeiten. Entweder wird jede Zahl, wie groß man sie wählen mag, von irgendwelcher Teilsumme übertroffen, oder es gibt eine Zahl K, über die keine Teilsumme hinausgeht, so daß K eine *obere Schranke aller Teilsummen* darstellt, die wir kurz eine Summenschranke nennen. Wir wollen diesen zweiten Fall genauer untersuchen und zunächst feststellen, daß es unter den oberen Schranken aller Teilsummen eine *kleinste* gibt. Ist K eine Summenschranke und k keine solche, so nehme man die Mitte $(k+K)/2$ des Intervalls $k \cdots K$. Sollte $(k+K)/2$ keine Summenschranke sein, so hat $(k+K)/2 \cdots K$ dieselbe Beschaffenheit wie $k \cdots K$. d. h. die obere Intervallgrenze ist eine Summenschranke, die untere keine. Wenn dagegen $(k+K)/2$ eine Summenschranke darstellt, so hat zwar nicht $(k+K)/2 \cdots K$, wohl aber $k \cdots (k+K)/2$ dieselbe Beschaffenheit wie $k \cdots K$. In jedem Intervall, dessen Ende eine Summenschranke, dessen Anfang dagegen keine solche ist, gibt es also eine und nur eine Hälfte $k_1 \cdots K_1$ von derselben Beschaffenheit, ebenso in $k_1 \cdots K_1$ eine und nur eine solche Hälfte $k_2 \cdots K_2$ usw. Ist nun s der Punkt, auf den diese Intervalle $k_n \cdots K_n$ bei wachsendem n hinschrumpfen, so kann man sich überzeugen, daß s die *kleinste obere Schranke* oder, wie man auch sagt, die *obere Grenze* aller Teilsummen ist. Gäbe es oberhalb s eine Teilsumme, die s etwa um h übertrifft, so müßte, da K_n von keiner Teilsumme übertroffen wird, $K_n - s$ und erst recht $K_n - k_n$ größer als h sein, während doch $K_n - k_n = (K-k)\,/\,2^n$ bei wachsendem n der Null zustrebt; s ist also jedenfalls eine obere Schranke aller Teilsummen. Wäre eine noch kleinere obere Schranke s^* vorhanden, so müßte, da k_n keine obere Schranke ist, $k_n < s^*$ sein. Dann würde aber, da $K_n \geqq s$, folgen: $K_n - k_n > s - s^*$, was mit $K_n - k_n \to 0$ im Widerspruch steht. Die obere Grenze aller Teilsummen aus $u_1, u_2, u_3, \cdots$ nennt man die *Summe aller* u_n. Wenn man die Folge durch irgendwelche Umordnung in $\tilde{u}_1, \tilde{u}_2, \tilde{u}_3, \cdots$ verwandelt, so ist, wie aus der Summendefinition hervorgeht, die Summe aller u_n gleich der Summe aller $\tilde{u}_n$.

Bildet man $s_n = u_1 + u_2 + \cdots + u_n$, so zeigt sich, daß s_n bei wachsendem n dem Grenzwert s zustrebt. Da s die kleinste obere Schranke der Teilsummen ist, so wird $s - \varepsilon$, wie klein man auch das positive ε wählen mag, keine solche sein. Es gibt also eine Teilsumme $u_{n_1} + \cdots + u_{n_p}$, die über $s - \varepsilon$ hinausgeht. Dabei wird $n_1 < \cdots < n_p$ gedacht. Sobald nun $n > n_p$, wird erst recht s_n,

das neben $u_{n_1}, \cdots, u_{n_p}$ noch andere, aber nur positive Summanden enthält, zwischen $s - \varepsilon$ und s liegen. Damit ist aber die Limesrelation $\lim s_n = s$ bewiesen, auf Grund welcher wir schreiben $s = u_1 + u_2 + u_3 + \cdots$. Die obere Grenze aller Teilsummen fällt also mit der Summe der Reihe $u_1 + u_2 + + u_3 + \cdots$ zusammen. $\tilde{u}_1 + \tilde{u}_2 + \tilde{u}_3 + \cdots$ hat ebenfalls die Summe s.
Wir ersehen aus diesen Betrachtungen, daß eine Reihe $u_1 + u_2 + u_3 + \cdots$ mit positiven Gliedern dann und nur dann konvergent ist, wenn alle Teilsummen unter einer Schranke liegen, man kann ebensogut sagen, alle Partialsummen, weil jede Teilsumme als Bestandteil in der Partialsumme $u_1 + \cdots + u_n$ steckt, sobald n genügend groß ist. Die Gleichung $s = u_1 + u_2 + u_3 + \cdots$ bleibt bei allen Umordnungen der Glieder erhalten (Umordnungssatz), so daß man am besten schreibt $s = \Sigma u_n$, ohne über die Reihenfolge der Glieder etwas zu sagen. Gibt es nur endlich viele u_n, die negativ sind, so verhält sich $u_1 + u_2 + u_3 + \cdots$ genau so, wie eine Reihe mit lauter positiven Gliedern. Ähnlich ist die Sachlage, wenn man es mit endlich vielen positiven und sonst nur negativen Gliedern zu tun hat. Ein allgemeiner Zeichenwechsel führt sofort zu dem andern Fall.
Enthält die Folge $u_1, u_2, u_3, \cdots$ unendlich viele positive und unendlich viele negative Glieder, so ist sie aus $v_1, v_2, v_3, \cdots$ und $-w_1, -w_2, -w_3, \cdots$ zusammengemischt mit lauter positiven v_n und w_n. Sind die Reihen $v_1 + v_2 + v_3 + \cdots$ und $w_1 w_2 + w_3 + \cdots$ beide konvergent und ihre Summen gleich V, W, so erhält man durch Trennung des Positiven und Negativen:

$$u_1 + \cdots + u_n = (v_1 + \cdots + v_p) - (w_1 + \cdots + w_q).$$

Wächst n über alle Grenzen, so tun p und q dasselbe, so daß $u_1 + \cdots + u_n$ nach $V - W$ hinstrebt. Nimmt man eine beliebige Umordnung vor, so hat $\tilde{u}_1 + \cdots + \tilde{u}_n$ ebenfalls den Grenzwert $V - W$. Man nennt die Reihe $u_1 + u_2 + u_3 + \cdots$ wegen dieser Eigenschaft *absolut konvergent*. Offenbar ist:

$$|u_1| + \cdots + |u_n| = (v_1 + \cdots + v_p) + (w_1 + \cdots + w_q),$$

also: $|u_1| + |u_2| + |u_3| + \cdots = V + W$. Absolute Konvergenz der Reihe $u_1 + u_2 + u_3 + \cdots$ ist demnach gleichbedeutend mit Konvergenz der Reihe $|u_1| + |u_2| + |u_3| + \cdots$. Ein mächtiges analytisches Instrument ist der *Gruppierungssatz*, der für jede absolut konvergente Reihe $u_1 + u_2 + u_3 + \cdots$ gilt. Man zerlege die Folge $u_1, u_2, u_3, \cdots$ in unendlich viele Teilfolgen

$$\left.\begin{matrix} u_{11}, u_{12}, u_{13}, \cdots; \\ u_{21}, u_{22}, u_{23}, \cdots; \\ \cdots\cdots\cdots \end{matrix}\right\} \qquad (74)$$

Dann gibt jede Teilfolge eine absolut konvergente Reihe, weil die Teilsummen von $|u_{p1}|, |u_{p2}|, |u_{p3}|, \cdots$ zugleich Teilsummen von $|u_1|, |u_2|, |u_3|, \cdots$ sind. Setzt man nun:
$u_{p1} + u_{p2} + u_{p3} + \cdots = s_p$, so konvergiert $s_1 + s_2 + s_3 + \cdots$ absolut und hat dieselbe Summe wie $u_1 + u_2 + u_3 + \cdots$. Es gilt also die Gleichung:

$$u_1 + u_2 + u_3 + \cdots = s_1 + s_2 + s_3 + \cdots.$$

Daß die Reihe $s_1 + s_2 + s_3 + \cdots$ absolut konvergiert, erkennt man auf folgende Weise: Die Teilsummen der Folge $|u_1|, |u_2|, |u_3|, \cdots$ haben eine obere Schranke K. Daher ist:
$(|u_{11}| + \cdots + |u_{1n}|) + \cdots + (|u_{q1}| + \cdots + |u_{qn}|) < K$ und erst recht: $|u_{11} + \cdots + u_{1n}| + \cdots + |u_{q1} + \cdots + u_{qn}| < K$, weil der Betrag einer Summe nicht größer sein kann als die Summe der Beträge. Läßt man n über alle Grenzen wachsen, so strebt die linke Seite nach $|s_1| + \cdots |s_q|$. Folglich ist K auch für $|s_1| + \cdots + |s_q|$ eine Schranke.
Um schließlich zu zeigen, daß $u_1 + u_2 + u_3 + \cdots = s_1 + s_2 + s_3 + \cdots$ betrachte man die Partialsumme $u_1 + \cdots + u_n$ und wähle p und q derart, daß $u_1, \cdots, u_n$ in den p ersten Zeilen und den q ersten Spalten des Verzeichnisses (74) enthalten sind. Dann ist $(u_{11} + \cdots + u_{1q}) + \cdots + (u_{p1} + \cdots + u_{pq})$ nach Fortlassung der Klammern eine Summe von pq Gliedern, unter denen sich $u_1, \cdots, u_n$ befinden und außerdem nur solche, die der Folge $u_{n+1}, u_{n+2}, \cdots$ angehören. Demnach gilt die Umgleichung:

$$|(u_{11} + \cdots + u_{1q}) + \cdots + (u_{p1} + \cdots u_{pq}) - (u_1 + \cdots + u_n)| \leqq |u_{n+1}| + \\ + |u_{n+2}| + \cdots$$

Da nun sowohl p als auch q beliebig wachsen dürfen, so lasse man zuerst q über alle Grenzen zunehmen. Dadurch erhält man die Aussage:
$|s_1 + \cdots + s_p - (u_1 + \cdots + u_n)| \leqq |u_{n+1}| + |u_{n+2}| + \cdots$. Wächst nun auch p über alle Grenzen, so ergibt sich:

$$|s_1 + s_2 + s_3 + \cdots - (u_1 + \cdots + u_n)| \leqq |u_{n+1}| + |u_{n+2}| + \cdots.$$

Rechts steht $|u_{n+1}| + |u_{n+2}| + \cdots$, der Unterschied zwischen der Reihensumme $|u_1| + |u_2| + |u_3| + \cdots$ und der nach ihr hinstrebenden Partialsumme $|u_1| + \cdots + |u_n|$; er hat den Grenzwert Null, mithin $u_1 + \cdots + u_n$ den Grenzwert $s_1 + s_2 + s_3 + \cdots$.
Wenn man Nullen zur Füllung benutzt, überträgt sich der Gruppierungssatz sofort auf den Fall, daß nicht in jeder Zeile des Schemas (74) unendlich viele Glieder stehen, und auch auf den Fall, daß nur endlich viele Zeilen vorhanden sind.
Auch für Reihen mit komplexen Gliedern gelten die obigen Betrachtungen. Ist $w_1, w_2, w_3, \cdots$ eine Folge komplexer Zahlen und $w_n = u_n + i v_n$, so gilt, wie wir wissen, als Summe der Reihe $w_1 + w_2 + w_3 + \cdots$ die komplexe Zahl $(u_1 + u_2 + u_3 + \cdots) + i(v_1 + v_2 + v_3 + \cdots)$. Sie existiert dann und nur dann, wenn die reellen Reihen $u_1 + u_2 + u_3 + \cdots$ und $v_1 + v_2 + v_3 + \cdots$ konvergieren. Wenn bei beiden absolute Konvergenz vorliegt und die Reihen $\tilde{u}_1 + \tilde{u}_2 + \tilde{u}_3 + \cdots; \tilde{v}_1 + \tilde{v}_2 + \tilde{v}_3 + \cdots$ aus $u_1 + u_2 + u_3 + \cdots; v_1 + v_2 + v_3 + \cdots$ durch dieselbe Umordnung entstehen, so hat sich nach dem Umordnungssatz an den Summen nichts geändert. Es ist also auch:

$$u_1 + \tilde{u}_2 + \tilde{u}_3 + \cdots) + i(\tilde{v}_1 + \tilde{v}_2 + \tilde{v}_3 + \cdots) = \\ = (u_1 + u_2 + u_3 + \cdots) + i(v_1 + v_2 + v_3 + \cdots),$$

d. h.

$$\tilde{w}_1 + \tilde{w}_2 + \tilde{w}_3 + \cdots = w_1 + w_2 + w_3 + \cdots.$$

Da $|w_n| = \sqrt{u_n^2 + v_n^2}$ offenbar kleiner als $|u_n| + |v_n|$ ist, so liegt $|w_1| + \cdots + |w_n|$ unterhalb $\Sigma|u_n| + \Sigma|v_n|$. Also konvergiert die Reihe $|w_1| + \cdots + |w_n|$.

Aus $\sqrt{u_n^2 + v_n^2} > \sqrt{u_n^2}$ und $\sqrt{u_n^2 + v_n^2} > \sqrt{v_n^2}$, d. h. $|w_n| > |u_n|$ und $|w_n > |v_n|$, ersieht man, daß die Konvergenz von $|w_1| + |w_2| + |w_3| \cdots$ die absolute Konvergenz der Reihen $u_1 + u_2 + u_3 + \cdots$ und $v_1 + v_2 + v_3 + \cdots$ nach sich zieht. Es empfiehlt sich daher bei einer komplexen Reihe $w_1 + w_2 + + w_3 + \cdots$ von absoluter Konvergenz zu sprechen, wenn die Reihe der absoluten Beträge $|w_1| + |w_2| + |w_3| + \cdots$ konvergiert. Für absolut konvergente Reihen gilt, wie wir uns überzeugt haben, auch im komplexen Gebiet der Umordnungssatz. Auch der Gruppierungssatz bleibt in Kraft. Der oben für den reellen Fall geführte Beweis läßt sich Schritt für Schritt wiederholen. Die dort benutzte Bemerkung, daß der Betrag einer Summe nicht größer ist als die Summe der Beträge, gilt auch für komplexe Zahlen. Es genügt, zweiteilige Summen zu betrachten.

$(a_1 + ib_1) + (a_2 + ib_2) = (a_1 + a_2) + i\,(b_1 + b_2)$. Hier lautet der Betrag der Summe:

$$\sqrt{(a_1 + a_2)^2 + (b_1 + b_2)^2}$$

und die Summe der Beträge:

$$\sqrt{a_1^2 + b_1^2} + \sqrt{a_2^2 + b_2^2}.$$

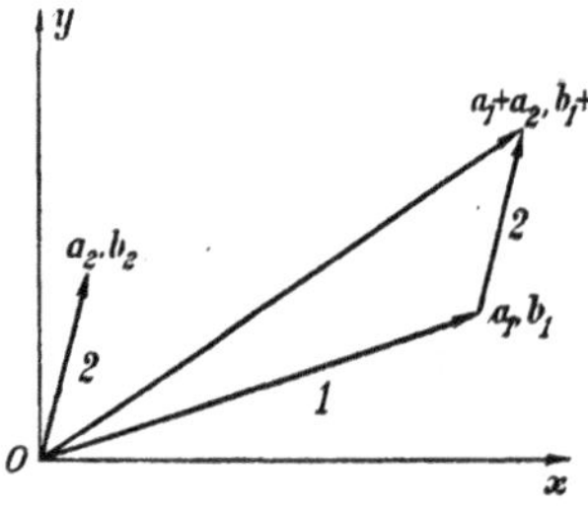

Abb. 21.

Wenn man zwei Vektoren mit den Koordinaten a_1, b_1 und a_2, b_2 zusammensetzt, d. h. den einen ans Ende des andern schiebt (vgl. Abb. 21), so hat der Summenvektor die Koordinaten $a_1 + a_2$; $b_1 + b_2$. Die Koordinaten eines in O wurzelnden Vektors sind zugleich die Koordinaten seines Endpunktes. Die Ungleichung, um die es sich hier handelt, besagt für das Dreieck in Abb. 21, daß eine Seite nie größer ist als die Summe der beiden andern. Will man einen ungeometrischen Beweis, so bilde man nach dem Multiplikationssatz der Determinanten:

$$\begin{vmatrix} a_1 & b_1 \\ a_2 & b_2 \end{vmatrix}^2 = \begin{vmatrix} a_1^2 + b_1^2, & a_1 a_2 + b_1 b_2 \\ a_1 a_2 + b_1 b_2, & a_2^2 + b_2^2 \end{vmatrix}.$$

Da links ein Quadrat steht, so muß sein:

$$(a_1 a_2 + b_1 b_2)^2 \leqq (a_1^2 + b_1^2)\,(a_2^2 + b_2^2)$$

mithin:

$$|a_1 a_2 + b_1 b_2| \leqq \sqrt{a_1^2 + b_1^2} \cdot \sqrt{a_2^2 + b_2^2}.$$

Jedenfalls also, ob nun $a_1 a_2 + b_1 b_2$ positiv oder negativ ist, muß sein:

$$2\,(a_1 a_2 + b_1 b_2) \leqq 2\sqrt{a_1^2 + b_1^2} \cdot \sqrt{a_2^2 + b_2^2}.$$

Addiert man auf beiden Seiten $a_1^2 + b_1^2 + a_2^2 + b_2^2$, so ergibt sich:

$$(a_1 + a_2)^2 + (b_1 + b_2)^2 \le (\sqrt{a_1^2 + b_1^2} + \sqrt{a_2^2 + b_2^2})^2$$

und daher

$$\sqrt{(a_1 + a_2)^2 + (b_1 + b_2)^2} \leqq \sqrt{a_1^2 + b_1^2} + \sqrt{a_2^2 + b_2^2},$$

d. h. $$|(a_1 + ib_1) + (a_2 + ib_2)| \leqq |a_1 + ib_1| + |a_2 + ib_2|.$$

Manche Sätze über unendliche Reihen folgen so unmittelbar aus der Definition der Reihensumme, daß wir sie ohne Beweis angeben können. Sie gelten auch im komplexen Gebiet.

Aus $s = u_1 + u_2 + u_3 + \cdots$ folgt: $ks = ku_1 + ku_2 + ku_3 + \cdots$.
Aus $s = u_1 + u_2 + u_3 + \cdots$ und $t = v_1 + v_2 + v_3 + \cdots$ folgt:
$ks + lt = (ku_1 + lv_1) + (ku_2 + lv_2) + \cdots$.

Aus $s = u_1 + u_2 + u_3 + \cdots$ kann man schließen:

$$s = (u_1 + \cdots + u_{n_1}) + (u_{n_1+1} + \cdots + u_{n_2}) + \cdots.$$

Dagegen ist es nicht ohne weiteres erlaubt, Klammern fortzulassen, wie man an dem Beispiel $0 = (1 - 1) + (1 - 1) + \cdots$ sieht, wo $1 - 1 + 1 - \cdots$ keine konvergente Reihe ist. Wenn die eingeklammerten Summanden alle dasselbe Zeichen haben, so darf man die Klammern fortlassen, weil dann die Partialsummen

$$u_1 + \cdots + u_{n_p}$$
$$\cdots\cdots\cdots$$
$$u_1 + \cdots + u_{n_p} + \cdots + u_{n_{p+1}}$$

zwischen $u_1 + \cdots + u_{n_p}$ und $u_1 + \cdots + u_{n_{p+1}}$ enthalten sind.

Wenn die Reihen $u_1 + u_2 + u_3 + \cdots$ und $v_1 + v_2 + v_3 + \cdots$ absolut konvergieren, so konvergiert auch die aus den Produkten $u_p v_q$ gebildete Reihe absolut und man hat:

$$\Sigma u_n \cdot \Sigma v_n = \Sigma u_p v_q. \tag{75}$$

Da es auf die Reihenfolge der Produkte $u_p v_q$ nicht ankommt, kann man sie z. B. nach aufsteigender Indexsumme $p + q$ und innerhalb einer Gliedergruppe mit derselben Indexsumme nach wachsendem p ordnen:

$$u_1 v_1 + u_1 v_2 + u_2 v_1 + u_1 v_3 + u_2 v_2 + u_3 v_1 + \cdots.$$

Um zunächst die absolute Konvergenz dieser Reihe festzustellen, braucht man nur auf die Ungleichung

$$|u_1 v_1| + \cdots + |u_1 v_n| + \cdots + |u_n v_1| < (|u_1| + \cdots + |u_n|)(|v_1| + \cdots + |v_n|)$$

zu achten. Die Richtigkeit der Aussage (75) erkennt man auf folgende Weise: Die Differenz

$$u_1 v_1 + \cdots + u_1 v_n + \cdots + u_n v_1 - (u_1 + \cdots + u_\nu)(v_1 + \cdots + v_\nu) \tag{76}$$

wird, wenn $2\nu < n+1$ ist, aus lauter Gliedern $u_p v_q$ bestehen, in welchen mindestens einer der Indizes p, q größer als ν ist. Die Beträge dieser $u_p v_q$ sind also zusammen kleiner als

$$(|u_1|+\cdots+|u_n|)(|v_{\nu+1}|+|v_{\nu+2}|+\cdots)+(|v_1|+\cdots+|v_n|)(|u_{\nu+1}|+ \\ +|u_{\nu+2}|+\cdots).$$

Erst recht gilt dies von der Differenz (76). Läßt man n über alle Grenzen wachsen, so ergibt sich:

$$|\Sigma u_p v_q - (u_1+\cdots+u_\nu)(v_1+\cdots+v_\nu)| \leqq (|u_1|+|u_2|+\cdots)(|v_{\nu+1}|+ \\ +|v_{\nu+2}|+\cdots)+(|v_1|+|v_2|+\cdots)(|u_{\nu+1}|+|u_{\nu+2}|+\cdots).$$

Die rechte Seite konvergiert bei wachsendem ν nach Null, folglich auch die linke. Damit ist die Gleichung (75) bewiesen.

Der Satz, daß der Betrag einer Summe nie größer ist als die Summe der Beträge, gilt auch für unendlich viele Summanden, falls ihre Beträge eine Summenschranke haben, d. h. wenn die Reihe $w_1+w_2+w_3+\cdots$ absolut konvergiert, so hat man:

$$|w_1+w_2+w_3+\cdots| \leqq |w_1|+|w_2|+|w_3|+\cdots.$$

Dies folgt durch Grenzübergang aus: $|w_1+\cdots+w_n| \leqq |w_1|+\cdots+|w_n|$, wobei man wissen muß, daß der Grenzwert eines absoluten Betrages gleich dem absoluten Betrage des Grenzwertes ist. Ist der Grenzwert gleich Null, so erkennt man sofort die Richtigkeit der Behauptung, daß aus $\lim(x+iy)=0$ folgt: $\lim|x+iy|=0$, d. h. $\lim\sqrt{x^2+y^2}=0$. Die erste Aussage bedeutet nämlich dasselbe, wie $\lim x=0$; $\lim y=0$. Da nun $\sqrt{x^2+y^2}<|x|+|y|$, so wird tatsächlich $\lim\sqrt{x^2+y^2}=0$. Daß auch sonst im Falle $\lim z=z_0$ stets $\lim|z|=|z_0|$, kann man sich auf folgende Weise klarmachen. Man hat:

$$|z|=|z_0+(z-z_0)| \leqq |z_0|+|z-z_0|;$$
$$|z_0|=|z+(z_0-z)| \leqq |z|+|z-z_0|,$$

mithin: $\quad |z|-|z_0| \leqq |z-z_0|; \quad |z_0|-|z| \leqq |z-z_0|.$

Hiernach ist die Differenz $|z|-|z_0|$ ihrem Betrage nach kleiner oder gleich $|z-z_0|$. Geometrisch aufgefaßt besagt dieser Satz, daß der Unterschied zweier Dreieckseiten nie größer ist als die dritte Seite. Im Falle $\lim z=z_0$, d. h. $\lim(z-z_0)=0$ folgt also zunächst $\lim|z-z_0|=0$ und weiter: $\lim(|z|-|z_0|)=0$, also $\lim|z|=|z_0|$.

§ 26. Potenzreihen

Liegt eine Potenzreihe $c_0+c_1z+c_2z^2+\cdots$ vor, wobei wir $z=x+iy$ und $c_n=a_n+ib_n$ denken, also gleich ins komplexe Gebiet hineingehen, so bilde man mit Hilfe eines positiven R die Werte

$$|c_0|,\ |c_1|R,\ |c_2|R^2,\ \cdots \tag{77}$$

Liegen sie alle unter einer Schranke K, so hat man $|c_n|<KR^{-n}$, also $|c_nz^n|<K(r/R)^n$, wenn $|z|=r$ gesetzt wird. Im Falle $r<R$ ist nun die

Reihe $K + K(r/K) + K(r/K)^2 + \cdots$ konvergent, erst recht also die Reihe $|c_0| + |c_1 z| + |c_2 z^2| + \cdots$. Damit ist folgender Satz von *Abel* bewiesen: Die Reihe $c_0 + c_1 z + c_2 z^2 + \cdots$ konvergiert absolut, sobald $|z| < R$ und die Werte $|c_n| R^n$ eine obere Schranke haben. Ist für jedes positive R eine solche Schranke vorhanden, so konvergiert die Potenzreihe für jedes z absolut. Man nennt sie dann *beständig konvergent*. Das andere Extrem liegt vor, wenn die Folge (77) niemals eine Schranke hat, wie man auch R wählen mag. Es wird dann unendlich viele Glieder in jener Folge geben, die größer als K sind. Wären es nur endlich viele, so könnte man durch Vergrößerung von K auch diese noch überbieten. Nun sei $|c_{n_1}| R^{n_1}$ das erste Glied der Folge, das größer als 1 ist, $|c_{n_2}| R^{n_2}$ das erste, das über 2 und über $c_{n_1} R^{n_1}$ hinausgeht, $|c_{n_3}| R^{n_3}$ das erste, das 3 und zugleich $|c_{n_2}| R^{n_2}$ übertrifft usw. Wenn also der Fall vorliegt, daß die Folge (77) niemals eine Schranke hat, so wird es bei beliebiger Wahl von R stets eine Teilfolge $|c_{n_1}| R^{n_1}, |c_{n_2}| R^{n_2}, \cdots$ geben, die noch ∞ aufsteigt. Wäre nun die Reihe $c_0 + c_1 z + c_2 z^2 \cdots$ für irgendein von Null verschiedenes z konvergent, so braucht man nur $|z| = R$ zu setzen, um den Widerspruch mit der notwendigen Konvergenzbedingung $\lim (|c_n| R^n) = 0$ zu sehen. Die Reihe konvergiert also nur für $z = 0$. Nun kommen wir zur dritten Möglichkeit, die sich so kennzeichnen läßt: Es gibt zwei Werte R^I und R^{II}, so daß für $R = R^I$ die Folge (77) eine Schranke hat, für $R = R^{II}$ dagegen nicht. Offenbar ist $R^I < R^{II}$.

Nun bilden wir das Mittel $(R^I + R^{II})/2$. Je nachdem die Folge (77) für $R = (R^I + R^{II})/2$ eine Schranke hat oder nicht, leisten die Werte $(R^I + R^{II})/2$ und R^{II} oder R^I und $(R^I + R^{II})/2$ dieselben Dienste wie R^I und R^{II}. Es gibt also im Intervall $R^I \cdots R^{II}$ eine und nur eine Hälfte $R_1^I \cdots R_1^{II}$ von derselben Eigenschaft wie $R^I \cdots R^{II}$, ebenso in $R_1^I \cdots R_1^{II}$ eine Hälfte $R_2^I \cdots R_2^{II}$. usw. Ist nun ϱ der Punkt, auf den diese Intervalle $R^I \cdots R^{II}$; $R_1^I \cdots R_1^{II}$; $R_2^I \cdots R_2^{II}, \cdots$ hinschrumpfen, so kann man mit Hilfe des Abelschen Satzes zeigen, daß die Reihe im Falle $|z| < \varrho$ absolut konvergiert. Bei genügend großem n wird nämlich, wenn ein bestimmtes z von kleinerem Betrag als ϱ vorliegt, $|z| < R_n^I$ sein. Da für $R = R_n^I$ die Folge (77) eine Schranke hat, so folgt nach dem Abelschen Satz, daß $c_0 + c_1 z + c_2 z^2 + \cdots$ absolut konvergiert. Ist $\varrho < |z|$, so wird $|z|$ bei genügend großem n auch oberhalb R_n^{II} liegen. Da es für $R = R_n^{II}$ in (77) eine nach ∞ aufsteigende Teilfolge gibt, und deren Glieder sich bei Ersetzen von R_n^{II} durch $|z|$ vergrößern, so ist die notwendige Konvergenzbedingung $\lim c_n z^n = 0$ durchbrochen.

Den durch $|z| = \varrho$ bestimmten Kreis um den Nullpunkt nennt man den *Konvergenzkreis* der Potenzreihe, ϱ den *Konvergenzradius*. Bei einer beständig konvergenten Potenzreihe ist ϱ unendlich, bei einer nur für $z = 0$ konvergenten gleich Null. So hat also jede Potenzreihe ihren Konvergenzradius.

Wenn $\lim |c_{n+1}/c_n| = g$ existiert und $g > 0$, so kann man zeigen, daß $c_0 + c_1 z + c_2 z^2 + \cdots$ den Konvergenzradius $1/g$ hat. Es sei $g_1 \cdots g_2$ ein kleines um g herumgelegtes Intervall. Dann ergeben sich für genügend großes ν folgende Ungleichungen:

$$|c_\nu|\, g_1 < |c_{\nu+1}| < |c_\nu|\, g_2;\ |c_{\nu+1}|\, g_1 < |c_{\nu+2}| < |c_{\nu+1}|\, g_2; \cdots$$

Aus den $n-\nu$ ersten ergibt sich:

$$|c_\nu|\, g_1^{n-\nu} < |c_n| < |c_\nu|\, g_2^{n-\nu}. \tag{78}$$

Mit Hilfe dieser Ungleichung kann man zeigen, daß im Falle $|z| < 1/g$ die Reihe $c_0 + c_1 z + c_2 z^2 + \cdots$ absolut konvergiert, im Falle $|z| > 1/g$ dagegen divergiert. Man bedenke, daß g_1 und g_2 nur der Bedingung $g_1 < g < g_2$ oder $1/g_2 < 1/g < 1/g_1$ unterliegen. Ist $|z| > 1/g$, so kann man es so einrichten, daß $1/g_1$ zwischen $|z|$ und $1/g$ fällt. Dann folgt aus dem ersten Teil von (78) für $n > \nu$ die Beziehung

$$|c_n z^n| > |c_\nu|\, g_1^{-\nu}\, (g_1 |z|)^n.$$

Da nun $g_1 |z| > 1$, so strebt die rechte Seite bei wachsendem n nach ∞, folglich auch die linke. Daher ist hier nicht einmal die notwendige Konvergenzbedingung $\lim (c_n z^n) = 0$ erfüllt. Im Falle $|z| < 1/g$ kann man es so einrichten, daß $1/g_2$ zwischen $|z|$ und $1/g$ liegt. Setzt man $R = 1/g_2$, so wird nach dem zweiten Teil von (78) für $n > \nu$ stets $|c_n|\, R^n < |c_\nu|\, g_2^{-\nu}$ sein. Die Folge (77) hat daher für $R = 1/g_2$ eine Schranke. Nach dem Abelschen Satz ist die Potenzreihe dann für $|z| < 1/g_2$ absolut konvergent. Man ersieht aus unseren Feststellungen, daß der Konvergenzradius gleich $1/g$ ist.

Im Falle $g = 0$, d. h. $\lim |(c_n + 1)/c_n| = 0$ läßt sich leicht erkennen, daß die Folge (77) für jedes R eine Schranke hat. Es ist nämlich für genügend großes ν: $|c_{\nu+1}| < |c_\nu|\, \varepsilon$; $|c_{\nu+2}| < |c_{\nu+1}|\, \varepsilon$; $\cdots$, wie auch das positive ε gewählt sein mag. Aus den $n-\nu$ ersten Ungleichungen entnimmt man $|c_n| < |c_\nu|\, \varepsilon^{n-\nu}$ und daher $|c_n|\, R^n < |c_\nu|\, \varepsilon^{n-\nu} R^n$. Setzt man also: $R = 1/\varepsilon$, so wird $|c_n|\, R^n < |c_\nu|\, \varepsilon^{-\nu}$ sein. Man sieht hieraus, da ε beliebig verkleinert werden darf, daß die Folge (77) für jedes R eine Schranke hat, die Potenzreihe also beständig konvergiert.

Wenn eine Potenzreihe $c_0 + c_1 z + c_2 z^2 + \cdots$ nicht gerade den Konvergenzradius Null hat, so ist jedem Punkt z im Innern des Konvergenzkreises ein komplexer Wert, die Summe der Reihe zugeordnet. Eine solche Zuordnung wird als *analytische Funktion* bezeichnet und durch $f(z)$ ausgedrückt. Z. B. ist $1 + z/1! + z^2/2! + \cdots$ eine in der ganzen Zahlenebene erklärte analytische Funktion. Da sie für reelles z mit e^z zusammenfällt, wird sie auch für ein komplexes z mit e^z bezeichnet. Da es sich hier um eine beständig konvergente Potenzreihe handelt und absolute Konvergenz vorliegt, so ist:

$$e^{z_1} \cdot e^{z_2} = \sum \frac{z_1^p}{p!}\, \frac{z_2^q}{q!}.$$

Ordnet man die Produkte nach wachsenden $p + q$ und faßt

$$\frac{z_1^n}{n!}\,\frac{z_2^0}{0!} + \frac{z_1^{n-1}}{(n-1)!}\,\frac{z_2^1}{1!} + \cdots + \frac{z_1^1}{1!}\,\frac{z_2^{n-1}}{(n-1)!} + \frac{z_1^0}{0!}\,\frac{z_2^n}{n!}$$

zu $(z_1 + z_2)^n/n!$ zusammen, so ergibt sich:

$$e^{z_1} \cdot e^{z_2} = e^{z_1 + z_2}.$$

Insbesondere ist: $e^{x+iy} = e^x \cdot e^{iy}$

und mit Rücksicht auf $e^{iy} = 1 + iy/1! - y^2/2! - iy^3/3! + \cdots = \cos y + i \sin y$:

$$e^{x+iy} = e^x (\cos y + i \sin y),$$

wodurch eine schon früher gemachte Angabe ihren nachträglichen Beweis erhält. Ebenso wird mittels der Reihen $1 - z^2/2! + z^4/4! - \cdots$ und $z - z^3/3! + z^5/5! - \cdots$ die Erklärung von $\cos z$ und $\sin z$ aufs komplexe Gebiet übertragen, ferner durch $1 + z^2/2! + z^4/4! + \cdots$ und $z/1! + z^3/3! + z^5/5!$ die von $\operatorname{Cos} z$ und $\operatorname{Sin} z$ Man sieht, daß

$$\operatorname{Cos} z = \cos iz \text{ und } \operatorname{Sin} z = \sin iz/i.$$

Eine grundlegende und, wie *Cauchy* festgestellt hat, kennzeichnende Eigenschaft der analytischen Funktionen ist ihre Differentiierbarkeit. Wenn z im Innern des Konvergenzkreises liegt ($|z| < \varrho$) und h eine irgendwie nach Null strebende komplexe Zahl ist, so hat $[f(z+h) - f(z)]/h$ einen bestimmten Grenzwert, den man die *Ableitung* von $f(z)$ nennt, und mit $f'(z)$ bezeichnet. Wir wollen die absoluten Beträge mit großen Buchstaben bezeichnen und $Z + H < \varrho$ annehmen. Ist nun: $f(z) = c_0 + c_1 z + c_2 z^2 + \cdots$, so hat man:

$$f(z+h) = c_0 + c_1(z+h) + c_2(z^2 + 2zh + h^2) + \cdots.$$

Hier sind die Glieder:

$$c_0, \; c_1 z, \; c_1 h, \; c_2 z^2, \; 2 c_2 zh, \; c_2 h^2, \; \cdots \tag{79}$$

in besonderer Weise gruppiert. Wenn sich herausstellt, daß ihre Beträge eine konvergente Reihe bilden, so kommt bei jeder anderen Gruppierung dieselbe Summe heraus. Man erinnere sich, daß die Potenzreihe $c_0 + c_1 z + c_2 z^2 + \cdots$ im Innern des Konvergenzkreises absolut konvergiert, also auch im Punkte $Z + H$, der auf der positiven x-Achse liegt. Daher ist: $C_0 + C_1(Z+H) + C_2(Z+H)^2 + \cdots$ konvergent, folglich auch die Reihe $C_0 + C_1 Z + C_1 H + C_2 Z^2 + 2 C_2 ZH + C_2 H^2 + \cdots$. Demnach gilt für die Folge (79) der Gruppierungssatz. Faßt man zu einer Gruppe alle Glieder zusammen, die mit derselben Potenz von h behaftet sind, so ergibt sich:

$$f(z+h) = f(z) + f_1(z) h + f_2(z) h^2 + \cdots.$$

Dabei haben wir gesetzt:

$$c_1 + 2 c_2 z + 3 c_3 z^2 + \cdots = f_1(z);$$
$$(2 \cdot 1 \cdot c_2 + 3 \cdot 2 \cdot c_3 z + 4 \cdot 3 \cdot c_4 z^2 + \cdots)/2! = f_2(z);$$
$$\cdots\cdots\cdots\cdots\cdots\cdots\cdots\cdots$$

Da diese Reihen, ebenso wie $f(z) + f_1(z) h + f_2(z) h^2 + \cdots$ absolut konvergieren, so hat man:

$$|[f(z+h) - f(z)]/h - f_1(z)| < H[|f_2(z)| + |f_3(z)| H_0 + \cdots],$$

wobei $H < H_0 < \varrho - Z$ sein soll. Konvergiert nun h nach Null, so bleibt der zweite Faktor der rechten Seite ungeändert, weil H_0 festliegt, der erste Faktor strebt aber der Null zu. Folglich ist:

$\lim([f(z+h)-f(z)]/h)=f_1(z)$, d. h. $f(z)$ hat die Ableitung $f'(z)=f_1(z)$, die man dadurch gewinnt, daß man jedes Glied $c_n z^n$ durch $n c_n z^{n-1}$ ersetzt. Es ist also:

$$(c_0+c_1 z+c_2 z^2+\cdots)'=c_1+2\,c_2 z+3\,c_3 z^2+\cdots.$$

Hierin steckt als Spezialfall die Formel $(z^n)'=nz^{n-1}$ und die Differentiation eines Polynoms. Man kann hinsichtlich der Potenzreihe sagen, daß sie (im Innern des Konvergenzkreises) wie ein Polynom differentiiert wird. Wendet man dies auf die Potenzreihe $f'(z)=\Sigma\, n c_n z^{n-1}$ an, so ergibt sich:

$$f''(z)=\Sigma\, n\,(n-1)\,c_n z^{n-2},\ \cdots.$$

Daher sind $f_1(z)$, $f_2(z)$, $\cdots$ die Ableitungen $f'(z)$, $f''(z)$, $\cdots$, dividiert durch $1!$, $2!$, $\cdots$, und es wird:

$$f(z+h)=f(z)+f'(z)\,h/1!+f(z)\,h^2/2!+\cdots.$$

Das ist die Taylorsche Reihe, die also $f(z+h)$ richtig darstellt, solange $|h|<\varrho-|z|$. Es kann sein, daß ihr Konvergenzkreis einen größeren Radius hat, als $\varrho-|z|$ und über den Konvergenzkreis von $f(z)$ hinausgeht. Dann wird durch die Taylorsche Reihe neues Gebiet für die Funktion erobert. Man bezeichnet diesen Vorgang, der mehrfach wiederholt werden kann, als *analytische Fortsetzung.*

Noch eine Bemerkung über die Reihe $\Sigma\, n c_n z^{n-1}$ müssen wir hier einfügen. Sie hat nach den obigen Feststellungen keinen kleineren Konvergenzradius als $\Sigma\, c_n z^n$, aber, wie man leicht erkennt, auch keinen größeren. Liegt nämlich z innerhalb des Konvergenzkreises von $\Sigma\, n c_n z^{n-1}$, so konvergiert $\Sigma\, n\,|c_n z^{n-1}|$, folglich auch $\Sigma\, n\,|c_n z^n|$ und um so mehr $\Sigma\,|c_n z^n|$.

Das Rechnen mit Potenzreihen ist ein bequemes und wirkungskräftiges Hilfsmittel. Wir wollen hier einige Anwendungen davon vorführen. Eine Funktion $f(z)$ heißt um z_0 herum regulär, wenn bei hinreichend kleinem ε für $|z-z_0|<\varepsilon$ die Darstellung gilt

$$f(z)=a_0+a_1(z-z_0)+a_2(z-z_0)^2+\cdots.$$

Sind $f(z)$ und $g(z)$ um z_0 herum regulär, so sind es auch $Af(z)+Bg(z)$ und $f(z)\,g(z)$. Aus

$f(z)=\Sigma\, a_n(z-z_0)^n$ und $g(z)=\Sigma\, b_n(z-z_0)^n$ folgt nämlich, wenn diese Darstellungen für $|z-z_0|<\varepsilon$ gelten:

$$A\,f(z)+Bg(z)=\Sigma\,(A\,a_n+Bb_n)\,(z-z_0)^n,$$

und da innerhalb des Konvergenzkreises stets absolute Konvergenz herrscht,

$$\begin{aligned}f(z)\cdot g(z)&=\Sigma\,[a_p(z-z_0)^p\cdot b_p(z-z_0)^q]\\&=a_0 b_0+(a_0 b_1+a_1 b_0)(z-z_0)+(a_0 b_2+a_1 b_1+a_2 b_0)(z-z_0)^2+\cdots.\end{aligned}$$

Im Falle $a_0\neq 0$ ist auch $1:f(x)$ um z_0 herum regulär. Man muß zeigen, daß neben $\Sigma\, a_n(z-z_0)^n$ eine zweite Potenzreihe $\Sigma\, c_n(z-z_0)^n$ existiert, die um z_0 herum mit jener das Produkt 1 liefert. Setzt man:

$$\Sigma\, a_n(z-z_0)^n=a_0\,[1-\alpha_1(z-z_0)-\varkappa_2(z-z_0)^2-\cdots];$$
$$\Sigma\, c_n(z-z_0)^n=(1/a_0)\,[1+\gamma_1(z-z_0)+\gamma_2(z-z_0)^2+\cdots],$$

so ist zu fordern, daß um z_0 herum die Gleichung besteht:

$$[1 - \alpha_1 (z - z_0) - \alpha_2 (z - z_0)^2 - \cdots] [1 + \gamma_1 (z - z_0) + \gamma_2 (z - z_0) + \cdots] = 1,$$

d. h.: $$(\gamma_1 - \alpha_1)(z - z_0) + (\gamma_2 - \alpha_1 \gamma_1 - \alpha_2)(z - z_0)^2 + \cdots = 0.$$

Setzt man in dieser und in allen durch Differentiation gewonnenen Gleichungen $z = z_0$, so findet man, daß alle Koeffizienten verschwinden. Eine Potenzreihe kann also nur dann um ihren Ursprung herum durchweg die Summe Null haben, wenn alle Koeffizienten gleich Null sind. Hieraus folgt nebenbei bemerkt, daß zwei Potenzreihen um ihren gemeinsamen Ursprung herum nur dann durchweg übereinstimmende Summen haben können, wenn sie überhaupt identisch sind.

Im obigen Falle wäre also zu setzen:

$$\gamma_1 = \alpha_1; \; \gamma_2 = \alpha_1 \gamma_1 + \alpha_2; \; \gamma_3 = \alpha_1 \gamma_2 + \alpha_2 \gamma_1 + \alpha_3; \; \cdots.$$

Hieraus kann man $\gamma_1, \gamma_2, \gamma_3 \cdots$ schrittweise berechnen. Es fragt sich nur noch, ob auch

$\gamma_1 (z - z_0) + \gamma_2 (z - z_0)^2 + \cdots$ einen von Null verschiedenen Konvergenzradius haben wird. Diese Frage klärt sich in folgender Weise: Bei genügend kleinem r wird $|\alpha_1| r + |\alpha_2| r^2 + \cdots$ konvergent sein. Die Summe der Reihe sinkt, wenn wir r eventuell noch weiter verkleinern, unter 1 herab. Haben wir dies erreicht, so ist $|\alpha_n| r^n < 1$, also

$|\alpha_n| < r^{-n}$. Berechnet man nun g_1, g_2, g_3 nach den Gleichungen: $g_1 = r^{-1}$; $g_2 = g_1 r^{-1} + r^{-2}$; $g_3 = g_2 r^{-1} + g_1 r^{-2} + r^{-3}$; $\cdots$, so ist klar, daß die Ungleichungen $|\gamma_n| < g_n$ bestehen werden. Aus

$|\gamma_n (z - z_0)^n| < g_n |z - z_0|^n$ läßt sich dann entnehmen, daß $\Sigma \gamma_n (z - z_0)^n$ keinen kleineren Konvergenzradius hat als $\Sigma g_n (z - z_0)^n$. Aus den obigen Gleichungen ergibt sich nun:

$g_1 = r^{-1}$; $g_2 = 2\, r^{-2}$; $g_3 = 2^2\, r^{-3}$; $\cdots$, also $\Sigma g_n (z - z_0)^n = \Sigma [2 (z - z_0)/r]^n/2$. Diese Reihe hat den Konvergenzradius $r/2$. Mindestens ebensogroß ist er also bei der Reihe $\Sigma \gamma_n (z - z_0)^n$.

Wenn sich $f(z)$ und $g(z)$ um z_0 herum regulär verhalten, so ist im Falle $a_0 \neq 0$ auch $g(z)/f(z)$ um z_0 herum regulär, also in der Form

$$k_0 + k_1 (z - z_0) + k_2 (z - z_0)^2 + \cdots$$

darstellbar. Man gewinnt die Koeffizienten k aus der Gleichung

$$[a_0 + a_1 (z - z_0) + a_2 (z - z_0)^2 + \cdots] [k_0 + k_1 (z - z_0) + k_2 (z - z)^2 + \cdots] =$$
$$= b_0 + b_1 (z - z_0) + b_2 (z - z_0)^2 + \cdots,$$

die in $a_0 k_0 = b_0$; $a_0 k_1 + a_1 k_0 = b_1$; $a_0 k_2 + a_1 k_1 + a_2 k_0 = b_2$; $\cdots$ zerfällt. Man findet:

$$k_0 = b_0/a_0; \; k_1 = (a_0 b_1 - a_1 b_0)/a_0^2; \; \cdots.$$

Da der Koeffizient von $(z - z_0)$ immer die Ableitung an der Stelle z_0 ist, so kann man aus unseren Feststellungen entnehme daß $f(z)\, g(z)$ und $g(z)/f(z)$ dort die Ableitungen $a_0 b_1 + a_1 b_0$ und $(a_0 b_1 - a_1 b_0)/a_0^2$ haben, d. h.

$$f(z_0)\, g'(z_0) + f'(z_0)\, g(z_0) \text{ und } [f(z_0)\, g'(z_0) - f'(z_0)\, g(z_0)]/[f(z_0)]^2.$$

Damit ist die Leibnizsche Produktregel und die Quotientenregel auf analytische Funktionen übertragen.

Um noch eine Anwendung des Potenzreihenkalküls zu zeigen, wollen wir folgende Aufgabe behandeln: Es soll eine um den Nullpunkt reguläre Funktion $w(z)$ so bestimmt werden, daß die Gleichung $w'' = A(z)\,w' + B(z)\,w$ erfüllt ist, die man als *lineare homogene Differentialgleichung zweiter Ordnung* bezeichnet. $A(z)$ und $B(z)$ sind gegebene Funktionen, die sich um den Nullpunkt herum regulär verhalten, so daß etwa für $|z| < \varrho$ die Darstellungen $A(z) = \Sigma\, a_n z^n$ und $B(z) = \Sigma\, b_n z^n$ gelten. Setzt man $w(z) = \Sigma\, w_n z^n$, so wird:

$$w'(z) = \Sigma\,(n+1)\,w_{n+1} z^n \text{ und } w''(z) = \Sigma\,(n+2)\,(n+1)\,w_{n+2} z^n.$$

Wir wählen diese Schreibweise, damit die Summationen immer mit $n = 0$ beginnen. Setzt man alles in die Differentialgleichung ein, so entsteht links eine Potenzreihe, deren Summe gleich Null sein soll. Daher müssen alle ihre Koeffizienten verschwinden. Mit Rücksicht auf

$$A(z)\,w' = (\Sigma\, a_n z^n)\,\Sigma\,(n+1)\,w_{n+1} z^n = \Sigma\,[(n+1)\,a_0 w_{n+1} + n\,a_1 w_n + \cdots + \\ + a_n w_1]\, z^n;$$

$$B(z)\,w = (\Sigma\, b_n z^n)\,\Sigma\, w_n z^n = \Sigma\,(b_0 w_n + \cdots + b_{n-1} w_1 + b_n w_0)\, z^n$$

findet man:

$$w'' - A(z)\,w' - B(z)\,w = \Sigma\,[(n+2)\,(n+1)\,w_{n+1} - (n+1)\,a_0 w_{n+1} - \\ - (n\,a_1 + b_0)\,w_n - \cdots - (a_n + b_{n-1})\,w_1 - b_n w_0]\, z^n = 0$$

und kommt zu den Gleichungen

$$(n+2)\,(n+1)\,w_{n+2} = (n+1)\,a_0 w_{n+1} + (n\,a_1 + b_0)\,w_n + \\ \cdots + (a_n + b_{n-1})\,w_1 + b_n w_0.$$

Aus ihnen kann man, wenn $n = 0; 1; 2; \cdots$ gesetzt wird, nach und nach w_2, w_3, $\cdots$ berechnen; w_0 und w_1 sind beliebig wählbar. Es zeigt sich, daß die so gewonnene Reihe $\Sigma\, w_n z^n$ ebenso wie die Reihen $A(z)$ und $B(z)$ für $|z| < \varrho$ konvergiert. Dies erkennt man durch folgende Überlegung: r sei eine positive Zahl unterhalb ϱ. Wegen der Konvergenz der Reihen $\Sigma\,|a_n|\,r^n$; $\Sigma\,|b_n|\,r^n$ lassen sich dann α und β so wählen, daß die Ungleichungen $\Sigma\,|a_n|\,r^n < \alpha r^{-1}$ und $\Sigma\,|b_n|\,r^n < \beta r^{-2}$ bestehen. Außerdem seien ω_0 und ω_1 größer als $|w_0|$ und $|w_1|$. Berechnet man alsdann ω_2, ω_3, $\cdots$ nach der Formel

$$(n+2)\,(n+1)\,\omega_{n+2} = (n+1)\,\alpha r^{-1}\,\omega_{n+1} + (n\alpha + \beta)\,r^{-2}\,\omega_n + \cdots + \\ + (\alpha + \beta)\,r^{-(n+1)}\,\omega_1 + \beta r^{-(n+2)}\,\omega_0,$$

so wird offenbar durchweg $|w_\nu| < \omega_\nu$ sein. Daher hat $\Sigma\, w_n z^n$ einen mindestens ebensogroßen Konvergenzradius wie $\Sigma\, \omega_n z^n$. Mit Hilfe der Einsetzung $\omega_\nu = \mathfrak{w}_\nu\, r^{-\nu}$ läßt sich die obige Formel zu $(n+2)\,(n+1)\,\mathfrak{w}_{n+2} = (n+1)\,\alpha\,\mathfrak{w}_{n+1} + (n\alpha + \beta)\,\mathfrak{w}_n + \cdots + (\alpha + \beta)\,\mathfrak{w}_1 + \beta\,\mathfrak{w}_0$ vereinfachen. Subtrahiert man hiervon $(n+1)\,n\,\mathfrak{w}_{n+1} = n\,\alpha\,\mathfrak{w}_n + [(n-1)\,\alpha + \beta]\,\mathfrak{w}_{n-1} + \cdots + (\alpha + \beta)\,\mathfrak{w}_1 + \beta\, w_0$, so ergibt sich

$$(n+2)\,(n+1)\,\mathfrak{w}_{n+2} = (n+1)\,(n+\alpha)\,\mathfrak{w}_{n+1} + \beta\,\mathfrak{w}_n.$$

Hat man α so groß gewählt, daß $n + \alpha > n + 2$, also $\alpha > 2$, so folgt aus obiger Gleichung zunächst $\mathfrak{w}_{n+2} > \mathfrak{w}_{n+1}$. Weiter findet man:

$(\mathfrak{w}_{n+2}/\mathfrak{w}_{n+1}) = (n + \alpha) / (n + 2) + (\mathfrak{w}_n/\mathfrak{w}_{n+1}) \beta/[(n + 2)(n + 1)]$.

Da $\mathfrak{w}_n/\mathfrak{w}_{n+1} < 1$, so konvergiert der zweite Summand bei wachsendem n nach Null. Man findet also $\lim (\mathfrak{w}_{n+2}/\mathfrak{w}_{n+1}) = 1$ und $\lim (\omega_{n+2}/\omega_{n+1}) = 1/r$, mit Rücksicht auf $\omega_\nu = \mathfrak{w}_\nu r^{-\nu}$. Die Reihe $\Sigma \omega_n z^n$ hat demnach denKonvergenzradius r, so daß der Konvergenzradius von $\Sigma w_n z^n$ mindestensgleich r ist. Da nun r nur der Bedingung $r < \varrho$ unterliegt, so kann man sogar sagen, daß der genannte Konvergenzradius mindestens gleich ϱ sein muß. Wäre er kleiner als ϱ, so ließe sich r zwischen ihn und ϱ einschieben und man käme zu einem Widerspruch mit dem obigen Ergebnis.

Wenn man $w_2, w_3 \cdots$ der Reihe nach berechnet, so erweisen sie sich als lineare Verbindungen aus w_0 und w_1. Daher setzt sich jede Lösung $\Sigma w_n z^n$ der vorgelegten Differentialgleichung aus zwei *Grundlösungen* linear zusammen. Da sie entstehen, wenn man $w_0 = 1$, $w_1 = 0$ oder $w_0 = 0$, $w_1 = 1$ setzt, so haben sie folgendes Aussehen:

$$1 + k_2 z^2 + \cdots, \quad z + l_2 z^2 + \cdots.$$

Man kann statt dieser Grundlösungen auch irgend zwei andere benutzen, die den Konstantenpaaren w_0, w_1 und w_0^*, w_1^* entsprechen. Es muß nur $w_0 w_1^* - w_1 w_0^* \neq 0$ sein, damit sich alle Lösungen $\Sigma w_n z^n$ aus ihnen aufbauen lassen.

Bei einer linearen homogenen Differentialgleichung n-ter Ordnung: $w^{(n)} + A_1(z) w^{(n-1)} + \cdots + A_n(z) w = 0$, wobei $A_1(z), \cdots, A_n(z)$ Potenzreihen sind, die für $|z| < \varrho$ konvergieren, gibt es n Grundlösungen:

$$w_{10} + w_{11} z + \cdots; \quad \cdots; \quad w_{n0} + w_{n1} z + \cdots,$$

die ebenfalls für $|z| < \varrho$ konvergieren, und aus denen sich jede um $z = 0$ reguläre Lösung linear aufbaut. Man kann die Grundlösungen insbesondere so wählen, daß sie folgende Gestalt haben:

$1 + \cdots + w_{1n} z^n + \cdots; \quad \cdots; \quad z^{n-1}/(n-1)! + w_{nn} z^n + \cdots.$

Wir heben noch den Fall $n = 1$ besonders hervor. Die Differentialgleichung $w' + a(z) w = 0$, in der $a(z)$ eine Potenzreihe mit dem Konvergenzradius ϱ ist, hat eine für $|z| < \varrho$ konvergente Lösung $1 + w_1 z + w_2 z^2 + \cdots$. Über diese Lösung läßt sich eine wichtige Aussage machen. Ist $a(z) = \Sigma a_\nu z_\nu$, so bilden wir mit $A(z) = - \Sigma [a_\nu z^{\nu+1}/(\nu + 1)]$ die Funktion $W = e^{Az}$. Ist nun $|z| < \varrho$, so wird im Falle $\Delta A \neq 0$ sein:

$$\Delta W = [(e^{A + \Delta A} - e^A)/\Delta A]\, \Delta A = e^A \Delta A + \varepsilon \Delta A,$$

und ε konvergiert gleichzeitig mit ΔA nach Null. Im Falle $\Delta A = 0$ ist $\Delta W = 0$, so daß immer noch für ΔW die Darstellung $e^A \Delta A + \varepsilon \Delta A$ gilt, wie man auch ε wählen mag. Wenn wir in diesem Falle $\varepsilon = 0$ setzen, sokönnen wir ohne Einschränkung sagen, daß in der Gleichung $\Delta W = e^A \Delta A + \varepsilon \Delta A$ das ε gleichzeitig mit ΔA der Null zustrebt. Bei hinschwindendem Δz ergibt sich nun sofort:

$$\lim (\Delta W/\Delta z) = \lim (e^A \Delta A/\Delta z + \varepsilon \Delta A/\Delta z) = e^A A'(z),$$

oder mit Rücksicht auf $A'(z) = -a(z)$ schließlich:

$$W'(z) = -a(z)\,W.$$

Also: W erfüllt die vorliegende Differentialgleichung. Ferner ist:

$$W(0) = e^{A(0)} = e^0 = 1.$$

Aus $w' + a(z)\,w = 0$; $W' + a(z)\,W = 0$ folgt, weil $W = e^A$ nicht verschwindet:

$$(w/W)' = (W w' - w W')/W^2 = 0.$$

Eine Funktion von z, die innerhalb eines Kreises überall die Ableitung Null hat, bleibt offenbar unverändert, wenn man parallel zur x-Achse oder zur y-Achse fortschreitet, weil ihre Bestandteile Funktionen von x oder von y mit verschwindenden Ableitungen sind. Da man zwei innere Punkte eines Kreises stets durch eine im Innern verlaufende Treppe verbinden kann, d. h. durch einen Streckenzug, dessen Teile abwechselnd der x- und der y-Richtung folgen, so sieht man, daß aus dem Verschwinden der Ableitung auf die Konstanz der Funktion geschlossen werden kann. Wenn also $w(z)$ innerhalb des Konvergenzkreises der Potenzreihe
$a(z) = \Sigma\, a_\nu z^\nu$ die Differentialgleichung $w' + a(z)\,w = 0$ erfüllt, so ist:

$$w(z) = C e^{-\Sigma [a_\nu z^{\nu+1}/(\nu+1)]}$$

und offenbar $C = w(0)$. Im Falle $w(0) \neq 0$ hat $w(z)$ innerhalb des genannten Kreises keine Nullstelle.

§ 27. Lineare homogene Differentialgleichungen mit konstanten Koeffizienten

Eine Differentialgleichung von der Form:

$$w^{(n)} + a_1 w^{(n-1)} + \cdots + a_n w = 0$$

mit konstanten $a_1, \cdots, a_n$ hat nach dem oben bewiesenen Existenzsatz n Grundlösungen, die durch beständig konvergente Potenzreihen dargestellt werden. Um sie zu finden, beachte man, daß $e^{rz} = 1 + rz/1! + r^2 z^2/2! + \cdots$ die Ableitung $r + r^2 z/1! + r^3 z^2/2! + \cdots$, also re^{rz} hat. Die höheren Ableitungen lauten: $r^2 e^{rz}$, $r^3 e^{rz}$, $\cdots$. Versucht man die Differentialgleichung durch $w = e^{rz}$ zu erfüllen, so kommt man auf

$$e^{rz}(r^n + a_1 r^{n-1} + \cdots + a_n) = 0.$$

Der Faktor e^{rz} kann nicht verschwinden, weil aus $e^{u+iv} = 0$ folgen würde: $e^u \cos v = 0$ und $e^u \sin v = 0$ und durch Addieren der Quadrate $e^{2u} = 0$, was eine Unmöglichkeit ist. Die Exponentialfunktion vermeidet also auch im komplexen Gebiet den Wert Null („nescit occasum"). Aus obiger Gleichung folgt demnach:

$$P(r) = r^n + a_1 r^{n-1} + \cdots + a_n = 0.$$

Sind n verschiedene Wurzeln $r_1, \cdots, r_n$ vorhanden, so kann man $e^{r_1 z}, \cdots, e^{r_n z}$ als Grundlösungen brauchen. Die Determinante der Koeffizienten von 1, $z, \cdots, z^{n-1}$ in den zugehörigen Potenzreihen ist nämlich das Differenzenprodukt $[r_1 \cdots r_n]$ dividiert durch $1!\ 2!\ \cdots (n-1)!$, also von Null verschieden. Ist nicht nur $P(r_1) = 0$, sondern auch $P'(r_1) = \cdots = P^{(m-1)}(r_1) = 0$, dagegen

$P^{(m)}(r_1) \neq 0$, so zeigt die Taylorsche Entwicklung, daß sich $P(r)$ durch $(r-r_1)^m$, aber durch keine höhere Potenz von $r-r_1$ teilen läßt. Man nennt dann r_1 eine *m-fache Wurzel* von $P(r)$. Liegt dieser Fall vor, so kann man feststellen, daß neben $e^{r_1 z}$ auch noch $ze^{r_1 z}, \cdots, z^{m-1}e^{r_1 z}$ Lösungen der Differentialgleichung sind. Man kann sich hier auf eine schon von Leibniz angegebene Verallgemeinerung der Produktregel stützen, wonach:

$$(uv)^{(p)} = uv^{(p)} + \binom{p}{1} u' v^{(p-1)} + \cdots + u^{(p)} v.$$

Der Beweis wird durch den Schluß von p auf $p+1$ geführt. Zu jedem Ausdruck $w^{(m)} + c_1 w^{(m-1)} + \cdots + c_m w$ gehört ein Polynom, das man erhält, wenn man die Ableitungsindizes als gewöhnliche Exponenten betrachtet, wobei w als nullte Ableitung $w^{(0)}$ gilt. Wird dieses Polynom, also $w^m + c_1 w^{m-1} + \cdots + c_m$, mit $Q(w)$ bezeichnet, so wollen wir setzen:

$$w^{(m)} + c_1 w^{(m-1)} + \cdots + c_m w = Q[w].$$

Faßt man nun

$$(uv)^{(n)} = uv^{(n)} + n u' v^{(n-1)} + [n(n-1)/(1\cdot 2)]\, u'' v^{(n-2)} + \cdots;$$
$$(uv)^{(n-1)} = uv^{(n-1)} + (n-1)\, u' v^{(n-2)} + [(n-1)(n-2)/(1\cdot 2)]\, u'' v^{(n-3)}$$
$$\cdots\cdots\cdots\cdots\cdots\cdots\cdots\cdots\cdots$$
$$(uv)' = uv' + u'v;$$
$$uv = uv$$

mittels der Koeffizienten $1, a_1, \cdots, a_n$ zusammen, so kann man mit Hilfe der vorhin erklärten Symbolik schreiben:

$$P[uv] = u\,P[v] + (u'/1!)\, P'[v] + (u''/2!)\, P''[v] + \cdots$$

oder noch kürzer:

$$P[uv] = \sum_0^n (u^{(\nu)}/\nu!)\, P^{(\nu)}[v].$$

Wie wir wissen, sind $u^{(0)}$ und $P^{(0)}$ dasselbe wie u und P. Diese Formel stellt eine weitere Verallgemeinerung der Leibnizschen Regel dar, mit der sie zusammenfällt, wenn man $P(w) = w^p$ setzt.

Ist nun r_1 eine m-fache Wurzel von $P(r) = 0$, so daß neben $P(r_1)$ auch $P'(r_1)$, $\cdots$, $P^{(m-1)}(r_1)$ verschwinden, so liefert die obige Formel für $v = e^{r_1 x}$ und $u = k_0 + k_1 z + \cdots + k_{m-1} z^{m-1}$:

$$P[(k_0 + k_1 z + \cdots + k_{m-1} z^{m-1})\, e^{r_1 z}] = 0,$$

denn die Ableitungen $u^{(m)}, u^{(m+1)}, \cdots$, ebenso:

$$\boldsymbol{P}[e^{r_1 z}] = \boldsymbol{P}(r_1) e^{r_1 z};\ \boldsymbol{P}'[e^{r_1 z}] = \boldsymbol{P}'(r_1) e^{r_1 z}; \cdots;\ \boldsymbol{P}^{(m-1)}[e^{r_1 z}] = \boldsymbol{P}^{(m-1)}(r_1) e^{r_1 z}$$

sind alle gleich 0. Insbesondere hat man:

$$\boldsymbol{P}[e^{r_1 z}] = 0;\ \boldsymbol{P}[z e^{r_1 z}] = 0; \cdots;\ \boldsymbol{P}[z^{m-1} e^{r_1 z}] = 0.$$

§ 28. Adjungierte Differentialausdrücke

Wir betrachten einen linearen Differentialausdruck $a_0(z)\,v + a_1(z)\,v' + \cdots + a_n(z)\,v^{(n)}$, multiplizieren ihn mit w und formen die einzelnen Glieder nach Johann Bernoulli um:

$$\begin{aligned}
a_0 w v &= v\, a_0 w;\\
a_1 w v' &= (a_1 w v) - v\,(a_1 w)';\\
a_2 w v'' &= [a_2 w v' - (a_2 w)'\, v]' + v\,(a_2 w)'';\\
\cdots &= \cdots\cdots\cdots\cdots\cdots\cdots\cdots\cdots\\
a_n w v^{(n)} &= [a_n w v^{(n-1)} - (a_n w)' v^{(n-2)} + \cdots + (-1)^{n-1} (a_n w)^{(n-1)} v]' +\\
&\quad + (-1)^n v\,(a_n w)^{(n)}.
\end{aligned}$$

Auf diese Weise ergibt sich:

$$w\,(a_0 v + a_1 v' + \cdots + a_n v^{(n)}) = v\,(b_0 w + b_1 w' + \cdots + b_n w^{(n)}) + K'. \tag{80}$$

Dabei ist:

$$b_0 w + b_1 w' + \cdots + b_n w^{(n)} = a_0 w - (a_1 w)' + \cdots + (-1)^n (a_n\; w)^{(n)} \tag{81}$$

und K der Ausdruck:

$$\left.\begin{aligned}
&v\,[a_1 w - (a_2 w)' + \cdots + (-1)^{n-1} (a_n w)^{(n-1)}] +\\
&+ v'\,[a_2 w - (a_3 w)' + \cdots + (-1)^{n-2} (a_n w)^{(n-2)}] +\\
&\cdots\cdots\cdots\cdots\cdots\cdots\cdots\cdots\\
&+ v^{(n-1)}\, a_n w.
\end{aligned}\right\} \tag{82}$$

Man nennt: $a_0 w - (a_1 w)' + \cdots + (-1)^n (a_n w)^{(n)}$ nach Lagrange den zu $a_0 v + a_1 v' + \cdots a_n v^{(n)}$ *adjungierten* Ausdruck. Die Beziehung zwischen beiden Ausdrücken ist eine wechselseitige, man hat also:

$$b_0\, v - (b_1\, v)' + \cdots + (-1)^n (b_n\, v)^{(n)} = a_0\, v + a_1\, v' + \cdots + a_n\, v^{(n)}.$$

Aus (81) entnimmt man:

$$\begin{aligned}
b_0 &= a_0 - a_1' + a_2'' - \cdots + (-1)^n\, a_n^{(n)}\\
b_1 &= \quad - a_1 + 2\, a_2' - \cdots + (-1)^n\, n\, a_n^{(n-1)},\\
b_2 &= \qquad\quad a_2 - \cdots + (-1)^n \frac{n\,(n-1)}{1\cdot 2}\, a_n^{(n-2)},\\
&\cdots\cdots\cdots\cdots\cdots\cdots\cdots\cdots\\
b_n &= \qquad\qquad\qquad (-1)^n\, a_n.
\end{aligned}$$

Faßt man diese Gleichungen mittels der Faktoren $(-1)^n$, 1, $-\lambda$, λ^2, $\cdots$, $(-1)^n \lambda_n$ zusammen, so lautet unter Benutzung des *Cauchyschen* Differentiationssymbols D für $\frac{d}{dx}$ das Ergebnis:

$$\begin{aligned}
&b_0 \cdot \lambda b_1 + \lambda^2 b_2 - \cdots + (-1)^n\, \lambda^n\, b_n =\\
&\quad = a_0 - (D-\lambda)\, a_1 + (D-\lambda)^2\, a_2 + \cdots + (-1)^n\, (D-\lambda)^n\, a_n.
\end{aligned}$$

Setzt man nun $D - \lambda = u$, also $\lambda = D - u$, so nimmt diese Gleichung folgende Gestalt an:

$$\begin{aligned}
&a_0 - u\, a_1 + u^2\, a_2 - \cdots + (-1)^n\, u^n\, a_n =\\
&\quad = b_0 - (D-u)\, b_1 + (D-u)^2\, b_2 - \cdots + (-1)^n\, (D-u)^n\, b_n.
\end{aligned}$$

Diese symbolische Rechnung zeigt deutlich die Reziprozität der adjungierten Ausdrücke.

Bedenkt man, daß $v\,(b_0\, w + \cdots + b_n\, w^{(n)}) - w\,(a_0\, v + \cdots + a_n\, v^{(n)})$ gleich der Ableitung des Ausdrucks:

$$\left.\begin{array}{l} w\,[b_1 v - (b_2 v)' + \cdots + (-1)^{n-1} (b_n v)^{(n-1)}] \\ + w'\,[b_2 v - (b_3 v)' + \cdots + (-1)^{n-2} (b_n v)^{(n-2)}] \\ \cdots\cdots\cdots\cdots\cdots\cdots \\ + w^{(n-1)} b_n v \end{array}\right\} \quad (83)$$

ist und andererseits gleich $-K'$, so kommt man zu der Vermutung, daß der obige Ausdruck mit $-K$ zusammenfällt. Dies bestätigt sich, und man erkennt, daß (83) negativ genommen nichts anderes ist, als der nach $w, w', \cdots, w^{(n-1)}$ geordnete Ausdruck (82).

Wir wollen nun $a_n = 1$ setzen und die *inhomogene* lineare Differentialgleichung $a_0(z)\,v + a_1(z)\,v' + \cdots + v^{(n)} = \varphi(z)$ betrachten; $a_0, \cdots, a_{n-1}$ und φ seien Potenzreihen, deren Konvergenzradius mindestens gleich ϱ ist. Bildet man die *adjungierte Differentialgleichung*

$$b_0(z)\,w + b_1(z)\,w' + \cdots + b_n(z)\,w^{(n)} = 0,$$

so zeigt sich, daß $b_n = (-1)^n$ wird und $b_0, \cdots, b_{n-1}$ ebenfalls Potenzreihen sind, deren Konvergenzradius nicht unterhalb ϱ liegt. Für diese Differentialgleichung gibt es daher n Grundlösungen $w_1, \cdots, w_n$, die für $|z| < \varrho$ durch Potenzreihen dargestellt werden, deren n-te Partialsummen $1, z, \cdots, z^{n-1}/(n-1)!$ lauten. Mittels der Relation (80), in der w durch $w_1, \cdots, w_n$ ersetzt wird, erhält man mit Rücksicht auf $a_0 v + a_1 v' + \cdots + v^{(n)} = \varphi(z)$ die n Gleichungen:

$w_\nu \varphi = K_\nu'$; $(\nu = 1, \cdots, n)$. Nun ist $w_\nu \varphi(z)$ eine für $|z| < \varrho$ konvergente Potenzreihe. Jede Potenzreihe $c_0 + c_1 z + c_2 z^2 + \cdots$ hat aber innerhalb ihres Konvergenzkreises die Stammfunktion $c_0 z + (1/2)\,c_1 z^2 + (1/3)\,c_2 z' + \cdots$, und jede andere Stammfunktion unterscheidet sich hiervon um eine additive Konstante, weil die Differenz zweier Stammfunktionen die Ableitung Null liefert. Ist nun $\Phi_\nu(z)$ die für $z = 0$ verschwindende Stammfunktion von $w_\nu \varphi$, so kann man aus den Gleichungen $w_\nu \varphi = K_\nu'$ folgern:

$$K_\nu = \Phi_\nu + C_\nu; \quad (\nu = 1, \cdots, n).$$

Da der Ausdruck (83) mit $-K$ zusammenfällt und $b_n = (-1)$, so hat man:

$$\begin{aligned} K_\nu = {} & w_\nu\,[-b_1 v + (b_2 v)' - \cdots + v^{(n-1)}] + \\ & + w_\nu'\,[-b_2 v + (b_2 v)' - \cdots - v^{(n-2)}] + \\ & \cdots\cdots\cdots\cdots\cdots \\ & + w_\nu^{(n-1)}\,[(-1)^{n-1} v]. \end{aligned}$$

Für die Faktoren von $w_\nu, w_\nu', \cdots, w_\nu^{(n-1)}$ liegen also n Gleichungen vor mit der Determinante

$$W = \begin{vmatrix} w_1\, w_1' \cdots w_1^{(n-1)} \\ w_2\, w_2' \cdots w_2^{(n-1)} \\ \cdots\cdots\cdots \\ w_n\, w_n' \cdots w_n^{(n-1)} \end{vmatrix}.$$

Man denke sich die $n!$ Glieder dieser Determinante so aufgeschrieben, daß der erste Faktor der ersten Spalte, der zweite der zweiten, $\cdots$, der n-te der n-ten entnommen ist. Bildet man die Ableitung, so liefert jedes Glied n Beiträge, die dadurch entstehen, daß man jedesmal einen Faktor durch seine Ableitung ersetzt. Wenn man in allen Determinantengliedern den ν-ten Faktor durch seine Ableitung ersetzt, so kann man ebensogut in der Determinante alle Funktionen der ν-ten Spalte durch ihre Ableitungen ersetzen. Die Ableitung der Determinante ergibt sich, wenn man diese Operation für $\nu = 1, \cdots, n$ vornimmt und die Ergebnisse summiert. Im vorliegenden Falle ergeben sich für $\nu = 1, \cdots, n-1$ immer Determinanten mit zwei übereinstimmenden Spalten, also verschwindende Determinanten. Daher lautet die Ableitung der betrachteten Determinante:

$$W' = \begin{vmatrix} w_1 \, w_1' \cdots w_1^{(n-2)} \, w_1^{(n)} \\ w_2 \, w_2' \cdots w_2^{(n-2)} \, w_2^{(n)} \\ \cdots\cdots\cdots\cdots \\ w_n \, w_n' \cdots w_n^{(n-2)} \, w_n^{(n)} \end{vmatrix}.$$

Da nun $w_1, \cdots, w_n$ der Differentialgleichung

$$b_0 w + \cdots + b_{n-1} w^{(n-1)} + (-1)^n w^{(n)} = 0$$

genügen, so kann man in die letzte Spalte der Determinante

$$(-1)^n W' + b_{n-1} W = \begin{vmatrix} w_1 \, w_1' \cdots w_1^{(n-2)}, (-1)^n w_1^{(n)} + b_{n-1} w_1^{(n-1)} \\ w_2 \, w_2' \cdots w_2^{(n-2)}, (-1)^n w_2^{(n)} + b_{n-1} w_2^{(n-1)} \\ \cdots\cdots\cdots\cdots\cdots\cdots \\ w_n \, w_n' \cdots w_n^{(n-2)}, (-1)^n w_n^{(n)} + b_{n-1} w_n^{(n-1)} \end{vmatrix}$$

lauter Nullen hineinbringen, indem man zu ihr die andern mit $b_0, b_1, \cdots, b_{n-2}$ multiplizierten Spalten addiert. Es ist also $W' + (-1)^n b_{n-1} W = 0$.

Da $W(0) \neq 0$, so verschwindet $W(z)$ für $|z| < \varrho$ nirgends und die Auflösung der linearen Gleichungen $K_\nu = \Phi_\nu + C_\nu$; $(\nu = 1, \cdots, n)$ stößt auf kein Hindernis. Für v, die Lösung der Differentialgleichung $a_0 v + \cdots + a_{n-1} v^{(n-1)} + v^{(n)} = 0$, ergibt sich folgende Darstellung:

$$(-1)^{n-1} v = \begin{vmatrix} w_1 \cdots w_1^{(n-2)}, \Phi_1 + C_1 \\ w_2 \cdots w_2^{(n-2)}, \Phi_2 + C_2 \\ \cdots\cdots\cdots\cdots \\ w_n \cdots w_n^{(n-2)}, \Phi_n + C_n \end{vmatrix} : \begin{vmatrix} w_1 \cdots w_1^{(n-2)} \, w_1^{(n-1)} \\ w_2 \cdots w_2^{(n-2)} \, w_2^{(n-1)} \\ \cdots\cdots\cdots\cdots \\ w_n \cdots w_n^{(n-2)} \, w_n^{(n-1)} \end{vmatrix}.$$

$\Phi_1, \cdots \Phi_n$ sind die für $z = 0$ verschwindenden Stammfunktionen von $w_1 \varphi, \cdots \cdots w_n \varphi$. Da $1/W$ der Differentialgleichung $(1/W)' + (-1)^{n-1} b_{n-1} (1/W) = 0$ genügt, so ist es ebenso wie W für $|z| < \varrho$ durch eine Potenzreihe darstellbar. Dasselbe gilt daher für v. Setzt man die Konstanten $C_1, \cdots, C_n$ alle gleich Null, so erhält man eine *Einzellösung* (partikuläre Lösung) der Differentialgleichung $a_0 v + \cdots + a_{n-1} v^{(n-1)} + v^{(n)} = \varphi$. Diese lautet:

$$(-1)^{n-1} \begin{vmatrix} w_1 \cdots w_1^{(n-2)} \Phi_1 \\ w_2 \cdots w_2^{(n-2)} \Phi_2 \\ \cdots\cdots\cdots \\ w_n \cdots w_n^{(n-2)} \Phi_n \end{vmatrix} : \begin{vmatrix} w_1 \cdots w_1^{(n-2)} \, w_1^{(n-1)} \\ w_2 \cdots w_2^{(n-2)} \, w_2^{(n-1)} \\ \cdots\cdots\cdots\cdots \\ w_n \cdots w_n^{(n-2)} \, w_n^{(n-1)} \end{vmatrix}.$$

Die Faktoren von $C_1, \cdots, C_n$ sind Lösungen der homogenen Differentialgleichung $a_0 v + \cdots + a_{n-1} v^{(n-1)} + v^{(n)} = 0$, die aus der gegebenen durch Fortlassung des *Störungsgliedes* φ entsteht. Sie bauen sich in folgender Weise aus den Lösungen $w_1, \cdots, w_n$ der adjungierten Differentialgleichung $a_0 w - (a_1 w)' + \cdots + (-1)^n w^{(n)} = 0$ auf:

$$v_1 = \begin{vmatrix} w_2 & \cdots & w_2{}^{(n-2)} \\ \cdot & \cdot & \cdot \\ w_n & \cdots & w_n{}^{(n-2)} \end{vmatrix} : \begin{vmatrix} w_1 & \cdots & w_1{}^{(n-1)} \\ \cdot & \cdot & \cdot \\ w_n & \cdots & w_n{}^{(n-1)} \end{vmatrix};$$

$$\cdots\cdots\cdots\cdots\cdots\cdots$$

$$v_n = \begin{vmatrix} w_1 & \cdots & w_1{}^{(n-2)} \\ \cdot & \cdot & \cdot \\ w_{n-1} & \cdots & w_{n-1}{}^{(n-2)} \end{vmatrix} : \begin{vmatrix} w_1 & \cdots & w_1{}^{(n-1)} \\ \cdot & \cdot & \cdot \\ w_n & \cdots & w_n{}^{(n-1)} \end{vmatrix}.$$

Man bezeichnet die aus p Funktionen und ihren $p-1$ ersten Ableitungen aufgebaute Determinante als *Wronski*sche Determinante dieser Funktionen. Zähler und Nenner der obigen Ausdrücke für $v_1, \cdots, v_n$ sind Wronskische Determinanten. In jedem Zähler fehlt eine der Funktionen $w_1, \cdots, w_n$. Da die adjungierte Differentialgleichung zu

$$a_0 w - (a_1 w)' + \cdots + (-1)^n w^{(n)} = 0$$

wieder

$$a_0 v + a_1 v' + \cdots + v^{(n)} = 0$$

ist, so sind die Quotienten

$$w_1^* = \begin{vmatrix} v_2 & \cdots & v_2{}^{(n-2)} \\ \cdot & \cdot & \cdot \\ v_n & \cdots & v_n{}^{(n-2)} \end{vmatrix} : \begin{vmatrix} v_1 & \cdots & v_1{}^{(n-1)} \\ \cdot & \cdot & \cdot \\ v_n & \cdots & v_n{}^{(n-1)} \end{vmatrix};$$

$$\cdots\cdots\cdots\cdots\cdots\cdots$$

$$w_n^* = \begin{vmatrix} v_1 & \cdots & v_1{}^{(n-2)} \\ \cdot & \cdot & \cdot \\ v_{n-1} & \cdots & v_{n-1}{}^{(n-2)} \end{vmatrix} : \begin{vmatrix} v_1 & \cdots & v_1{}^{(n-1)} \\ \cdot & \cdot & \cdot \\ v_n & \cdots & v_n{}^{(n-1)} \end{vmatrix}.$$

Lösungen der Differentialgleichung $a_0 w - (a_1 w)' + \cdots + (-1)^n w^{(n)} = 0$, also lineare Verbindungen von $w_1, \cdots, w_n$. Das ist im Grunde genommen ein Satz über Wronskische Determinanten, den man von der Theorie der Differentialgleichungen völlig loslösen kann. Nehmen wir z. B. den Fall $n = 2$ und bilden mit w_1, w_2 die Ausdrücke:

$$v_1 = w_2/(w_1 w_2' - w_2 w_1'); \quad v_2 = w_1/(w_1 w_2' - w_2 w_1'),$$

so ergibt sich:

$$v'_1 = \frac{w_2'}{w_1 w_2' - w_2 w_1'} - \frac{w_2 (w_1 w_2{}^1 - w_2 w_1'')}{(w_1 w_2' - w_2 w_1')^2};$$

$$v_2' = \frac{w_1'}{(w_1 w_2' - w_2 w_1')} - \frac{w_1 (w_1 w_2'' - w_2 w_1'')}{(w_1 w_2' - w_2 w_1')^2},$$

woraus man entnimmt:

$$v_1 v_2' - v_2 v_1' = -1/(w_1 w_2' - w_2 w_1')$$

und weiter: $v_2/(v_1 v_2' - v_2 v_1') = -w_1$; $v_1/(v_1 v_2' - v_2 v_1') = -w_2$.

§ 29. Integration durch komplexes Gebiet

Es seien a und b zwei Punkte in der Zahlenebene, die wir durch einen *Weg* verbinden. Ein Weg wird dargestellt durch $x = \varphi(t)$, $y = \psi(t)$, wobei φ und ψ von $t = \alpha$ bis $t = \beta$ stetig differentiierbar sind und den Bedingungen $\varphi(\alpha) + i\psi(\alpha) = a$; $\varphi(\beta) + i\psi(\beta) = b$ unterliegen. Geht t von α bis β, so durchwandert der Punkt $x + iy$ den ganzen Weg von a bis b. Bei dieser Wanderung wollen wir $2n - 1$ Stationen $\mathfrak{z}_1, z_1, \mathfrak{z}_2, z_2, \cdots, z_{n-1}, \mathfrak{z}_n$ markieren und a und b mit z_0 und z_n bezeichnen. Ist $f(z)$ eine Funktion von z, von der wir nur die Werte längs des betrachteten Weges zu kennen brauchen, so bilden wir wie bei reellem Integral die Summe:

$$(z_1 - z_0) f(\mathfrak{z}_1) + (z_2 - z_1) f(\mathfrak{z}_2) + \cdots + (z_n - z_{n-1}) f(\mathfrak{z}_n).$$

Wenn sie bei unendlich verfeinerter Teilung stets demselben Grenzwert zustrebt, so wird dieser durch das Symbol

$$\int_{a \smile b} f(z)\, dz$$

dargestellt („Integral $f(z)\, d(z)$ längs des Weges $a \cdots b$“). Die Stationen $\mathfrak{z}_1, z_1, \mathfrak{z}_2, z_2, \cdots, z_{n-1}, \mathfrak{z}_n$ entsprechen gewissen Werten von t, die eine Zerlegung des Intervalles $\alpha \cdots \beta$ bewirken. Wenn wir bei der Teilung des Weges von unendlicher Verfeinerung reden, so meinen wir, daß sich die entsprechende Zerlegung von $\alpha \cdots \beta$ unendlich verfeinert.

Wir wollen nun insbesondere den Fall betrachten, daß $f(z)$ durch eine Potenzreihe $\Sigma c_\nu z^\nu$ vom Konvergenzradius ϱ dargestellt wird. Verläuft der Weg $a \cdots b$ innerhalb des Konvergenzkreises, so ist der größte Wert von $\sqrt{\varphi^2(t) + \psi^2(t)}$ kleiner als ϱ, etwa gleich ϱ_*. Wenn wir also den Radius des Konvergenzkreises auf ϱ_* verkleinern, so wird er immer noch den Weg enthalten. Innerhalb des Konvergenzkreises hat $f(z) = \Sigma c_\nu z^\nu$ die Stammfunktion $F(z) = \Sigma \frac{c_\nu z^{\nu+1}}{\nu + 1}$. Nach den im reellen Gebiet gemachten Erfahrungen liegt nun die Vermutung nahe, daß:

$$\int_{a \smile b} f(z)\, dz = F(b) - F(a) \tag{84}$$

sein wird. Um dies zu beweisen, schreiben wir:

$$F(b) - F(a) = [F(z_1) - F(z_0)] + \cdots + [F(z_n) - F(z_{n-1})] =$$
$$= \Sigma [c_\nu (z_1^{\nu+1} - z_0^{\nu+1})/(\nu+1)] + \cdots + \Sigma [c_\nu (z_n^{\nu+1} - z_{n-1}^{\nu+1})/(\nu+1)]$$

und vergleichen diesen Ausdruck mit:

$$S = \Sigma (z_1 - z_0)\, c_\nu \mathfrak{z}_1^\nu + \cdots + \Sigma (z_n - z_{n-1})\, c_\nu \mathfrak{z}_n^\nu.$$

Wir ersetzen nun z. B. $z_1^{\nu+1} - z_0^{\nu+1}$ durch $z_1^{\nu+1} - \mathfrak{z}_1^{\nu+1} + \mathfrak{z}_1^{\nu+1} - z_0^{\nu+1}$ und weiter durch:

$$(z_1 - \mathfrak{z}_1)(\mathfrak{z}_1^\nu + \mathfrak{z}_1^{\nu-1} z_1 + \cdots + z_1^\nu) + (\mathfrak{z}_1 - z_0)(\mathfrak{z}_1^\nu + \mathfrak{z}_1^{\nu-1} z_0 + \cdots + z_0^\nu).$$

Wird hievon $(z_1 - z_0)(\nu + 1)\, \mathfrak{z}_1^\nu$ oder $(z_1 - \mathfrak{z}_1)(\nu + 1)\, \mathfrak{z}_1^\nu + (\mathfrak{z}_1 - z_0)(\nu + 1)\, \mathfrak{z}_1^\nu$

abgezogen, so ergibt sich für $z_1^{\nu+1} - z_0^{\nu+1} - (z_1 - z_0)(\nu + 1)\mathfrak{z}_1^{\nu}$ folgender Ausdruck:

$$(z_1 - \mathfrak{z}_1)[\mathfrak{z}_1^{\nu-1}(z_1 - \mathfrak{z}_1) + \mathfrak{z}_1^{\nu-2}(z_1^2 - \mathfrak{z}_1^2) + \cdots + (z_1^{\nu} - \mathfrak{z}_1^{\nu})] +$$
$$+ (\mathfrak{z}_1 - z_0)[\mathfrak{z}_1^{\nu-1}(z_0 - \mathfrak{z}_1) + \mathfrak{z}_1^{\nu-2}(z_0^2 - \mathfrak{z}_1^2) + \cdots + (z_0^{\nu} - \mathfrak{z}_1^{\nu})]$$

oder:

$$(z_1 - \mathfrak{z}_1)^2[\mathfrak{z}_1^{\nu-1} + \mathfrak{z}_1^{\nu-2}(z_0 + \mathfrak{z}_1) + \cdots + (z_1^{\nu-1} + z_1^{\nu-2}\mathfrak{z}_1 + \cdots + \mathfrak{z}_1^{\nu-1})] -$$
$$- (\mathfrak{z}_1 - z_0)^2[\mathfrak{z}_1^{\nu-1} + \mathfrak{z}_1^{\nu-2}(z_0 + \mathfrak{z}_1) + \cdots + (z_0^{\nu-1} + z_0^{\nu-2}\mathfrak{z}_1 + \cdots + \mathfrak{z}_1^{\nu-1})].$$

In den großen Klammern stehen $1 + 2 + \cdots + \nu$ oder $\nu(\nu + 1)/2$ Glieder, deren Betrag kleiner ist als $\varrho_*^{\nu-1}$. Man kann also schließen, daß die Differenz $\Sigma[c_\nu(z_1^{\nu+1} - z_0^{\nu+1})/(\nu + 1) - \Sigma(z_1 - z_0)c_\nu \mathfrak{z}_1^{\nu}$ ihrem Betrag nach kleiner ist als $(1/2)(|z_0 - \mathfrak{z}_1|^2 + |\mathfrak{z}_1 - z_1|^2)\Sigma \nu |c_\nu| \varrho_*^{\nu-1}$. Da $c_1 + 2c_2 z + 3c_3 z^2 + \cdots$ denselben Konvergenzradius ϱ hat wie $c_0 + c_1 z + c_2 z^2 + \cdots$ und innerhalb des Konvergenzkreises absolute Konvergenz herrscht, so braucht man wegen der Konvergenz der Reihe $|c_1| + 2|c_2|\varrho_* + \cdots$ nicht in Sorge zu sein. Für $F(b) - F(a) - S$ ergibt sich hiernach die Betragschranke

$$(1/2)(|z_0 - \mathfrak{z}_1|^2 + |\mathfrak{z}_1 - z_1|^2 + \cdots + |z_{n-1} - \mathfrak{z}_n|^2 + |\mathfrak{z}_n - z_n|^2)\,\Sigma \nu |c_\nu| \varrho_*^{\nu-1}.$$

In den Klammern stehen die Längenquadrate der Sehnen $z_0 \cdots \mathfrak{z}_1$, $\mathfrak{z}_1 \cdots z_2$, $\cdots$, $z_{n-1} \cdots \mathfrak{z}_n$, $\mathfrak{z}_n \cdots z_n$. Ist ε die längste unter ihnen, so liegt die Summe der Längenquadrate unterhalb

$$\varepsilon(|z_0 - \mathfrak{z}_1| + |\mathfrak{z}_1 - z_1| + \cdots + |z_{n-1} - \mathfrak{z}_n| + |\mathfrak{z}_n - z_n|),$$

also unterhalb εl, wenn es für die einbeschriebenen Sehnenzüge eine Längenschranke l gibt. Bei unendlicher verfeinerter Teilung des Weges konvergiert ε nach Null. Daher gilt die Limesbeziehung:

$$\lim S = F(b) - F(a).$$

Damit haben wir die Gleichung (84) bewiesen. Das Integral ist auch hier im komplexen Gebiet *gleich dem Zuwachs der Stammfunktion*. Der Satz ist aber viel schwerwiegender und inhaltreicher als sein Analogon im Reellen, weil der Integrationsweg $a \cdots b$, der dort immer nur die von a nach b führende Strecke war, hier innerhalb des Konvergenzkreises beliebig gewählt werden kann. Wir sprachen von der Längenschranke l der einbeschriebenen Sehnenzüge. Unter den von uns gemachten Voraussetzungen ist eine solche vorhanden. Hat man das Intervall des Parameters t in die n Teile $t_{\nu-1} \cdots t_\nu$ zerlegt, so ist $\Sigma\sqrt{[\varphi(t_\nu) - \varphi(t_{\nu-1})]^2 + [\psi(t_\nu) - \psi(t_{\nu-1})]^2}$ die Länge eines einbeschriebenen Sehnenzuges. Man kann diesen Ausdruck in

$$\Sigma(t_\nu - t_{\nu-1})\sqrt{[\varphi'(\tau_\nu)]^2 + [\psi'(\tau_\nu^*)]^2}$$

umformen. Da die als stetig vorausgesetzten Funktionen φ', ψ' stetige Quadrate haben, so gibt es unter den Werten $[\varphi'(t)]^2$ einen größten $[\varphi'(\tau)]^2$, ebenso unter den Werten $[\psi'(t)]^2$ einen größten $[\psi'(\tau^*)]^2$. Offenbar ist dann:

$$l = (\beta - \alpha)\sqrt{[\varphi'(t)]^2 + [\psi'(\tau^*)]^2}$$

eine Längenschranke für alle Sehnenzüge.

DRITTES KAPITEL

Zweiter Teil der Analysis des Unendlichen

DIFFERENTIATION UND INTEGRATION VON FUNKTIONEN MEHRERER VERÄNDERLICHER

§ 1. Partielle Ableitungen von Funktionen zweier Veränderlicher

Wenn jedem Punkte x, y eines gewissen Bereiches ein Wert z zugeordnet ist, so heißt z eine *Funktion* von x, y *in jenem Bereich*, und man schreibt $z = f(x, y)$. Faßt man z als dritte Koordinate im Raume auf und denkt sich an der Stelle x, y ein Lot von der Maßzahl z errichtet, so bilden die Endpunkte dieser Lote eine Fläche, die *Bildfläche* der betrachteten Funktion; $z = f(x, y)$ ist die *Gleichung* der Fläche. So liegt, wenn wir z gleich der positiven Quadratwurzel aus $1 - x^2 - y^2$ setzen, eine im Einheitskreis definierte Funktion vor, deren Bildfläche eine Halbkugel ist, die sich über diesen Kreis wölbt.

Hält man y fest und läßt nur x variieren, so stellt $f(x, y)$ eine Funktion von x allein vor. Ihre Ableitungen werden mit $f_x, f_{xx}, \cdots$ bezeichnet. Ebenso ist $f(x, y)$ bei festgehaltenem x eine Funktion von y allein, deren Ableitungen man durch $f_y, f_{yy}, \cdots$ ausdrückt. Neben diesen Ableitungen gibt es noch andere. So ist f_{xy} die Ableitung von f_x nach y. Dabei wird also in f_x die Variable x festgehalten, so daß man eine Funktion von y allein vor sich hat. Ebenso ist f_{yx} die Ableitung f_y nach x, bei deren Berechnung y festliegt. Man nennt alle diese Ableitungen

$$f_x, f_y, f_{xx}, f_{xy}, f_{yx}, f_{yy}, \cdots \textit{ die partiellen Ableitungen von } f(x, y).$$

Wenn $f(x, y)$ ein Polynom ist, also ein Ausdruck von der Form $c_{00} + c_{10}\,x + c_{01}\,y + c_{20}\,x^2 + c_{11}\,xy + c_{22}\,y^2 + \cdots$ mit endlich vielen Summanden, so hat man:

$$f_x = \Sigma\, p\, c_{pq}\, x^{p-1}\, y^q; \qquad f_y = \Sigma\, q\, c_{pq}\, x^p\, y^{q-1}, \text{ also:}$$
$$f_{xy} = \Sigma\, pq\, c_{pq}\, x^{p-1}\, y^{q-1}; \qquad f_{yx} = \Sigma\, pq\, c_{pq}\, x^{p-1}\, y^{q-1}.$$

Man sieht, daß hier $f_{xy} = f_{yx}$. Es kommt also nicht darauf an, ob man zuerst nach x und dann nach y oder zuerst nach y und dann nach x differentiiert. Die beiden Differentiationen sind vertauschbar. Diese Vertauschbarkeit gilt, wie man zeigen kann, auch bei anderen Funktionen. Eine hinreichende Bedingung ist die Stetigkeit von f_{xy} und f_{yx}. Stetigkeit bedeutet hier, wie bei Funktionen einer Variablen, daß gleichzeitig mit den Inkrementen der Veränderlichen x, y auch das Funktionsinkrement der Null zustrebt.

Um die Gleichheit $f_{xy} = f_{yx}$ zu beweisen, bezeichnen wir mit Δ_x und Δ_y die Differenzbildung nach x und nach y, so daß also:

$$\Delta_x f(x, y) = f(x + h, y) - f(x, y) \text{ und}$$
$$\Delta_y f(x, y) = f(x, y + h) - f(x, y).$$

Wendet man die Operationen Δ_x, Δ_y nacheinander an, so ergibt sich:

$$\Delta_y \Delta_x f(x, y) = f(x + h, y + k) - f(x, y + k) - f(x + h, y) + f(x, y);$$
$$\Delta_x \Delta_y f(x, y) = f(x + h, y + k) - f(x + h, y) - f(x, y + k) + f(x, y).$$

Man hat also:

$$\Delta_y \Delta_x f(x, y) = \Delta_x \Delta_y f(x, y), \tag{85}$$

d. h. die Operationen Δ_x, Δ_y sind vertauschbar. Nach dem Mittelwertsatz ist nun, wenn statt f_x, f_y, f_{xy}, f_{yx} die bequemeren Symbole f_1, f_2, f_{12}, f_{21} benutzt werden:

$$\Delta_y \Delta_x f(x, y) = \Delta_y [f(x + h, y) - f(x, y)] =$$
$$= k [f_2(x + h, \hat{y}) - f_2(x, \hat{y})] = hk f_{21}(\hat{x}, \hat{y});$$
$$\Delta_x \Delta_y f(x, y) = \Delta_x [f(x, y + k) - f(x, y)] =$$
$$= h [f_1(\tilde{x}, y + k) - f_1(\tilde{x}, y)] = hk f_{12}(\tilde{x}, \tilde{y}).$$

Mit Rücksicht auf (85) folgt hieraus:

$$f_{12}(\tilde{x}, \tilde{y}) = f_{21}(\hat{x}, \hat{y}).$$

Läßt man h und k nach Null konvergieren, so streben $\tilde{x}$ $\hat{x}$ nach x, und $\tilde{y}$, $\hat{y}$ nach y. Bei stetigen f_{12} und f_{21} ergibt sich also: $f_{12}(x, y) = f_{21}(x, y)$. Die obige Beweisführung setzt voraus, daß in einer gewissen Umgebung von x, y die Ableitungen f_1, f_2, f_{12}, f_{21} existieren und f_{12}, f_{21} an der Stelle x, y stetig sind. Mit $\Delta f(x, y)$ bezeichnet man die Differenz $f(x + h, y + h) - f(x, y)$.

Man kann sie aus $\Delta_x f(x, y) = f(x + h, y) - f(x, y)$
und $\Delta_y f(x + h, y) = f(x + h, y + k) - f(x + h, y)$
zusammensetzen oder aus $\Delta_y f(x, y) = f(x, y + k) - f(x, y)$
und $\Delta_x f(x, y + k) = f(x + h, y + k) - f(x, y + k)$.

Es genügt für uns die erste Zusammensetzung. Existieren in einer ge wissen Umgebung von x, y die Ableitungen f_1 und f_2, so hat man: $\Delta f(x, y) = h f_1(\tilde{x}, y) + k f_2(x + h, \tilde{y})$. Sind f_1 und f_2 an der Stelle x, y stetig, so werden, wenn wir $f_1(\tilde{x}, y) = f_1(x, y) + \alpha$ und $f_2(x + h, \tilde{y}) = f_2(x, y) + \beta$ setzen, α und β gleichzeitig mit h und k nach Null konvergieren. Der erste Bestandteil von

$$\Delta f(x, y) = h f_1(x, y) + k f_2(x, y) + h\alpha + k\beta, \tag{86}$$

heißt das *Differential von* $f(x, y)$ und wird mit $df(x, y)$ bezeichnet. Es ist also:

$$df(x, y) = h f_1(x, y) + k f_2(x, y).$$

Wüßte man nicht, daß f_1, f_2 die partiellen Ableitungen von f sind, so könnte man es aus (86) entnehmen, indem man eines der Inkremente h, k gleich

Null setzt und das andere nach Null konvergieren läßt. Wir sprechen nur dann von *Differentiierbarkeit*, wenn $\Delta f - df$ die Form $h\alpha + k\beta$ hat und α, β zusammen mit h, k der Null zustreben. An den Begriff der Differentiierbarkeit knüpft sich der Leibnizsche Fundamentalsatz von der Invarianteneigenschaft des Differentials. Es seien u und v Funktionen von x, y und an der Stelle x, y differentiierbar. $F(u, v)$ sei eine Funktion von u, v und an der Stelle $u(x, y)$, $v(x, y)$ differentiierbar. Diese Voraussetzungen finden ihren Ausdruck in folgenden Gleichungen:

$$\begin{aligned} H = \Delta u &= hu_1 + ku_2 + h\lambda + k\mu; \\ K = \Delta v &= hv_1 + kv_2 + h\nu + k\varrho; \\ \Delta F &= HF_1 + KF_2 + H\alpha + K\beta. \end{aligned}$$

Dazu muß noch bemerkt werden, daß $\lambda, \mu, \nu, \varrho$ wegen der Differentiierbarkeit von u, v zusammen mit h und k nach Null konvergieren. Auch H, K werden dann mitgerissen, ebenso α, β wegen der Differentiierbarkeit von F. Setzt man in ΔF für H und K ihre Ausdrücke ein, so ergibt sich:

$$\Delta F = h(u_1 F_1 + v_1 F_2) + k(u_2 F_1 + v_2 F_2) + h\alpha^* + k\beta^* \qquad (87)$$

wobei: $$\begin{aligned} \alpha^* &= \lambda F_1 + \nu F_2 + \alpha(u_1 + \mu) + \beta(v_1 + \nu); \\ \beta^* &= \mu F_1 + \varrho F_2 + \alpha(u_2 + \mu) + \beta(v_2 + \varrho) \end{aligned}$$

zusammen mit h, k der Null zustreben. Aus (87) ersieht man, daß F als Funktion von x, y betrachtet, das Differential $F_1(hu_1 + ku_2) + F_2(hv_1 + kv_2)$ oder $F_1\,du + F_2\,dv$ hat. In diesem Ausdruck tritt in keiner Weise in Erscheinung, *wie* u, v von x, y abhängen. Auch wenn sie mit x, y identisch wären, wäre immer noch $dF(u, v) = F_u\,du + F_v\,dv$. Das Differential wird also in seiner Gestalt gar nicht beeinflußt durch die Wahl der unabhängigen Veränderlichen. Das ist die von Leibniz entdeckte Invarianteneigenschaft.

Es gibt Funktionen von x, y, bei welchen Differenz und Differential zusammenfallen. Man kann sogar alle Funktionen dieser Art bestimmen:

Aus: $f(x + h, y + k) - f(x, y) = hf_1(x, y) + kf_2(x, y)$ entnimmt man, wenn $x + h = \mathfrak{x}$ und $y + k = \mathfrak{y}$ gesetzt wird:

$$f(\mathfrak{x}, \mathfrak{y}) = f(x, y) + (\mathfrak{x} - x) f_1(x, y) + (\mathfrak{y} - y) f_2(x, y).$$

Funktion f ist also linear, und die linearen Funktionen sind hiernach die einzigen mit der Eigenschaft $\Delta f = df$. Insbesondere ist: $\Delta x = dx$ und $\Delta y = dy$, so daß man die Inkremente der unabhängigen Variablen, die wir h und k nannten, gleich dx und dy setzen kann.

Wir heben noch eine Folgerung aus (87) hervor: Der Koeffizient von h im Differential dF ist die Ableitung F_x. Man hat also:

$F_x = F_u u_x + F_v v_x$, eine wichtige Differentiationsregel, nach welcher man die Ableitung einer *zusammengesetzten Funktion* $F(u, v)$ berechnet. Setzt man $F = u + v$; $u - v$; uv; u/v, so ergeben sich die vier Leibnizschen Grundregeln. Nimmt man an, daß F nur von u abhängt, so hat man die Kettenregel vor sich.

Noch ein Wort über die geometrische Bedeutung des Differentials. Erfüllen die Funktionen $x(t)$, $y(t)$, $z(t)$ die Gleichung $z(t) = f[x(t), y(t)]$, so wird durch $x = x(t)$; $y = y(t)$; $z = z(t)$ eine Kurve dargestellt, die auf der Fläche $z = f(x, y)$ liegt. Wenn man die zu t und $t + \Delta t$ gehörigen Kurvenpunkte verbindet, so entsteht eine Sekante, auf welcher der Vektor $\Delta x/\Delta t$, $\Delta y/\Delta t$, $\Delta z/\Delta t$ liegt, den wir uns von x, y, z ausgehend denken. Existieren nun die Ableitungen $x'(t)$, $y'(t)$, $z'(t)$ und sind sie nicht alle gleich Null, so geht der genannte Vektor bei schwindendem Δt in den Vektor $x'(t)$, $y'(t)$, $z'(t)$ über. Da die Grenzlage der Sekante die Kurventangente ist, so liegt dieser Vektor auf der Tangente, ist also eine Tangentialvektor der Kurve im Punkte x, y, z. Aus $z(t) = f[x(t), y(t)]$ folgt:

$$z'(t) = x'(t) f_1(x, y) + y'(t) f_2(x, y).$$

Diese Gleichung kann man als eine Orthogonalitätsrelation auffassen. Sie drückt aus, daß der Vektor $x'(t)$, $y'(t)$, $z'(t)$ auf $f_1(x, y)$, $f_2(x, y)$, -1 senkrecht steht. Die auf der Fläche $z = f(x, y)$ durch den Punkt x, y, z hindurchgehenden Kurven haben also in diesem Punkte Tangenten, die alle zu dem Vektor $f_1(x, y)$, $f_2(x, y)$, -1 orthogonal sind. Sie liegen demnach in der Ebene

$$\mathfrak{z} - z = (\mathfrak{x} - x) z_x + (\mathfrak{y} - y) z_y.$$

Man nennt sie die *Tangentialebene* der Fläche im Punkte x, y, z. Offenbar ist nun $dz = hz_x + kz_y$ nichts anderes, als Δz, gebildet für die Tangentialebene. Setzt man nämlich in deren Gleichung $\mathfrak{x} = x + h$ und $\mathfrak{y} = y + k$, so wird $\mathfrak{z} = z + hz_x + k_y$. Wenn man statt der Differenz Δf das Differential df betrachtet, so liegt dem der Gedanke zugrunde, in der Umgebung des Punktes x, y, z die Bildfläche der Funktion durch die Tangentialebene zu ersetzen.

§ 2. Maxima und Minima

Wenn $f(\mathfrak{x}, \mathfrak{y})$ an der Stelle x, y ein Minimum hat, so ist $f(x, y)$ zugleich ein Minimum für $f(\mathfrak{x}, y)$ und $f(x, \mathfrak{y})$. Existieren also die partiellen Ableitungen $f_1(x, y)$ und $f_2(x, y)$, so müssen sie verschwinden. Wir wollen, um die weitere Behandlung des Problems zu erleichtern, in einer gewissen Umgebung von x, y stetige partielle Ableitungen bis zur zweiten Ordnung fordern. Setzen wir dann:

$\mathfrak{x} = x + ht$; $\mathfrak{y} = y + kt$, so hat $\varphi(t) = f(x + ht, y + kt)$ die Ableitungen:

$$\varphi'(t) = hf_1(\mathfrak{x}, \mathfrak{y}) + kf_2(\mathfrak{x}, \mathfrak{y});$$
$$\varphi''(t) = h^2 f_{11}(\mathfrak{x}, \mathfrak{y}) + 2\,hk f_{12}(\mathfrak{x}, \mathfrak{y}) + k^2 f_{22}(\mathfrak{x}, \mathfrak{y}).$$

Insbesondere ist:

$$\varphi'(0) = hf_1(x, y) + kf_2(x, y) = 0;$$
$$\varphi''(0) = h^2 f_{11}(x, y) + 2\,hk f_{12}(x, y) + k^2 f_{22}(x, y).$$

Es sind nun drei verschiedene Fälle möglich. Die quadratische Gleichung $h^2 f_{11}(x, y) + 2\,hk f_{12}(x, y) + k^2 f_{22}(x, y) = 0$ gibt für h/k entweder zwei verschiedene reelle Werte oder zusammenfallende oder konjugiert komplexe. Ist:

$$h^2 f_{11}(x, y) + 2\,hk f_{12}(x, y) + k^2 f_{22}(x, y) = (hk_1 - kh_1)(hk_2 - kh_2) \tag{88}$$

und $h_1 k_2 - k_1 h_2 \neq 0$, so ergibt die Einsetzung $h = h_1 + h_2$; $k = k_1 + k_2$ den negativen Wert $-(h_1 k_2 - k_1 h_2)^2$, die Einsetzung $h = h_1 - h_2$; $k = k_1 - k_2$ dagegen den positiven Wert $(h_1 k_2 - k_1 h_2)^2$. Nun entnimmt man der Taylorschen Formel

$\varphi(t) = \varphi(0) + t\varphi'(0) + \int_0^t (t - \tau)\,\varphi''(\tau)\,d\tau$ mit Rücksicht auf $\varphi'(0) = 0$ und

$\int_0^t (t - \tau)\,\varphi''(\tau)\,d\tau = \varphi''(t^*) \int_0^t (t - \tau)\,d\tau = (t^2/2)\,\varphi''(t^*)$ folgende Aussage:

$$\varphi(t) = \varphi(0) + (t^2/2)\,\varphi''(t^*).$$

Da t^* zwischen 0 und t liegt, so wird $\varphi''(t^*)$ bei hinreichend kleinem $|t|$ das Zeichen von $\varphi''(0)$ haben. Es wird also z. B. im Falle $h = h_1 + h_2$; $k = k_1 + k_2$ in genügender Nähe von $t = 0$ die Beziehung $\varphi(t) < 0$, im Falle $h = h_1 - h_2$; $k = k_1 - k_2$ aber $\varphi(t) > 0$ gelten. $f(x, y)$ ist also für $f(\mathfrak{x}, \mathfrak{y})$ weder ein Maximum noch ein Minimum.

Wenn die quadratische Form (88) nicht reell zerlegbar ist, so muß sie ein festes Zeichen haben, wie man auch h, k unter Ausschluß des Wertsystems 0, 0 wählen mag. Solche Formen nennt man *definit*. Handelt es sich um eine positive Form, so muß insbesondere für $k = 0$ und $h \neq 0$ ein positiver Wert herauskommen, d. h. es muß $f_{11}(x, y) > 0$ sein. Multipliziert man die Form mit dem positiven Faktor $f_{11}(x, y)$, so behält sie ihren positiven Charakter. Andererseits läßt sie sich dann zu

$$(hf_{11} + kf_{12})^2 + k^2 (f_{11} f_{22} - f_{12}^2) \tag{89}$$

umgestalten. Setzt man $k \neq 0$ und $h = -kf_{12}/f_{11}$, so bleibt nur das zweite Glied übrig. Daher muß bei einer positiven Form $f_{11} > 0$; $f_{11} f_{22} - f_{12}^2 > 0$ sein. Sind diese Bedingungen erfüllt, so erkennt man aus (89), daß die Form stets positiv ist und nur im Falle $k = 0$; $hf_{11} + kf_{12} = 0$ verschwindet, d. h. also im Falle $h = 0$; $k = 0$. Die obigen Ungleichungen sind demnach für eine positiv definite Form kennzeichnend, ebenso $f_{11} < 0$; $f_{11} f_{22} - f_{12}^2 > 0$ für eine negativ definite, da diese durch Anbringung des Faktors -1 positiv definit wird.

Im Falle $f_1(x, y) = 0$; $f_2(x, y) = 0$ hat man nun:

$$\varphi(1) = \varphi(0) + \int_0^1 (1 - t)\,[h^2 f_{11}(\mathfrak{x}, \mathfrak{y}) + 2\,hk f_{12}(\mathfrak{x}, \mathfrak{y}) + k^2 f_{22}(\mathfrak{x}, \mathfrak{y})]\,dt,$$

wobei $\mathfrak{x} = x + ht$; $\mathfrak{y} = y + kt$. Gelten nun die Ungleichungen $f_{11}(x, y) > 0$; $f_{11}(x, y) f_{22}(x, y) - f_{12}^2(x, y) > 0$, so wird für genügend kleine Beträge von h, k oder, was dasselbe bedeutet, für $h^2 + k^2 \leqq \varepsilon^2$ auch $f_{11}(\mathfrak{x}, \mathfrak{y}) > 0$; $f_{11}(\mathfrak{x}, \mathfrak{y}) f_{22}(\mathfrak{x}, \mathfrak{y}) - f_{12}^2(\mathfrak{x}, \mathfrak{y}) > 0$ sein. Dies beruht auf der Stetigkeit von f_{11}, f_{12}, f_{22}. Der Punkt $\mathfrak{x}, \mathfrak{y}$ liegt offenbar in dem um x, y mit dem Radius ε beschriebenen Kreise. Würden bei beliebig kleinem ε diese Ungleichungen nicht ausnahmslos gelten, so könnten sie auch in Punkt x, y nicht bestehen. Da nun in dem für $\varphi(1) - \varphi(0)$ oder $f(x+h, y+k) - f(x, y)$ gegebenen Integralausdruck der Integrand im Falle $h^2 + k^2 \leqq \varepsilon^2$ positiv ist, so folgt:

$$f(x+h, y+k) > f(x, y),$$

d. h.: $f(x, y)$ ist ein Minimum. Als hinreichende Bedingungen für das Auftreten eines Minimums an der Stelle x, y dürfen also folgende Aussagen gelten:

$$f_1(x, y) = 0;\ f_2(x, y) = 0;\ f_{11}(x, y) > 0;\ f_{11}(x, y)\, f_{22}(x, y) - f_{12}{}^2(x, y) > 0.$$

Außerdem wird in der Umgebung von x, y die Stetigkeit bis zu den zweiten Ableitungen gefordert. Beim Maximum tritt an die Stelle von $f_{11}(x, y) > 0$ die Ungleichung $f_{11}(x, y) < 0$.

Ist die quadratische Form (88) *semidefinit*, d. h. bis auf einen Faktor das Quadrat einer Linearform, so läßt sich keine Entscheidung treffen. Z. B. hat $f(x, y) = x^2 + y^3$ an der Stelle $x = 0$; $y = 0$ kein Extremum, obwohl die Ableitungen $f_1 = 2x$; $f_2 = 3y^2$ dort verschwinden. Die mit $f_{11} = 2$; $f_{12} = 0$; $f_{22} = 6y$ gebildete Form

$$h^2 f_{11}(0, 0) + 2\, hk f_{12}(0, 0) + k^2 f_{22}(0, 0) = 2 h^2$$

ist semidefinit. Daß hier $f(0, 0) = 0$ kein Extremum ist, geht schon daraus hervor, daß $f(0, y) = y^3$ für $y > 0$ positiv, für $y < 0$ negativ ist. Betrachtet man $f(x, y) = x^2 + y^4$, so verschwinden an der Stelle 0, 0 die ersten Ableitungen
$h^2 f_{11}(0, 0) + 2hk f_{12}(0, 0) + k^2 f_{22}(0, 0)$ wird gleich $2h^2$, alles genau so, wie bei dem vorigen Beispiel. Hier ist aber $f(x, y) > 0$, also $f(0, 0) = 0$ ein Minimum.

§ 3. Analytische Funktionen zweier Variabler

Es seien x, y komplexe Veränderliche und $a_{00}, a_{10}, a_{01}, a_{20}, a_{11}, a_{02}, \cdots$ komplexe Konstanten. Dann ist:

$$a_{00} + a_{10}\, x + a_{01}\, y + a_{20}\, x^2 + a_{11}\, xy + a_{02}\, y^2 + \cdots \tag{90}$$

eine Potenzreihe in zwei Veränderlichen. Wir wollen annehmen, daß es zwei von Null verschiedene Werte x_0, y_0 gibt, für welche die Glieder $a_{pq}\, x^p\, y^q$ eine Betragsschranke haben, so daß $|\, a_{pq}\, x_0{}^p\, y_0{}^q \,| < M$. Dann stellt sich heraus, daß die Potenzreihe unter der Bedingung $|\, x\,| < |\, x_0\,|$ und $|\, y\,| < |\, y_0\,|$ absolut konvergiert. Man hat nämlich:

$$|\, a_{pq}\, x^p\, y^q \,| < M\, |\, x/x_0\,|^p\, |\, y/y_0\,|^q$$

und die Reihe der vergrößerten Gliederbeträge

$$M + M\,|x/x_0| + M\,|y/y_0| + M\,|x/x_0|^2 + M\,|x/x_0|\,|y/y_0| + M\,|y/y_0|^2 + \cdots \tag{91}$$

erweist sich als konvergent. Um sich bei einer Reihe mit positiven Gliedern von der Konvergenz zu überzeugen, kann man irgendeine Zerlegung in Teilreihen vornehmen. Zeigt sich dabei, daß deren Summe eine konvergente (divergente) Reihe bilden, so ist auch die ursprüngliche Reihe konvergent (divergent). Im vorliegenden Falle hat man

$$M + M\left|\frac{x}{x_0}\right| + M\left|\frac{x}{x_0}\right|^2 + \cdots = \frac{M}{1-|x/x_0|}$$

$$M\left|\frac{y}{y_0}\right| + M\left|\frac{x}{x_0}\right|\left|\frac{y}{y_0}\right| + M\left|\frac{x}{x_0}\right|^2\left|\frac{y}{y_0}\right| + \cdots = \frac{M\,|y/y_0|}{1-|x/x_0|}$$

$$M\left|\frac{y}{y_0}\right|^2 + M\left|\frac{x}{x_0}\right|\left|\frac{y}{y_0}\right|^2 + M\left|\frac{x}{x_0}\right|^2\left|\frac{y}{y_0}\right|^2 + \cdots = \frac{M\,|y/y_0|^2}{1-|x/x_0|}$$

. . . .

und $$\frac{M}{1-|x/x_0|} + \frac{M\,|y/y_0|}{1-|x/x_0|} + \frac{M\,|y/y_0|^2}{1-|x/x_0|} + \cdots = \frac{M}{(1-|x/x_0|)\,(1-|y/y_0|)}.$$

Damit ist die Konvergenz der Reihe (91) und die absolute Konvergenz der Potenzreihe (90) für $|x| < |x_0|$, $|y| < |y_0|$ bewiesen. Es kann sein, daß nie eine Betragsschranke der Glieder existiert, wie man auch die nicht verschwindenden x_0, y_0 wählen mag. Dann gibt es kein nullenfreies Wertepaar x, y, das die Reihe konvergent macht. Im Falle der Konvergenz würde man sich nämlich beim Durchlaufen der Glieder dem Grenzwert Null nähern, nur endlich viele Glieder wären ihrem Betrag nach größer als ε und man könnte durch ein passendes M ihre Beträge und auch ε überbieten. Mit solchen Potenzreihen, die für kein nullenfreies Wertepaar x, y konvergieren, läßt sich nichts anfangen. Ein Beispiel wäre die Reihe $\Sigma\,(p\,x)^p\,(q\,y)^q$. Das andere Extrem bilden solche Potenzreihen, die für jedes Wertepaar konvergieren, wie z. B. die Reihe $\Sigma\,[x^p\,y^q/(p!\,q!)]$ deren Summe e^{x+y} lautet, was auch x und y sein mögen.

Zwischen beiden Extremen stehen Reihen, für die es nullenfreie Wertepaare x_0, y_0 gibt, die alle Reihenglieder unter eine Betragsschranke herabdrücken, aber auch nullenfreie Wertepaare $X_0\,Y_0$, die diese Wirkung nicht ausüben. Die Reihe ist dann für $|x| < |x_0|$, $|y| < |y_0|$ absolut konvergent, für $|x| \geqq |X_0|$; $|y| \geqq |Y_0|$ aber divergent.

Die Reihe (90) stellt, wenn sie für $|x| < R_1$; $|y| < R_2$ konvergiert, eine *analytische Funktion* von x, y dar. Eine solche Funktion läßt partielle Ableitungen von beliebiger Ordnung zu. Sind die positiven Größen r_1 und r_2 kleiner als R_1 und R_2, so konvergiert, wie wir aus unserer obigen Feststellung wissen, die Reihe $\Sigma\,|a_{pq}|\,r_1^p\,r_2^q$. Auch $\Sigma\,|a_{pq}|\,p\,r_1^{p-1}\,r_2^q$ ist konvergent. Nach unserer Erfahrung über Potenzreihen mit einer Veränderlichen wissen wir nämlich, daß $\Sigma\,|a_{0q}|\,r_2^q + r_1\,(\Sigma\,a_{1q}\,r_2^q) + r_1^2\,(\Sigma\,a_{2q}\,r_2^q) + \cdots$ als Funktion von r_1 betrachtet die Ableitung

$$(\Sigma\,a_{1q}\,r_2^q) + 2\,r_1\,(\Sigma\,a_{2q}\,r_2^q) + \cdots$$

zuläßt. Ebenso hat $f(x, y) = (\Sigma\,a_{0q}\,y^q) + x\,(\Sigma\,a_{1q}\,y^q) + x^2\,(\Sigma\,a_{2q}\,y^q) + \cdots$ als Funktion von x betrachtet, die Ableitung:

$$f_x = \Sigma\,a_{1q}\,y^q + 2\,x\,(\Sigma\,a_{2q}\,y^q) + \cdots,$$

wofür man wegen der absoluten Konvergenz der Reihe $\Sigma \mid a_{pq} \mid p r_1^{p-1} r_2^q$ auch schreiben kann:

$$f_x = \Sigma\, p\, a_{pq}\, x^{p-1}\, y^q.$$

Aus demselben Grunde ist für $\mid x \mid < R_1;\ \mid y \mid < R_2$ auch:

$$f_y = \Sigma\, q\, a_{pq}\, x^p\, y^{q-1},$$

ferner: $f_{xx} = \Sigma\, p\,(p-1)\, a_{pq}\, x^{p-2}\, y^q;$

$$f_{xy} = f_{yx} = \Sigma\, p q\, a_{pq}\, x^{p-1}\, y^{q-1};\ f_{yy} = \Sigma\, q\,(q-1)\, a_{pq}\, x^p\, y^{q-2}.$$

Differentiiert man ϱ-mal nach x und σ-mal nach y und bezeichnet das Ergebnis symbolisch durch $f_{x^\varrho y^\sigma}$, so ist:

$$f_{x^\varrho y^\sigma} = \varrho!\,\sigma! \sum \binom{p}{\varrho}\binom{q}{\sigma} a_{pq}\, x^{p-\varrho}\, x^{q-\sigma}.$$

Wenn $\mid x \mid < R_1;\ \mid y \mid < R_2$ und $\mid h \mid < R_1 - \mid x \mid;\ \mid k \mid < R_2 - \mid y \mid$, so hat man

$$\mid x + h \mid < \mid x \mid + \mid h \mid < R_1;\ \mid y + k \mid < \mid y \mid + \mid k \mid < R_2.$$

Da die Reihe $\Sigma \mid a_{pq} \mid (\mid x \mid + \mid h \mid)^p\, (\mid y \mid + \mid k \mid)^q$ konvergiert, so bilden auch die Glieder

$$\mid a_{pq} \mid \binom{p}{\varrho}\binom{q}{\sigma} \mid x \mid^{p-\varrho} \mid h \mid^\varrho \mid y \mid^{q-\sigma} \mid k \mid^\sigma$$

$$(\varrho = 0, \cdots, p;\ \sigma = 0, \cdots, q;\ p, q = 0, 1, 2, \cdots)$$

eine konvergente Reihe, also die Glieder $a_{pq}\binom{p}{\varrho}\binom{q}{\sigma} x^{p-\varrho}\, h^\varrho\, y^{q-\sigma}\, k^\sigma$ eine absolut konvergente Reihe, auf die man den Gruppierungssatz anwenden kann. Faßt man immer die Glieder mit übereinstimmenden p, q zusammen, so ergibt sich:

$$\Sigma\, a_{pq}\,(x + h)^p\,(y + k)^q = f\,(x + h,\ y + k).$$

Vereinigt man dagegen alle Glieder, die mit derselben Potenz h^ϱ und k^σ behaftet sind, so findet man:

$$h^\varrho k^\sigma \sum_{p,q} \binom{p}{\varrho}\binom{q}{\sigma} x^{p-\varrho}\, y^{q-\sigma},\ \text{d. h.}\ \frac{h^\varrho k^\sigma}{\varrho!\,\sigma!} f_{x^\varrho y^\sigma}.$$

Alle diese Glieder sind nun zu summieren.

Da bei jeder Gruppierung dieselbe Summe herauskommen muß, so gilt für $\mid h \mid < R_1 - \mid x \mid;\ \mid k \mid < R_2 - \mid y \mid$ folgende nach *Taylor* bekannte Entwicklung:

$f\,(x + h,\ y + k) = \Sigma\,[h^\varrho k^\sigma) / (\varrho!\,\sigma!)]\, f_{x^\varrho y^\sigma}$ oder in anderer Schreibweise:

$$\begin{aligned} f\,(x + h,\ y + k) = {} & f\,(x, y) + [h\, f_1\,(x, y) + k\, f_2\,(x, y)] + \\ & + (1/2!)\,[h^2 f_{11}\,(x, y) + 2\, hk f_{12}\,(x, y) + k^2 f_{22}\,(x, y)] + \\ & + (1/3!)\,[h^3 f_{111}\,(x, y) + 3\, h^2 k f_{112}\,(x, y) + 3\, hk^2 f_{122}\,(x, y) + \\ & + k^3 f_{222}\,(x, y)] + \cdots\cdots \end{aligned}$$

Man nennt die eingeklammerten Ausdrücke die *Differentiale* von f und bezeichnet sie mit $df,\ d^2 f,\ d^3 f, \cdots$. Die Taylorsche Entwicklung lautet unter Benutzung dieser Symbole:

$$\Delta f = df/1! + d^2 f/2! + d^3 f/3! + \cdots,$$

genau so, wie bei Funktionen einer Veränderlichen. Bei analytischen Funktionen braucht man sich nicht mit dem Restglied der Taylorschen Reihe zu befassen.

§ 4. Implizite Funktionen

Wir betrachten eine Potenzreihe $f(x, y)$ mit verschwindendem Anfangsglied, die für $|x| < R_1$; $|y| < R_2$ konvergiert. Dann wird im Falle $a_{01} \neq 0$ durch die Gleichung $f(x, y) = 0$ eine um $x = 0$ reguläre, für $x = 0$ verschwindende Funktion bestimmt. Wir schreiben die Gleichung $f(x, y) = 0$ in der Form: $y = a_{10}\, x + a_{20}\, x^2 + a_{11}\, x\, y + a_{02}\, y^2 + \cdots$ und versuchen sie durch den Ansatz

$$\begin{aligned} y &= c_1\, x + c_2\, x^2 + \cdots \text{ zu erfüllen. Setzt man:} \\ y^2 &= c_1^2\, x^2 + 2\, c_1\, c_2\, x^3 + 2\, c_1\, c_3\, x^4 + \cdots \\ &\qquad\qquad\qquad + c_2^2\, x^4 + \cdots \\ y^3 &= c_1^3\, x^3 + 3\, c_1^2\, c_2\, x^4 + \cdots \\ &\qquad\qquad\qquad \cdots \text{ usw. in} \\ y &= (a_{10}\, x + a_{20}\, x^2 + \cdots) + (a_{11}\, x + a_{21}\, x^2 + \cdots)\, y + \\ &\quad + (a_{02} + a_{12}\, x + a_{22}\, x^2 + \cdots)\, y^2 + (a_{03} + a_{13}\, x + a_{23}\, x^2 + \cdots)\, y^3 + \cdots \end{aligned}$$

ein, so ergibt sich:

$$\begin{aligned} c_1\, x + c_2\, x^2 + c_3\, x^3 + \cdots = a_{10}\, x &+ a_{20}\, x^2 + a_{30}\, x^3 + \cdots \\ &+ a_{11}\, c_1\, x^2 + a_{11}\, c_2\, x^3 + \cdots \\ &\qquad\qquad + a_{21}\, c_1\, x^3 + \cdots \\ &+ a_{02}\, c_1^2\, x^2 + 2\, a_{02}\, c_1\, c_2\, x^3 + \cdots \\ &\qquad\qquad + a_{12}\, c_1^2\, x^3 + \cdots \\ &\qquad\qquad + a_{03}\, c_1^3\, x^3 + \cdots \\ &\qquad\qquad\qquad \cdots \end{aligned}$$

Hieraus entnimmt man:

$$\begin{aligned} c_1 &= a_{10}; \\ c_2 &= a_{20} + a_{11}\, c_1 + a_{02}\, c_1^2; \\ c_3 &= a_{30} + a_{11}\, c_2 + a_{21}\, c_1 + 2\, a_{02}\, c_1\, c_2 + a_{12}\, c_1^2 + a_{03}\, c_1^3; \\ &\cdots\cdots\cdots\cdots\cdots\cdots \end{aligned}$$

und erhält für $c_1, c_2, c_3, \cdots$ Polynome in den a_{pq} mit lauter positiven ganzzahligen Koeffizienten. Ist nun r kleiner als R_1 und R_2 und setzt man: $|a_{10}|\, r + |a_{20}|\, r^2 + |a_{11}|\, r^2 + |a_{02}|\, r^2 + \cdots = M$, so gelten die Ungleichungen:

$$|a_{pq}| < M\, r^{-(p+q)} = A_{pq}.$$

Wenn man die Gleichung

$$y = A_{10}\, x + A_{20}\, x^2 + A_{11}\, x y + A_{02}\, y^2 + \cdots \tag{92}$$

durch den Ansatz $y = \Sigma\, C_n\, x^n$ erfüllt, so wird offenbar $|c_n| < C_n$ sein, so daß $\Sigma\, c_n\, x^n$ einen mindestens ebenso großen Konvergenzradius hat wie $\Sigma\, C_n\, x^n$. Für $|x| < r$; $|y| < r$ ist die Reihe:

$A_{10}\,x + A_{20}\,x^2 + A_{11}\,xy + A_{22}\,y^2 + \cdots$ absolut konvergent. Sie setzt sich zusammen aus:

$$M\frac{x}{r} + M\left(\frac{x}{r}\right)^2 + M\left(\frac{x}{r}\right)^3 + \cdots = \frac{M\,x/r}{1-x/r};$$

$$M\frac{x}{r}\frac{y}{r} + M\left(\frac{x}{r}\right)^2\frac{y}{r} + M\left(\frac{x}{r}\right)^3\frac{y}{r} + \cdots = \frac{M\,(x/r)\,y/r}{1-x/r};$$

$$M\frac{x}{r}\left(\frac{y}{r}\right)^2 + M\left(\frac{x}{r}\right)^2\left(\frac{y}{r}\right)^2 + M\left(\frac{x}{r}\right)^3\left(\frac{y}{r}\right)^2 + \cdots = \frac{M\,(x/r)\,(y/r)^2}{1-x/r};$$

. . . .

und aus
$$M\left(\frac{y}{r}\right)^2 + M\left(\frac{y}{r}\right)^3 + \cdots = \frac{M\,(y/r)^2}{1-y/r},$$

so daß Gleichung (92) lautet:

$$y = \frac{M\,x/r}{(1-x/r)\,(1-y/r)} + \frac{M\,(y/r)^2}{1-y/r} \text{ oder } \left(1+\frac{M}{r}\right)\left(\frac{y}{r}\right)^2 - \frac{y}{r} + \frac{(M/r)\,x/r}{1-x/r} = 0.$$

Hieraus entnimmt man:

$$\left[\left(1+\frac{M}{r}\right)\frac{y}{r} - \frac{1}{2}\right]^2 = \frac{1}{4}\left[1 - \frac{4\,(M/r)\,(1+M/r)\,x/r}{1-x/r}\right]. \tag{93}$$

Es läßt sich nun zeigen, daß es eine Potenzreihe $1 + \gamma_1\,x + \gamma_2\,x^2 + \cdots$ gibt, die ins Quadrat erhoben,

$$1 - \frac{4\,(M/r)\,(1+M/r)\,x/r}{1-x/r}$$

oder $1 - \dfrac{(1+2\,M/r)\,x/r}{1-x/r}$ ergibt. Wir unterwerfen x, um die Konvergenz zu sichern, der schärferen Schrankenbedingung: $|\,x\,| < \dfrac{r}{(1+2\,M/r)^2} = \varrho$. Bei reellen x wissen wir durch Newton, daß für $|\,x\,| < \varrho$ ist:

$$\left(1-\frac{x}{\varrho}\right)^{1/2} = 1 - \frac{1}{2}\frac{x}{\varrho} - \frac{1}{2\cdot 4}\left(\frac{x}{\varrho}\right)^2 - \frac{1\cdot 3}{2\cdot 4\cdot 6}\left(\frac{x}{\varrho}\right)^3 - \cdots \text{ und}$$

$$\left(1-\frac{x}{r}\right)^{-1/2} = 1 + \frac{1}{2}\frac{x}{r} + \frac{1\cdot 3}{2\cdot 4}\left(\frac{x}{r}\right)^2 + \frac{1\cdot 3\cdot 5}{2\cdot 4\cdot 6}\left(\frac{x}{r}\right)^3 + \cdots, \text{ also:}$$

$(1 - x/\varrho)^{1/2}\,(1 - x/r)^{1/2} = 1 - \gamma_1\,x - \gamma_2\,x^2 - \cdots$, wobei $1 - \gamma_1\,x - \gamma_2\,x^2 - \cdots$ das Produkt der beiden Potenzreihen darstellt und für $|\,x\,| < \varphi$ konvergiert. Offenbar wird nun:

$$(1 - \gamma_1\,x - \gamma_2\,x^2 - \cdots)^2 = (1 - x/\varrho)\,(1 - x/r)^{-1}$$

und diese Gleichung gilt auch, weil es sich um die Identität zweier Potenzreihen handelt, für komplexe Werte von x unter der Bedingung $|\,x\,| < \varrho$. Die rechte Seite von (93) läßt sich also in der Form:

$$(1/4)\,(1 - \gamma_1\,x - \gamma_2\,x^2 - \cdots)^2$$

schreiben. Da y gleichzeitig mit x verschwindet, so folgt weiter:

$$(1 + M/r)\,y/r - 1/2 = -(1/2)\,(1 - \gamma_1\,x - \gamma_2\,x^2 - \cdots)$$

und schließlich: $y = (\gamma_1 x + \gamma_2 x^2 + \cdots)\, r/[2\,(1 + M/r)]$.

Da $\gamma_1, \gamma_2, \cdots$ alle positiv sind, so ist der Betrag von $\gamma_1 x + \gamma_2 x^2 + \cdots$ kleiner als $\gamma_1 \,|\, x \,|\, + \gamma_2 \,|\, x \,|^2 + \cdots$, d. h. kleiner als

$$1 - (1 - |\, x \,| : \varrho)^{1/2}\,(1 - |\, x \,| : r)^{-1/2}.$$

Geht $|\, x \,|$ von 0 bis ϱ, so nimmt $(1 - |\, x \,| : \varrho) \,/\, (1 - |\, x \,| : r)$ von 1 bis 0 ab. Daher bleibt $\gamma_1 x + \gamma_2 x^2 + \cdots$ seinem Betrage nach unter 1, und y unter $r/[2\,(1 + M/r)]$, so daß die anfänglich gestellte Bedingung $|\, y \,| < r$ sicher erfüllt ist. Die Gleichung $y = a_{10}\, x + a_{20}\, x^2 + a_{11}\, xy + a_{02}\, y^2 + \cdots$ wird also, wenn die rechte Seite für $x = r$; $y = r$ absolut konvergiert, durch eine Potenzreihe $y = \Sigma\, c_n\, x^n$ erfüllt, deren Konvergenzradius mindestens gleich $r/(1 + 2\,M/r)^2$ ist. Dabei ist $t/M = \Sigma \,|\, a_{pq} \,|\, r^{p+q}$. Man nennt die Funktion y wegen der besonderen Art, in der sie gegeben ist, eine *implizite Funktion*.

Wir wollen drei Einzelfälle besonders hervorheben: Wenn sich die Gleichung $y = a_{10}\, x + a_{20}\, x^2 + a_{11}\, xy + a_{12}\, y^2 + \cdots$ auf $a_1\, y + a_2\, y^2 + \cdots = x$ reduziert ($a_1 \neq 0$), so gibt es eine Potenzreihe $y = c_1\, x + c_2\, x^2 + \cdots$, die ebenso wie $a_1\, y + a_2\, y^2 + \cdots$ einen von Null verschiedenen Konvergenzradius hat und um $x = 0$ herum die obige Gleichung erfüllt. Man nennt $c_1 x + c_2 x^2 + \cdots$ die *Umkehrung* von $a_1 y + a_2 y^2 + \cdots$.

Hat $a_1 x + a_2 x^2 + \cdots$ einen von Null verschiedenen Konvergenzradius und setzt man: $1/(1 + a_1\, x + a_2\, x^2 + \cdots) = 1 + y$, so hat die Gleichung die Form: $y + a_1\, xy + a_2\, x^2\, y + \cdots = 0$, und man weiß auf Grund des oben bewiesenen allgemeinen Satzes, daß die Gleichung um $x = 0$ herum durch eine konvergente Potenzreihe $y = c_1\, x + c_2\, x^2 + \cdots$ erfüllt wird. Dies haben wir schon an früheren Stellen bewiesen.

Der dritte Fall führt auf eine berühmte Formel von *Lagrange*. Wir betrachten unter Verschiebung des y-Nullpunktes die Gleichung:

$$y - a = x\,[c_0 + c_1\,(y - a)/1! + c_2\,(y - a)^2/2! + \cdots] = x\varphi\,(y).$$

Wenn die Reihe $\varphi\,(y)$ einen von Null verschiedenen Konvergenzradius hat, so wird diese Gleichung um $x = 0$ herum durch eine konvergente Potenzreihe $y - a = \gamma_1\, x/1! + \gamma_2\, x^2/2! + \cdots$ befriedigt, wobei $\gamma_1, \gamma_2, \cdots$ mit a behaftet sind; $\gamma_1, \gamma_2, \cdots$ sind die partiellen Ableitungen $y_x, y_{xx}, \cdots$, gebildet für $x = 0$. Zu ihrer Berechnung gelangt man auf folgendem von *Laplace* angegebenen Weg: Aus $y = a + x\varphi\,(y)$ findet man durch Differentiation nach a und x: $y_a = 1 + x\,\varphi'\,(y)\, y_a$; $y_x = \varphi\,(y) + x\,\varphi'\,(y)\, y_x$, also:

$$[1 - x\varphi'\,(y)]\; y_a = 1;\; [1 - x\varphi'\,(y)]\; y_x = \varphi\,(y).$$

Für $x = 0$ wird, wie man aus der zweiten Gleichung ersieht, $y_x = \varphi\,(a)$. Ferner erkennt man aus beiden Gleichungen, daß $y_x = \varphi\,(y)\, y_a$. Zur Berechnung von $y_{xx}, \cdots$ braucht man noch folgende Beziehung:

$$[\psi\,(y)\; y_a]_x = [\psi\,(y)\; y_x]_a.$$

Links steht: $\psi'(y)\, y_x\, y_a + \psi(y)\, y_{ax}$ und rechts: $\psi'(y)\, y_a\, y_x + \psi(y)\, y_{ax}$, also das gleiche, wegen $y_{ax} = y_{xa}$. Auf Grund dessen kann man nun sagen, daß

$$y_{xx} = [\varphi(y)\, y_a]_x = [\varphi(y)\, y_x]_a = [\varphi^2(y)\, y_a]_a;$$
$$y_{xxx} = [\varphi^2(y)\, y_a]_{xa} = [\varphi^2(y)\, y_x]_{aa} = [\varphi^3(y)\, y_a]_{aa} \text{ usw.}$$

Allgemein gilt: $$y_{x^n} = [\varphi^n(y)\, y_a]_{a^{n-1}}.$$

Für $x = 0$ wird y zu a und y_a zu 1, also y_{x^n} zu

$$[\varphi^n(a)\, y_a]_{a^{n-1}}.$$

Die Entwicklung von y, Lagrangesche Reihe genannt, lautet demnach:

$$y = a + \varphi(a)\, x/1! + [\varphi^2(a)]'\, x^2/2! + [\varphi^3(a)]''\, x^3/3! + \cdots.$$

Ist $f(y)$ eine um a reguläre Funktion, so läßt sich auch $f(y)$ nach Potenzen von x entwickeln. Der Koeffizient von $x^n/n!$ ist die n-te Ableitung von f nach x für $x = 0$. Man hat nun nach den oben genannten Angaben:

$$f_x = f'(y)\, y_x = f'(y)\, \varphi(y)\, y_a;$$
$$f_{xx} = [f'(y)\, \varphi(y)\, y_a]_x = [f'(y)\, \varphi(y)\, y_x]_a = f'(y)\, \varphi^2(y)\, y_a]_a;$$
$$f_{xxx} = [f'(y)\, \varphi^2(y)\, y_a]_{xa} = [f'(y)\, \varphi^2(y)\, y_x]_{aa} = [f'(y)\, \varphi^3(y)\, y_a]_{aa}.$$

Für $x = 0$ lauten diese Ausdrücke:

$$f'(a)\, \varphi(a);\ [f'(a)\, \varphi^2(a)]';\ [f'(a)\, \varphi^3(a)]'',\ \cdots$$

und man kann schreiben:

$$f(y) = f(a) + f'(a)\, \varphi(a)\, x/1! + [f'(a)\, \varphi^2(a)]'\, x^2/2! + [f'(a)\, \varphi^3(a)]''\, x^3/3! + \cdots$$

Dabei ist y die in der Form $a + \gamma_1\, x/1! + \gamma_2\, x^2/2! + \cdots$ darstellbare Lösung der Gleichung $y = a + x\varphi(y)$, also die Lösung, welche bei schwindendem x in a übergeht. Im Falle $\varphi(y) = 1$ ist die Reihe für $f(y)$ nichts anderes als die Taylorsche Entwicklung für $f(a + x)$.

§ 5. Doppelintegrale

Wir kehren nun wieder ins reelle Gebiet zurück und betrachten eine Funktion $f(x, y)$, die in einem sog. *Normalbereich* stetig ist. Ein solcher Bereich liegt zwischen zwei Parallelen zur y-Achse, $x = a$ und $x = b$, und wird oben von der Kurve $y = \Phi(x)$, unten von $y = \varphi(x)$ begrenzt. Im ganzen Intervall ist $\varphi(x) < \Phi(x)$ (Abb. 23) höchstens an den Grenzen $\varphi(x) = \Phi(x)$.

Wir setzen $\varphi(x)$ und $\Phi(x)$ als stetig voraus. Ist $\Phi(\xi_1) = M$ der größte Wert von $\Phi(x)$ im Intervall $a \cdots b$ und $\varphi(\xi_2) = m$ der kleinste von $\varphi(x)$, so nennen wir $M - m$ die *Höhe* des Normalbereichs. Seine *Breite* ist $b - a$. Wenn c zwischen a und b liegt, so wird der Normalbereich durch $x = c$ in zwei Normalbereiche zerlegt. Eine andere Teilung in zwei Normalbereiche entsteht, wenn zwischen die Kurven
$y = \varphi(x)$ und $y = \Phi(x)$ die Kurve $y = (1 - t)\, \varphi(x) + t\, \Phi(x) = \psi(x, t)$ eingeschaltet wird, wobei t zwischen 0 und 1 liegt (vgl. Abb. 22; Teilung auf die erste Art z. B. durch $(a + b)/2$ und die zweite durch $\psi(x, t)$ für $t = 1/2$). Wenn man jeden Teilbereich auf die erste oder zweite Art weiterteilt und

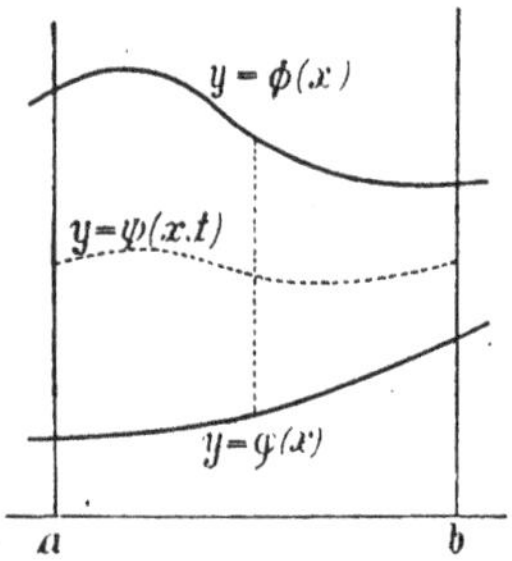

Abb. 22.

diese Teilungen fortsetzt, so zerfällt der ursprüngliche Normalbereich in irgendeine Anzahl von Teilbereichen. Ist $\mathfrak{Z}_1, \mathfrak{Z}_2, \mathfrak{Z}_3, \cdots$ eine unendliche Folge solcher Zerlegungen und h_n die größte Höhe, b_n die größte Breite der Teilbereiche bei $\mathfrak{Z}_n$, so spricht man von *unendlicher Verfeinerung*, wenn h_n und b_n bei wachsendem n nach Null konvergieren. Man nennt Zerlegungsfolgen mit unendlicher Verfeinerung *ausgezeichnete Zerlegungsfolgen*. Jeder Normalbereich hat einen Inhalt, z. B. der Bereich in Abb. 22, der durch die Aussagen: $a \leqq x \leqq b$ und $\varphi(x) \leqq y \leqq \Phi(x)$ festgelegt wird, den Inhalt $\int_a^b [\Phi(x) - \varphi(x)]\, dx$. Wenn nun eine Zerlegung $\mathfrak{Z}$ vorliegt und in jedem Teilbereich ein Funktionswert $f(\xi, \eta)$ herausgegriffen wird, mit welchem man σ, den Inhalt des Teilbereichs, multipliziert, so nennt man die Summe aller dieser Produkte, also $\Sigma \sigma f(\xi, \eta)$, eine *Säulensumme*; $\sigma f(\xi, \eta)$ ist nämlich das Volumen einer Säule mit der Basis σ und der Höhe $f(\xi, \eta)$. Das Volumen wird positiv oder negativ gerechnet, je nachdem $f(\xi, \eta)$ positiv oder negativ ist. Eine Folge von Säulensummen heißt *ausgezeichnet*, wenn die zugehörige Zerlegungsfolge mit dem Merkmal der unendlichen Verfeinerung behaftet ist. Man sagt $f(x, y)$ sei in dem betrachteten Normalbereich *integrierbar*, wenn jede ausgezeichnete Folge von Säulensummen oder kurz: jede *ausgezeichnete Summenfolge* konvergent ist. Daß dann alle ausgezeichneten Summenfolgen demselben Grenzwert zustreben, erkennt man durch folgende Überlegung: Sind $S_1, S_2, S_3, \cdots$ und $S_1^*, S_2^*, S_3^*, \cdots$ zwei solche Summenfolgen, so gilt dasselbe von $S_1, S_1^*, S_2, S_2^*, S_3, S_3^*, \cdots$. Diese aus beiden zusammengemischte Folge strebt also einem Grenzwert zu, der zugleich der Grenzwert jeder Teilfolge ist, insbesondere von $S_1, S_2, S_3, \cdots$ und $S_1^*, S_2^*, S_3^*, \cdots$. Der gemeinsame Grenzwert aller ausgezeichneten Summenfolgen wird das über den Normalbereich $\mathfrak{R}$ erstreckte *Integral* genannt und mit

$$\iint_{\mathfrak{R}} f(x, y)\, dx\, dy$$

bezeichnet. In diesem Doppelintegral sind ähnlich wie in dem des einfachen Integrals die Vorstellungen der Leibnizschen Zeit erhalten. Es wurde mit einer Einteilung in unendlich viele unendlich kleine Rechtecke $dx\, dy$ operiert. Jedes wird mit dem zugehörigen Funktionswert $f(x, y)$ multipliziert, und diese Produkte geben als Summe das Doppelintegral. Denkt man sich die Einteilung durch äußerst dicht gezogene Parallelen zur x- und zur y-Achse bewirkt, so gibt es am Rande verstümmelte Rechtecke, die man vernachlässigen kann.

Wir wollen von $f(x, y)$ die Stetigkeit im Bereich $\mathfrak{R}$ fordern. Wenn man in diesem Bereich irgendeine Punktfolge $(x_1, y_1), (x_2, y_2), \cdots$ betrachtet, die nach (x_0, y_0) konvergiert: $\lim x_n = x_0$; $\lim y_n = y_0$, so soll stets sein:

$\lim f(x_n, y_n) = f(x_0, y_0)$. Man kann auch hier, wie bei Funktionen *einer* Unveränderlichen, nachweisen, daß allgemeiner aus $\lim (x_n - x_n^*) = 0$ und $\lim (y_n - y_n^*) = 0$ folgt:

$$\lim [f(x_n, y_n) - f(x_n^*, y_n^*)] = 0.$$

Wenn also zwei in $\mathfrak{N}$ variierende Punkte (x_n, y_n) und (x_n^*, y_n^*) gegeneinander konvergieren, so streben die zugehörigen Funktionswerte der Gleichheit zu. *Zusammenrückenden Punkten entsprechen zusammenrückende Funktionswerte.* Wäre es nicht so, dann käme der Fall vor, daß zwar $\lim (x_n - x_n^*) = 0$ und $\lim (y_n - y_n^*) = 0$, aber in der Folge

$f(x_1, y_1) - f(x_1^*, y_1^*)$; $f(x_2, y_2) - f(x_2^*, y_2^*)$; $\cdots$ unendlich viele Glieder ihrem Betrage nach größer als ε sind. Sie bilden eine Teilfolge:

$$f(\mathfrak{x}_1, \mathfrak{y}_1) - f(\mathfrak{x}_1^*, \mathfrak{y}_1^*);\ f(\mathfrak{x}_2, \mathfrak{y}_2) - f(\mathfrak{x}_2^*, \mathfrak{y}_2^*);\ \cdots.$$

Nun wollen wir den Bereich $\mathfrak{N}$ durch Mittellinien teilen, ähnlichwie ein Rechteck, und zwar benutzen wir zur Teilung die Gerade $x = (a + b)/2$ und die Kurve $y = (1/2)[\varphi(x) + \Phi(x)]$.

Wenigstens eins der vier Viertel von $\mathfrak{N}$ wird unendlich viele Punkte der Folge $(\mathfrak{x}_1, \mathfrak{y}_1)$, $(\mathfrak{x}_2\, \mathfrak{y}_2)$, $\cdots$ enthalten. Sollten mehrere Viertel diese Eigenschaft haben, so halten wir uns, um Eindeutigkeit zu schaffen, bei der Auswahl möglichst nach links und nach unten. Es sei also $\mathfrak{N}_1$ ein Viertel von $\mathfrak{N}$, welches unendlich viele $(\mathfrak{x}_n, \mathfrak{y}_n)$ aufnimmt, ebenso $\mathfrak{N}_2$ ein Viertel von $\mathfrak{N}_1$ mit derselben Eigenschaft usw. Hat $\mathfrak{N}_p$ die Grenzen $x = a_p, b_p$ und $y = \varphi_p(x), \Phi_p(x)$, so bilden die Intervalle $a_p \cdots b_p$ eine *Bolzanosche* Folge und schrumpfen auf ein gewisses x_0 hin. Auch die Intervalle $\varphi_p(x_0) \cdots \Phi_p(x_0)$ stellen eine Bolzanosche Folge dar und schrumpfen auf einen Wert y_0 hin. Der Punkt (x_0, y_0) ist als einziger in allen Bereichen $\mathfrak{N}_p$ enthalten. Da nun jedes $\mathfrak{N}_p$ unendlich viele von den Punkten $(\mathfrak{x}_n, \mathfrak{y}_n)$ enthält, so können wir aus $(\mathfrak{x}_1, \mathfrak{y}_1)$, $(\mathfrak{x}_2, \mathfrak{y}_2)$, $\cdots$ eine Teilfolge (ξ_1, η_1), (ξ_2, η_2), $\cdots$ nach folgender Regel aussondern: (ξ_1, η_1) ist unter den Punkten $(\mathfrak{x}_n\, \mathfrak{y}_n)$ der *erste*, der in $\mathfrak{N}_1$ liegt, (ξ_2, η_2) der *zweite*, der in $\mathfrak{N}_2$ fällt, (ξ_3, η_3) der *dritte*, der von $\mathfrak{N}_3$ aufgenommen wird, usw. Offenbar ist dann:

$$\lim \xi_p = x_0;\ \lim \eta_p = y_0.$$

Damit haben wir aus $(\mathfrak{x}_1, \mathfrak{y}_1)$, $(\mathfrak{x}_2, \mathfrak{y}_2)$, $\cdots$ eine konvergente Teilfolge (ξ_1, η_1), (ξ_2, η_2), $\cdots$ herausgehoben. Die entsprechende Teilfolge in $(\mathfrak{x}_1^*, \mathfrak{y}_1^*)$, $(\mathfrak{x}_2^*, \mathfrak{y}_2^*)$, $\cdots$, die mit (ξ_1^*, η_1^*), (ξ_2^*, η_2^*), $\cdots$ zu bezeichnen wäre, strebt ebenfalls nach (x_0, y_0), weil ursprünglich $\lim (x_n - x_n^*) = 0$ und $\lim (y_n - y_n^*) = 0$ angenommen wurde, und diese Relationen beim Übergange zu Teilfolgen erhalten bleiben. Da nun (ξ_n, η_n) und $(\xi_n^*\, \eta_n^*)$ beide nach (x_0, y_0) konvergieren, so hat man:

$$\lim f(\xi_p, \eta_p) = f(x_0, y_0);\quad \lim f(\xi_p^*, \eta_p^*) = f(x_0, y_0), \text{ folglich:}$$
$$\lim [f(\xi_p, \eta_p) - f(\xi_p^*, \eta_p^*)] = 0,$$

während doch alle $f(\xi_p, \eta_p) - f(\xi_p^*, \eta_p^*)$ ihrem Betrage nach größer als ε sind. Wenn $f(x, y)$ im Normalbereich $\mathfrak{N}$ stetig ist, so gibt es unter den Funktionswerten einen größten und einen kleinsten. Es genügt die Existenz eines größten Funktionswertes nachzuweisen. Unter den Vierteln von $\mathfrak{R}$ gibt es mindestens eins, das ebenso große Funktionswerte aufweist wie $\mathfrak{R}$. Wäre es nicht so, dann würde es in $\mathfrak{R}$ für jedes Viertel einen alles übertreffenden Funktionswert geben.

Sind f_1, f_2, f_3, f_4 die vier Funktionswerte in $\mathfrak{R}$, deren jeder für ein Viertel die Rolle des Übertreffers spielt, so würde der größte unter jenen vier Werten für den ganzen Bereich $\mathfrak{R}$ ein Übertreffer sein. Das geht aber nicht, weil er sich dann sogar selbst übertreffen müßte, in der Mathematik eine Unmöglichkeit. In $\mathfrak{R}$ gibt es also ein Viertel $\mathfrak{R}_1$, worin mindestens ebenso große Funktionswerte $f(x, y)$ auftreten wie in $\mathfrak{R}$, ein *ausgezeichnetes Viertel,* wie wir sagen. Ebenso ist in $\mathfrak{R}_1$ ein ausgezeichnetes Viertel $\mathfrak{R}_2$ vorhanden usw. Diese Viertel schrumpfen auf einen Punkt (x^*, y^*) hin, und es zeigt sich, daß $f(x^*, y^*)$ der größte Funktionswert in $\mathfrak{R}$ ist. Greifen wir nämlich aus $\mathfrak{R}$ irgendeinen Funktionswert $f(x_0, y_0)$ heraus, so gibt es in $\mathfrak{R}_1$ einen mindestens ebenso großen $f(x_1, y_1)$, in $\mathfrak{R}_2$ zu $f(x_1, y_1)$ einen mindestens ebenso großen $f(x_2, y_2)$ usw. Offenbar ist:

$$\lim x_n = x^*; \lim y_n = y^*, \text{ also } \lim f(x_n, y_n) = f(x^*, y^*).$$

Da $$f(x_0, y_0) \leqq f(x_1, y_1) \leqq f(x_2, y_2) \leqq \cdots, \text{ so folgt:}$$
$$f(x_0, y_0) \leqq f(x^*, y^*).$$

Nach diesen Feststellungen über die Konsequenzen der Stetigkeit kehren wir zu den Säulensummen zurück. Ist in einer solchen Summe $\Sigma \sigma f(\xi, \eta)$ jedesmal $f(\xi, \eta)$ der *größte* Funktionswert im Teilbereich σ, so liegt eine *obere* Säulensumme vor. Ist $f(\xi, \eta)$ immer der *kleinste* Funktionswert in σ, so sprechen wir von einer *unteren* Säulensumme. Benutzen wir für den größten und den kleinsten Funktionswert in σ die Symbole M_σ und m_σ, so ist $\Sigma_\sigma M_\sigma$ eine obere, $\Sigma_\sigma m_\sigma$ eine untere Säulensumme. Da $m_\sigma \leqq M_\sigma$, so besteht die Ungleichung

$$\Sigma_\sigma m_\sigma \leqq \Sigma_\sigma M_\sigma.$$

Wenn man einen einzelnen Teilbereich σ auf die erste oder zweite Art, wie wir uns ausdrückten, in zwei Teile σ^I und σ^{II} zerlegt, so tritt an die Stelle des Gliedes σM_σ eine Summe $\sigma^I M_\sigma^I + \sigma^{II} M_\sigma^{II}$. Da nun M_σ^I und M_σ^{II} nicht über M_σ hinausgehen, so ist:

$$\sigma^I M_\sigma{}^I + \sigma^{II} M_\sigma{}^{II} \leqq \sigma M_\sigma.$$

Eine solche Weiterteilung, die man auch wiederholt vornehmen kann, bewirkt also höchstens eine Verkleinerung der oberen Säulensumme, bei der unteren Säulensumme eine Vergrößerung. Liegen nun zwei verschiedene Zerlegungen des Bereichs $\mathfrak{R}$ vor, $\mathfrak{Z}_1$ und $\mathfrak{Z}_2$, so kann man aus beiden eine Zerlegung $\mathfrak{Z}$ herleiten, die sowohl aus $\mathfrak{Z}_1$ als auch aus $\mathfrak{Z}_2$ durch Weiterteilung entsteht. Zunächst verlängert man die vertikalen Begrenzungslinien $x = \text{Const.}$, die bei $\mathfrak{Z}_1$ und $\mathfrak{Z}_2$ auftreten, durch den ganzen Bereich $\mathfrak{R}$. Zwischen zwei benachbarten Vertikalen gibt es dann Teilungskurven

$y = (1 - t)\,\varphi(x) + t\,\Phi(x)$ von $\mathfrak{Z}_1$ und $\mathfrak{Z}_2$, die neben jenen Parallelen $x = \text{Const.}$ bei $\mathfrak{Z}$ in Wirkung treten (vgl. Abb. 23). Sind S_1, S_2, S und s_1 s_2, s die oberen und unteren Säulensummen bei $\mathfrak{Z}_1$, $\mathfrak{Z}_2$, $\mathfrak{Z}$, so hat man: $S_1 \geqq S$; $S_2 \geqq S$; $s_1 \leqq s$; $s_2 \leqq s$. Da andererseits $s \leqq S$, so kann man schreiben:

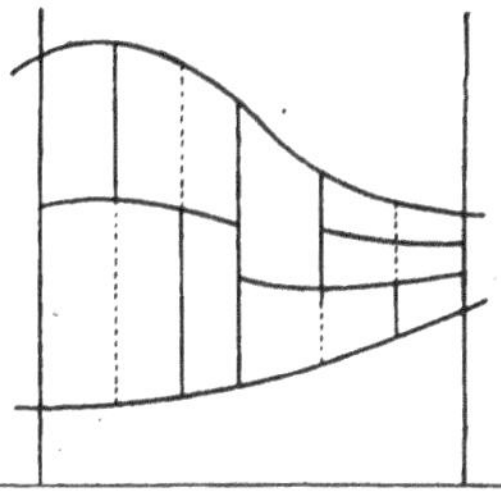

Abb. 23.

$$s_1 \leqq s \leqq S \leqq S_1; \quad s_2 \leqq s \leqq S \leqq S_2.$$

Aus $s_1 \leqq s \leqq S \leqq S_2$ entnimmt man $s_1 \leqq S_2$. *Jede untere Säulensumme ist also kleiner als jede obere.* Sie brauchen nicht zu derselben Zerlegung zu gehören. Wir können aus obigen Ungleichungen noch entnehmen, daß:

$$S_2 - s_1 \leqq (S_1 - s_1) + (S_2 - s_2).$$

Auf der rechten Seite steht nämlich neben $S_2 - s_1$ noch $S_1 - s_2$, also etwas nicht Negatives.

Nun haben $S_1 - s_1$ und $S_2 - s_2$ die Form $\Sigma\,\sigma\,(M_\sigma - m_\sigma)$. In irgendeinem Teilbereich von $\mathfrak{Z}_1$ und $\mathfrak{Z}_2$ wird $M_\sigma - m_\sigma$ am größten sein, so daß $S_1 - s_1$ und $S_2 - s_2$ kleiner sind als $\mathfrak{R}\,[f(\xi, \eta) - f(\xi^*, \eta^*)]$, wobei $\mathfrak{R} = \Sigma_\sigma$ der Inhalt des Bereichs $\mathfrak{R}$ ist. Wenn sich die beiden Zerlegungen $\mathfrak{Z}_1$ und $\mathfrak{Z}_2$ unendlich verfeinern, so konvergieren die Punkte (ξ, η) und (ξ^*, η^*) gegeneinander, $f(\xi, \eta) - f(\xi^*, \eta^*)$ strebt also der Null zu. Dasselbe gilt von $S_1 - s_1$ und $S_2 - s_2$, folglich auch von $S_2 - s_1$ und aus demselben Grunde von $S_1 - s_2$. Wenn man $\mathfrak{Z}_1$ durch fortgesetzte Weiterteilung unendlich verfeinert, so durchläuft s_1 eine aufsteigende und S_1 eine absteigende Folge. Da beständig $s_1 \leqq S_1$, so sind für beide Folgen Schranken vorhanden, so daß $\lim s_1$ und $\lim S_1$ existieren. Diese Grenzwerte fallen wegen $\lim (S_1 - s_1) = 0$ zusammen. Durchläuft $\mathfrak{Z}_2$ eine andere Zerlegungsfolge mit unendlicher Verfeinerung, so sieht man aus $\lim (S_2 - s_1) = 0$; $\lim (S_1 - s_2) = 0$, daß

$$\lim S_2 = \lim s_1 \text{ und } \lim s_2 = \lim S_1.$$

Demnach streben S_2 und s_2 nach dem gemeinsamen Grenzwert von S_1 und s_1. Dasselbe gilt von jeder andern mit $\mathfrak{Z}_2$ gebildeten Säulensumme $\Sigma\,\sigma\,f(\xi, \eta)$, da sie zwischen S_1 und s_1 liegt. Alle ausgezeichneten Summenfolgen streben also demselben Grenzwert zu. Bei einer stetigen Funktion $f(x, y)$ existiert demnach das Integral

$$\iint\limits_{\mathfrak{R}} f(x, y)\, dx\, dy.$$

Bei positivem $f(x, y)$ gibt dieses Integral das *Volumen* eines Säulenstumpfes mit der Basis $\mathfrak{R}$, dessen obere Begrenzung die Flächen $z = f(x, y)$ bildet. Z. B. ist: $\iint \sqrt{1 - x^2 - y^2}\, dx\, dy$, erstreckt über den Einheitskreis, das Volumen der über diesem Kreis liegenden Halbkugel. Ein Doppelintegral läßt sich, wie wir jetzt zeigen werden, auf zwei einfache Integrationen zurückführen. Zunächst bilden wir das einfache Integral:

$$\int\limits_{\varphi(x)}^{\Phi(x)} f(x, y)\, dy \tag{94}$$

und zeigen, daß es eine in $a \cdots b$ stetige Funktion von x ist. Wenn das Integrationsintervall $\varphi(x) \cdots \Phi(x)$ oder $y_0 \cdots y_n$ durch die aufsteigenden Werte

$$y_1 = \varphi(x) + t_1 [\Phi(x) - \varphi(x)]; \; \cdots; \; y_{n-1} = \varphi(x) + t_{n-1} [\Phi(x) - \varphi(x)]$$

zerlegt wird, so ist:

$$\Sigma (y_\nu - y_{\nu-1}) f(x, \eta_\nu) = [\Phi(x) - \varphi(x)] \; \Sigma (t_\nu - t_{\nu-1}) f(x, \eta_\nu)$$

und $\eta_\nu = \varphi(x) + \tau_\nu [\Phi(x) - \varphi(x)]$, wobei τ_ν im Intervall $t_{\nu-1} \cdots t_\nu$ liegt und t_0 und t_n mit 0 und 1 zusammenfallen. Man erkennt auf diese Weise, daß

$$\int_{\varphi(x)}^{\Phi(x)} f(x, y)\, dy = [\Phi(x) - \varphi(x)] \int_0^1 f[x, (1-t)\varphi(x) + t\Phi(x)]\, dt.$$

Der erste Faktor verhält sich in $a \cdots b$ stetig. Wir brauchen nur noch zu zeigen, daß auch der zweite Faktor diese Eigenschaft besitzt. Zu diesem Zweck bilden wir die Differenz

$$\int_0^1 (f[x, (1-t)\varphi(x) + t\Phi(x)] - f[x^*, (1-t)\varphi(x^*) + t\Phi(x^*)])\, dt.$$

Sie ist nach dem Mittelwertsatz gleich

$$f[x, (1-\tau)\varphi(x) + \tau\Phi(x)] - f[x^*, (1-\tau)\varphi(x^*) + \tau\Phi(x^*)],$$

wobei τ in $0 \cdots 1$ liegt, aber bei variierendem x^* seine Lage ändert. Läßt man x^* nach x konvergieren, so strebt nicht nur $x^* - x$ der Null zu, sondern auch

$$[(1-\tau)\varphi(x^*) + \tau\Phi(x^*)] - [(1-\tau)\varphi(x) + \tau\Phi(x)] =$$
$$= (1-\tau)[\varphi(x^*) - \varphi(x)] + \tau[\Phi(x^*) - \Phi(x)],$$

weil dieser Wert zwischen $\varphi(x^*) - \varphi(x)$ und $\Phi(x^*) - \Phi(x)$ enthalten ist, die beide nach Null konvergieren.

Nachdem nun die Stetigkeit (94) feststeht, können wir sie von a bis b integrieren und erhalten auf diese Weise:

$$\int_a^b \Big[\int_{\varphi(x)}^{\Phi(x)} f(x, y)\, dy \Big] dx. \tag{95}$$

Wir wollen dieses Integral mit $(\mathfrak{N})$ bezeichnen. Wird der Bereich $\mathfrak{N}$ auf die erste Art, also durch eine Gerade $x = c$ in $\mathfrak{N}_1$ und $\mathfrak{N}_2$ zerlegt, so ist auf Grund der Beziehung $\int_a^b = \int_a^c + \int_c^b$ offenbar, $(\mathfrak{N}) = (\mathfrak{N}_1) + (\mathfrak{N}_2)$. Dieselbe Gleichung gilt, wenn man die zweite Teilungsart anwendet, also zwischen $y = \varphi(x)$ und $y = \Phi(x)$ die Kurve $y = (1-\tau)\varphi(x) + \tau\Phi(x)$ oder $y = \psi(x)$ einschaltet. Es wird dann nämlich:

$$\int_{\varphi(x)}^{\Phi(x)} f(x, y)\, dy = \int_{\varphi(x)}^{\psi(x)} f(x, y)\, dy + \int_{\psi(x)}^{\Phi(x)} f(x, y)\, dy, \quad \text{und weiter:}$$

$$\int_a^b \Big[\int_{\varphi(x)}^{\Phi(x)} f(x, y)\, dy \Big] dx = \int_a^b \Big[\int_{\varphi(x)}^{\psi(x)} f(x, y)\, dy \Big] dx + \int_a^b \Big[\int_{\psi(x)}^{\Phi(x)} f(x, y)\, dy \Big] dx.$$

Wiederholt man diese Teilungen, so entsteht eine Zerlegung $\mathfrak{Z}$ des Bereiches $\mathfrak{N}$ in p Normalbereiche $\mathfrak{N}_1, \mathfrak{N}_2, \cdots, \mathfrak{N}_p$, und man hat:

$$(\mathfrak{N}) = (\mathfrak{N}_1) + (\mathfrak{N}_2) + \cdots + (\mathfrak{N}_p).$$

Ist nun M der größte, m der kleinste Funktionswert in $\mathfrak{N}$, so liegt das innere Integral in (95) zwischen den Schranken $[\Phi(x) - \varphi(x)]\, m$ und $[\Phi(x) - \varphi(x)]\, M$ und (95) selbst zwischen $m \int_a^b [\Phi(x) - \varphi(x)]\, dx$ und $M \int_a^b [\Phi(x) - \varphi(x)]\, dx$, d. h. zwischen $m\, \mathfrak{N}$ und $M\, \mathfrak{N}$. Wendet man diese Bemerkung auf die Summanden $(\mathfrak{N}_1), (\mathfrak{N}_2), \cdots, (\mathfrak{N}_p)$ an, so zeigt sich, daß (95) oder $(\mathfrak{N})$ zwischen der unteren und oberen Säulensumme bei $\mathfrak{Z}$ enthalten ist. Bei unendlicher Verfeinerung von $\mathfrak{Z}$ streben beide Summen nach dem Doppelintegral $\iint_{\mathfrak{N}} f(x, y)\, dx\, dy$. Daher muß $(\mathfrak{N})$ mit diesem Doppelintegral zusammenfallen. Es ist also:

$$\iint_{\mathfrak{N}} f(x, y)\, dx\, dy = \int_a^b \Big[\int_{\varphi(x)}^{\Phi(x)} f(x, y)\, dy\Big]\, dx. \qquad (96)$$

Geometrisch bedeutet diese Formel, daß man bei der Volumberechnung eines über $\mathfrak{N}$ stehenden Säulenstumpfes zunächst den Querschnitt senkrecht zur x-Achse bestimmt und diesen von a bis b integriert. Das Volumen ist also das Integral des Querschnitts. Die Auffassung der Leibnizschen Zeit war die, daß man sich das Volumen senkrecht zur x-Achse in blattdünne Scheiben zerlegt dachte, deren jede als unendlich flacher Zylinder mit der Höhe dx angesehen wird und daher das Volumen

$$\Big[\int_{\varphi(x)}^{\Phi(x)} f(x, y)\, dy\Big]\, dx$$

hat. Die Summe dieser unendlich vielen unendlich dünnen Scheiben ist das zu berechnende Volumen.

Um die obere Deckfläche Ω des Säulenstumpfes zu berechnen, also den über $\mathfrak{N}$ liegenden Teil der Flächen $z = f(x, y)$, denken wir uns eine Zerlegung $\mathfrak{Z}$ des Basisbereichs $\mathfrak{N}$ durchgeführt. Über jedem Teilbereich σ liegt dann ein Stück ω der auszumessenden Fläche. Dieses wird durch das entsprechende Stück ω der Tangentialebene ersetzt, die man in irgendeinem Punkte von ω an die Fläche gelegt hat. $\Sigma\omega^*$ wird als Näherungswert von $\Omega = \Sigma\omega$ betrachtet. Der Grenzwert, dem sich $\Sigma\omega^*$ bei unendlicher Verfeinerung von $\mathfrak{Z}$ nähert, gilt als der genaue Wert von Ω. Sind $f_1(x, y)$ und $f_2(x, y)$ die partiellen Ableitungen von $f(x, y)$, so lautet die Gleichung der erwähnten Tangentialebene:

$$z = \zeta = (x - \xi)\, f_1(\xi, \eta) + (y - \eta)\, f_2(\xi, \eta).$$

Die Größen $-f_1(\xi, \eta), -f_2(\xi, \eta)\; 1$ sind die Koordinaten eines Normalvektors. Der Winkel γ, den er mit der z-Achse oder die Tangentialebene mit der (x, y)-Ebene bildet, wirddurch $\cos\gamma = 1/\sqrt{f_1^2(\xi,\eta) + f_2^2(\xi,\eta) + 1}$ bestimmt. Da nun $\sigma = \omega^* \cos\gamma$ ist, so wird:

$$\Sigma\omega^* = \Sigma\,\sigma/\cos\gamma = \Sigma\,\sigma\sqrt{f_1^2(\xi,\eta) + f_2^2(\xi,\eta) + 1}.$$

Sind $f_1(x, y)$ und $f_2(x, y)$ in $\mathfrak{N}$ stetig, so gilt dasselbe von $f_1^2(x, y)$ und von $f_2^2(x, y)$, sowie von $\sqrt{f_1^2(x,y) + f_2^2(x,y) + 1}$. Bei unendlicher Verfeinerung von $\mathfrak{Z}$ wird daher:

$$\lim \Sigma w^* = \iint\limits_{\mathfrak{N}} \sqrt{f_1^2(x,y) + f_2^2(x,y) + 1}\, dx\, dy.$$

Euler hat für f_1, f_2 die Bezeichnungen p, q eingeführt. Unter Benutzung dieser Symbole kann man schreiben:

$$\Omega = \iint\limits_{\mathfrak{N}} \sqrt{p^2 + q^2 + 1}\, dx\, dy.$$

Diese Formel löst das Problem der Flächenberechnung oder das *Komplanationsproblem*.

Will man die obigen Betrachtungen über Doppelintegrale verallgemeinern, so kann man Bereiche betrachten, die sich durch Parallele zur y-Achse in Normalbereiche zerlegen lassen. Ist $\mathfrak{B}$ ein solcher Bereich, so wird das über $\mathfrak{B}$ erstreckte Integral durch die Formel $\iint\limits_{\mathfrak{B}} f(x, y)\, dx\, dy = \Sigma \iint\limits_{\mathfrak{N}} f(x, y)\, dx\, dy$ erklärt. Man kann auch Normalbereiche „bezüglich der y-Achse" zugrunde legen. Diese entstehen aus den bisher betrachteten durch Drehung um einen rechten Winkel. Alles, was über die Normalbereiche $\mathfrak{N}$ gesagt wurde, gilt auch für diese andern Normalbereiche. Die gewöhnlich vorkommenden Integrationsbereiche sind in Normalbereiche beider Arten zerlegbar oder gar selbst solche Bereiche. Dann kann man das zugehörige Doppelintegral in zwei Weisen auf einfache Integrationen zurückführen. Liegt z. B. ein rechteckiger Bereich $\mathfrak{N}$ vor, der durch die Ungleichungen $a \leq x \leq b$, $c \leq y \leq d$ bestimmt wird, so hat man:

$$\iint\limits_{\mathfrak{N}} f(x, y)\, dx\, dy = \int_a^b \left[\int_c^d f(x, y)\, dy\right] dx,$$

aber auch:

$$\iint\limits_{\mathfrak{N}} f(x, y)\, dx\, dy = \int_c^d \left[\int_a^b f(x, y)\, dx\right] dy,$$

so daß, wenigstens bei stetigem $f(x, y)$, die Gleichung gilt:

$$\int_a^b \left[\int_c^d f(x, y)\, dy\right] dx = \int_c^d \left[\int_a^b f(x, y)\, dx\right] dy.$$

Man kann den Inhalt dieser Gleichung so wiedergeben: Um das mit x behaftete Integral $\int_c^d f(x, y)\, dy$ nach x zu integrieren, kann man die Integration unter dem Integralzeichen vornehmen. Für die Leibnizianer war dieser Satz eine Selbstverständlichkeit. Da $\int_c^d f(x, y)\, dy$ eine Summe ist, so kommt der Satz darauf hinaus, daß das Integral einer Summe der Summe der Integrale gleichkommt. Auf die Anzahl der Summanden, die hier überhaupt keine eigentliche Zahl ist, achteten sie nicht.

In diesem Zusammenhang liegt die Frage nahe, wie man das Integral $\int\limits_c^d f(x, y)\,dy$ nach x *differentiiert*. Es drängt sich die Vermutung auf, daß die gesuchte Ableitung $\int\limits_c^d f_1(x, y)\,dy$ lauten wird, daß man also die Differentiation unter dem Integralzeichen vornehmen darf. Wenn x in einem Intervalle $a \cdots b$ variiert und $f_1(x, y)$ in dem Rechteck $a \leqq x \leqq b$; $c \leqq y \leqq d$ stetig ist, so kann man über $\varphi(x) = \int\limits_c^d f_1(x, y)\,dy$ folgende Aussage herleiten. Es wird:

$$\int\limits_a^x \varphi(\mathfrak{x})\,d\mathfrak{x} = \int\limits_a^x \Big[\int\limits_c^d f_1(\mathfrak{x}, y)\,dy\Big]\,d\mathfrak{x} = \int\limits_c^d \Big[\int\limits_a^x f_1(\mathfrak{x}, y)\,d\mathfrak{x}\Big]\,dy =$$
$$= \int\limits_c^d [f(x, y) - f(a, y)]\,dy = \int\limits_c^d f(x, y)\,dy - \int\limits_c^d f(a, y)\,dy.$$

Nun hat das linke Integral die Ableitung $\varphi(x)$, also ist:

$$\Big[\int\limits_c^d f(x, y)\,dy\Big]_x = \int\limits_c^d f_1(x, y)\,dy.$$

§ 6. Der Gaußsche Integralsatz

Im Normalbereich $\mathfrak{N}$ sei nicht nur $f(x, y)$, sondern auch die nach y genommene Ableitung $f_2(x, y)$ stetig. Wir betrachten das über $\mathfrak{N}$ erstreckte Integral von $f_2(x, y)$ und führen es auf zwei einfache Integrationen zurück:

$$\iint\limits_{\mathfrak{N}} f_2(x, y)\,dx\,dy = \int\limits_a^b \Big[\int\limits_{\varphi(x)}^{\Phi(x)} f_2(x, y)\,dy\Big]\,dx.$$

Das innere Integral läßt sich hier eauswerten und gibt:

$$f[x, \Phi(x)] - f[x, \varphi(x)],$$

so daß man findet:

$$\iint\limits_{\mathfrak{N}} f_2(x, y)\,dx\,dy = -\Big(\int\limits_a^b f[x, \varphi(x)]\,dx + \int\limits_b^a f[x, \Phi(x)]\,dx\Big). \tag{97}$$

Um das Ergebnis bequemer formulieren zu können, wollen wir eine Kurve $y = F(x)$ betrachten und auf ihr ein Stück AB, das von $x = \alpha$; $y = F(\alpha)$ bis $x = \beta$; $y = F(\beta)$ reicht. Es soll dann das Integral

$$\int\limits_\alpha^\beta f[x, F(x)]\,dx$$

mit

$$\int\limits_{AB} f(x, y)\,dx$$

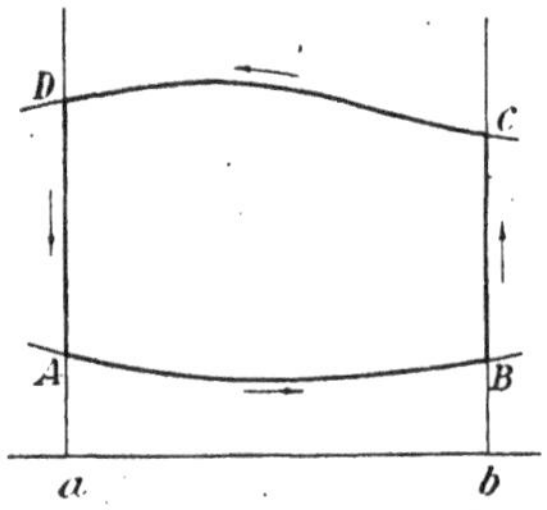

Abb. 24.

bezeichnet und das „längs des Weges AB genommene Integral“ von $f(x, y)\,dx$ genannt werden. Solche Integrale heißen *Kurvenintegrale*. Ist BC eine Parallelstrecke zur y-Achse, so wird: $\int\limits_{BC} f(x, y)\,dx = 0$ gesetzt, weil x längs BC konstant bleibt, also die Summe aller $f(x, y)\,dx$ längs BC gleich Null ist, wenn wir die Sachlage mit Leibnizschen Augen betrachten.

Jetzt können wir das Ergebnis (97) in folgender Weise schreiben (vgl. Abb. 24):

$$\iint\limits_{\mathfrak{N}} f_2(x, y)\,dx\,dy = -\Big[\int\limits_{\underset{\smile}{AB}} f(x, y)\,dx + \int\limits_{\underset{\smile}{BC}} f(x, y)\,dx + \int\limits_{\underset{\smile}{CD}} f(x, y)\,dx + \int\limits_{\underset{\smile}{DA}} f(x, y)\,dz$$

$$\text{oder auch: } \iint\limits_{\mathfrak{N}} f_y\,dx\,dy = -\int\limits_{\underset{\circlearrowleft}{\mathfrak{N}}} f\,dx.$$

Das über $\mathfrak{N}$ genommene Integral von f_y ist hiernach entgegengesetzt gleich dem Integral von $f(x, y)\,dx$ erstreckt längs des Randes von $\mathfrak{N}$, und zwar nach links herum. Der Satz überträgt sich sofort auf Bereiche, die durch Parallelen zur y-Achse in endlich vielen Normalbereiche zerlegbar sind. Diese Parallelen liefern nämlich bei den einzelnen Normalbereichen verschwindende Beiträge zum Randintegral.

Ist $\mathfrak{B}$ ein Bereich, der sowohl in Normalbereiche bezüglich der x-Achse als auch in solche bezüglich der y-Achse aufgeteilt werden kann, so gelten für zwei in $\mathfrak{B}$ stetige Funktionen $f(x, y)$ und $g(x, y)$, die stetige Ableitungen f_y und g_x besitzen, folgende Aussagen:

$$\iint\limits_{\mathfrak{B}} f_y\,dx\,dy = -\int\limits_{\underset{\circlearrowleft}{\mathfrak{B}}} f\,dx,$$

$$\iint\limits_{\mathfrak{B}} g_x\,dx\,dy = \int\limits_{\underset{\circlearrowleft}{\mathfrak{B}}} g\,dy.$$

Das veränderte Vorzeichen in der zweiten Gleichung hängt damit zusammen, daß nach Vertauschung der Achsen Ox und Oy aus Linksherum offenbar Rechtsherum wird. Aus beiden Gleichungen folgt:

$$\iint\limits_{\mathfrak{B}} (g + f_y)\,dx\,dy = \int\limits_{\underset{\circlearrowleft}{\mathfrak{B}}} (g\,dy - f\,dx).$$

Das ist der *Gaußsche Integralsatz*.

www.ingramcontent.com/pod-product-compliance
Lightning Source LLC
Chambersburg PA
CBHW081559190326
41458CB00015B/5656